大学物理实验

主 编 李 鹏
副主编 姜 轶 崔秀花 刘 静
王 青 甫尔开提·夏尔丁
参 编 吉 旭 张红燕 阿合买提江·买买提
李 强 张冀生

本书资源使用说明

北京大学出版社
PEKING UNIVERSITY PRESS

内容简介

本书是根据2023年版的"理工科类大学物理实验课程教学基本要求",结合我校近几年的教学改革实践,为适应新的教育教学的发展而编写的.

全书共5章,包括绪论,测量、误差及不确定度,物理实验的基本方法和技术,基础性实验、综合性实验,设计性实验.本书重点介绍基本物理实验,加强了对实验步骤和实验数据处理方法两方面内容的编写,对指导学生进行实验及培养学生实验数据的处理能力有较大的帮助.

本书可作为高等学校理工科非物理专业大学物理实验课程的教材,也可供其他专业参考使用.

图书在版编目(CIP)数据

大学物理实验/李鹏主编. --北京：北京大学出版社，2025. 2. -- ISBN 978-7-301-35998-3

Ⅰ. O4-33

中国国家版本馆CIP数据核字第2025S2M324号

书　　名	大学物理实验 DAXUE WULI SHIYAN
著作责任者	李　鹏　主编
责任编辑	王剑飞
标准书号	ISBN 978-7-301-35998-3
出版发行	北京大学出版社
地　　址	北京市海淀区成府路205号　100871
网　　址	http://www.pup.cn
电子邮箱	总编室 zpup@pup.cn
新浪微博	@北京大学出版社
电　　话	邮购部 010-62752015　发行部 010-62750672　编辑部 010-62765014
印 刷 者	长沙超峰印刷有限公司
经 销 者	新华书店
	787毫米×1092毫米　16开本　15.5印张　395千字
	2025年2月第1版　2025年2月第1次印刷
定　　价	49.80元

前言

为贯彻党的二十大精神，落实推进基础教育高质量发展的要求，着眼于“两性一度”(高阶性、创新性和挑战度)的课程标准，本书主动适应当前教学改革的需求，根据2023年版的“理工科类大学物理实验课程教学基本要求”，并结合新疆大学专业特色编写而成. 同时，本书也是新疆大学自治区级物理实验教学示范中心长期建设与发展，以及实验教学方法和教学仪器改进的经验总结.

党的二十大报告对“加快建设教育强国、科技强国、人才强国”做出了全面而系统的部署. 推进教育资源数字化是新时代加快建设教育强国的总体方向和重点任务之一. 教育资源数字化对满足学生个性化、选择性的需求可提供强大的支撑. 在高等教育数字化转型背景下，本书重构了教材内容，嵌入了数字信息化课程资源，做到线上、线下相结合，为学生自主学习、按需学习提供了全方位的服务.

本书在实验的选择上，基本保留了经典的、相对稳定的，又具有迁移价值的物理实验项目. 对基本物理实验的编写保持了物理科学与技术学院实验教材一贯的风格，内容详尽清楚，同时在数据处理的编写上更为细化，对指导刚接触大学基本物理实验的低年级学生进行后续的数据处理及实验报告的完成有较大的帮助. 本书中还对本校部分新购置的仪器进行了简要介绍，便于学生在实验过程中掌握其基本的调试和使用方法，利于学生顺利进行实验操作.

本书的数据处理工具推荐用WPS表格软件，为此，专门列出一节详细介绍如何使用该软件来处理物理实验数据，并在数据记录表格的设计中，将原始数据记录与数据计算分离. 希望学生在教师的引导下，积极使用计算机进行数据处理.

本书是在学院多年教学实践的基础上，经过多位专家教授的不断改进、反复实践、逐步充实形成的. 特别需要指出的是，姬秉正教授编写的《大学物理实验》(新疆大学出版社)、艾尔肯·阿不列木教授编写的《新编大学物理实验教程》(清华大学出版社)、武宝山副教授和凌海秋副教授编写的《大学物理实验》(科学出版社)都为本教材的编写提供了最有意义的借鉴资料. 同时，编者也参考了许多兄弟院校的教材. 本书的编写，得到了学院领导的大力支持、物理实验教学示范中心的通力协作和学院全体教师的无私帮助，在此向所有参与大学物理实验建设和教材编写的教师表示衷心的感谢.

全书共5章，李鹏编写第1章、第3章，并修订第5章，李强编写第2章，姜轶编写实验4.5,4.7,4.16,4.17,4.20,5.1，崔秀花编写实验4.2,4.4,4.8,4.18,4.21,4.25，王青编写实验4.3,4.6,4.9,4.22,4.23,4.28,4.29，刘静编写实验4.13,4.15,4.24,4.27,5.3,5.4,

甫尔开提·夏尔丁编写实验 4.1,4.10,4.11,4.12,4.14,4.19,4.26,4.30,4.31,4.32,5.2.全书由李鹏统稿,吉旭负责修改.另外,张红燕、阿和买提江·买买提、张冀生也参与了部分编写工作,付小军、周承芳、谷任盟、吴友成提供了版式和装帧设计方案.

虽然我们投入全部心血和热情,但由于编者水平有限,书中难免有疏漏、不当之处,衷心希望专家和师生在使用过程中给予批评及建议,以利于我们今后进一步的修订完善.

编者

2024 年 1 月

目 录

第1章 绪论

实验是科学理论的源泉，是工程技术诞生的摇篮，学好物理实验课程对普通高等学校理工科学生是十分重要的.

1.1 大学物理实验课程的地位和作用

在物理学史上，16 世纪意大利物理学家伽利略率先摒弃了形而上学的空洞思辨，以敏锐观察、勤于实验代之，并把物理实验作为物理学理论的基础、依据和发展物理学必不可少的手段，从而使物理学走上了真正的科学道路. 在物理学的发展过程中，这方面的例子不胜枚举. 例如，在对光的本性认识中，牛顿倡导的微粒说和惠更斯主张的波动说孰是孰非的争论持续了一个多世纪，直到托马斯·杨在 1801 年进行了双缝干涉实验，其结果才使波动说得到了确认. 然而，到了 19 世纪末 20 世纪初，光电效应实验揭示了光的粒子性，从而使人们认识到光具有波粒二象性. 又如，19 世纪初，多数物理学家对光的传播不需要介质的观点是不能接受的，因此他们假设宇宙空间存在着一种称为“以太”的介质，光通过“以太”进行传播. 正是在这种情况下，迈克耳孙和莫雷合作，用干涉仪进行了著名的“以太”实验，实验的“零结果”否定了“以太”的存在.

物理实验也是推动科学技术发展的有力工具. 例如，现代核技术建立在铀、钍和镭等放射性元素的发现，α 粒子散射实验，重核裂变和核的链式反应的实现等基础之上，这才有后来的原子弹、氢弹的诞生及核电站的建立. 又如，激光技术，像激光通信、激光切割、激光全息术、激光外科手术和激光武器等几乎都是从物理实验室中走出来的. 再如，信息技术领域中，在量子力学和固体能带理论的建立与验证的基础上，由 1974 年在物理实验室中研制出的晶体管发展而成的超大规模集成电路，集成度以每十年 1 000 倍的速度增长. 可见，现代技术的突破大多与实验息息相关.

随着物理学的发展，人类积累了丰富的实验思想和实验方法，创造出了各种精密巧妙的仪器设备. 同时，用于实验的教学方法以及计算机科学在实验中的应用等，使物理测量技术不断地得到发展. 这实际上赋予物理实验极其丰富的、不同于物理学本身的特有内容，并逐步形成一门单独开设的、具有重要教育价值和功能的实验课程. 大学物理实验课程不仅能加深学生对物理学理论的理解，更重要的是能使学生获得基本的实验知识、技能和科学创新的能力，为今后从事科学研究和工程实践打下扎实的基础.

大学物理实验是一门独立的必修基础实验课程，是普通高等学校理工科学生进入大学后接受系统实验方法和实验技能训练的开端. 本课程的目的和任务如下.

(1) 通过对实验现象的观察、分析和对物理量的测量，学习物理实验知识，加深对物理学理论的理解，提高对科学实验重要性的认识.

(2) 培养与提高科学实验能力，包括：

① 能够通过阅读实验教材或资料，做好实验前的准备；

② 能够借助教材或仪器说明书，正确使用常用仪器；

③ 能够运用物理学理论知识，对实验现象进行初步的分析判断；

④ 能够正确记录和处理实验数据、绘制实验曲线、说明实验结果，并撰写合格的实验报告；

⑤ 能够完成简单的具有设计性内容的实验.

(3) 提高科学实验素养，养成理论联系实际和实事求是的科学作风、严肃认真的工作态度，培养主动研究的探索精神，以及遵守纪律、团结协作和爱护公共财物的优良品德.

1.2 大学物理实验课程的学习特点

大学物理实验课程的教学主要由三个环节构成.

1. 实验前的预习 —— 实验的基础

实验前的预习是一次“思想实验”的练习，学生在课前要认真阅读实验内容和有关资料，理解实验的目的、原理和方法，然后在大脑中“操作”这一实验，拟出实验步骤，思考可能出现的问题和得出的结论，最后写出预习报告.

2. 实验中的操作 —— 实验的过程

(1) 遵守实验室规则.

(2) 了解实验仪器的使用方法及注意事项.

(3) 正式测量之前可做试验性探索操作.

(4) 仔细观察和认真分析实验现象.

(5) 如实记录实验数据和现象.

在实验操作中要学会逐步分析实验，排除实验中出现的各种故障，不能过分地依赖教师；对所得结果要做出粗略的判断，与理论预期相一致后，再交由教师签字确认.

离开实验室前，要整理好所用的仪器，做好清洁工作.

3. 实验后的报告 —— 实验的总结

实验报告是实验工作的总结，要求文字通顺、字迹端正、图表规范、数据完备和结论明确. 一份好的实验报告还应有清晰的思路、见解和新的启迪. 学生要养成在实验操作后尽快写出实验报告的习惯，即及时对实验数据进行处理和分析，得出实验结果并进行不确定度评估和讨论.

1.3　实验报告要求

一份完整的实验报告包括实验前的预习报告、实验中的记录和实验后的数据处理与分析三个部分.

1. 预习报告

预习报告为正式报告的前期内容，要求在实验前写在实验报告上. 预习报告的内容包括以下几点.

(1) 实验名称.

(2) 实验目的.

(3) 主要仪器设备(型号、规格等). 如果不清楚，可在实验时查看仪器后再写.

(4) 实验内容. 实验内容应该由四部分组成：实验原理、实验步骤及注意事项、数据表格、数据处理与分析. 实验前的预习报告主要包括前三项，要求如下：

① 实验原理(摘要). 在理解的基础上，用简短的文字扼要阐述实验原理，切忌照抄. 力求图文并茂(图是指原理图、电路图或光路图). 写出实验的主要公式，说明各物理量的意义和单位，以及公式的适用条件等.

② 实验步骤及注意事项. 重点写出“做什么”“怎么做”.

③ 数据表格. 注意列出所有须测量的物理量(包括必要的环境参量)，以免实验时遗漏，无法完成后续实验数据处理.

2. 实验记录

实验记录是进行实验的一项基本任务，学生须养成良好的习惯，在实验课上完成该任务. 实验记录的内容包括以下几点.

(1) 仪器. 记录实验所用主要仪器的型号和规格. 记录仪器型号是一个好的实验习惯，便于以后必要时对实验进行复查.

(2) 特别的实验内容和实验现象.

(3) 数据. 数据记录应做到整洁清晰，有条理，尽量采用列表法. 表格栏内要注明单位. 要实事求是地记录客观现象和实验数据，不能只记录结果而略去原始数据，更不可为拼凑数据而对实验记录做随心所欲的修改. 实验时，将实验数据记录在已写好的预习报告数据表格中.

3. 数据处理与分析

数据处理与分析在实验后进行，处理过程将在实验报告中实验内容的第四部分完成. 数据处理与分析的内容包括以下几点.

(1) 作图、计算结果、进行不确定度评估.

(2) 按标准形式写出实验结果(包括测量值、不确定度和单位)，必要时注明实验条件.

(3) 完成教师指定的思考题.

(4) 对实验中出现的问题进行说明和讨论，写出实验心得或建议等.

1.4 实验室规则

(1) 实验前应认真预习,按时参加实验课.

(2) 进入实验室必须衣着整洁、保持安静,严禁闲谈喧哗、吸烟、随地吐痰.不得随意动用与本次实验无关的仪器设备.

(3) 服从教师指导,按规定的步骤进行实验.认真观察和分析实验现象,如实记录实验数据,不得抄袭他人的实验结果.

(4) 注意安全,严格遵守操作规程.爱护仪器设备,节约用水、电、药品、试剂、元器件等.凡因违反操作规程或不听从教师指导而造成仪器设备损坏等事故者,必须写出书面检查,并按学校有关规定赔偿损失.

(5) 在实验过程中,若仪器设备发生故障,应立即报告指导教师及时处理.

(6) 实验完毕,应主动协助指导教师整理好实验用品,切断水源与电源,清扫实验场地.

(7) 按指导教师要求,及时、认真地完成实验报告.

第2章

测量、误差及不确定度

在科学研究和实验过程中，往往离不开对某个物理量的测量. 物理实验除了定性地观察物理现象外，还需要对物理量进行定量测量，并确定各物理量之间的关系.

由于测量设备、环境、人员、方法等方面因素的影响，测量值与真实值并不完全一致，这种差异在数值上表现为误差. 随着科技水平的提高和人们的经验、技巧、专业知识的丰富，误差被控制得越来越小，但始终不能消除. 因此，对测量得到的数据要选择合适的方法进行处理，并对其可靠性做出评价，否则测量结果是没有价值的.

误差与数据处理理论已发展为一门学科，它涉及的内容丰富，且较为复杂. 本章将简单介绍大学物理实验中涉及的基本知识.

2.1 测量与测量误差

2.1.1 测量

1. 测量的定义

所谓测量，就是借助专门的设备，通过一定的实验方法，以确定物理量的值为目的所进行的操作. 它是一个实验比较的过程，即将待测物理量（称为**测量量**）与选作计量标准的同类物理量（称为**标准量**）相比较并得出测量量对标准量的倍数的过程，其中倍数值称为测量量的值，而标准量称为单位.

测量由测量过程与测量结果组成. 测量过程是执行测量所需的一系列操作，包括建立单位、设计工具、设计测量方法、研究分析测量结果、寻找减小误差的途径等方面. 测量结果由测量所获得的测量量表示，一般由数值、单位和精度评定三部分组成.

从不同的角度考虑，测量有不同的分类法. 例如，按照测量结果获得方法的不同，测量分为直接测量和间接测量；按照测量条件的不同，测量可分为等精度测量和非等精度测量.

2. 直接测量和间接测量

直接测量指从仪器或标准量具上直接读取测量量的值的测量方法. 例如，用米尺测量物体的长度，用秒表测量运动员的短跑时间，用天平测量物体的质量，用螺旋测微器测量物体的高度或直径等都属于直接测量. 相应地，被测物理量称为**直接测量量**.

间接测量指测量量的值由若干个直接测量量经过一定的函数关系运算后得到的测量方法. 例如，先直接测出圆柱体的质量 m、底面圆直径 D 和高度 h，再根据公式 $\rho=\frac{4m}{\pi D^2 h}$ 就可计算出该圆柱体的密度 ρ，这里的 ρ 就是**间接测量量**.

实际测量多数属于间接测量. 但间接测量量通过一定的函数关系依赖于若干直接测量量，因此直接测量是一切间接测量的基础.

3. 等精度测量和非等精度测量

在相同的条件下（同一测量者、同一组仪器、同样的实验方法和环境等）对某一测量量进行多次重复测量，则每次得到的测量值的可信赖程度是相同的，即具有相同的**精度**，这种重复测量称为**等精度测量**. 在多个条件中，只要有一个发生了变化，这时所进行的测量就称为**非等精度测量**.

等精度测量与非等精度测量所获得的数据在处理方法上有所不同. 非等精度测量所获得的数据精度是不同的，在数据处理过程中需要以精度为权重，对数据进行加权处理. 相比于非等精度测量，等精度测量所获得的数据处理方法较简单. 尽管实际测量中很难保证所有条件不变，但只要变化不大，一般都可近似为等精度测量. 大学物理实验学习阶段，主要考虑等精度测量.

2.1.2 误差

1. 误差的定义

物理量在客观上本身所具有的确定数值，称为**真值**. 真值是一个理想的概念，测量值与真值之间总存在一定的差异，两者的差称为测量中的**绝对误差**，简称**误差**. 实践证明，**测量中的误差不可能完全消除，或者说，通过测量不能获得真值，这称为误差公理**.

真值通常不可能确切知道，只有在极少情况下，真值已知. 例如，三角形内角之和为 180°；真空磁导率为 $4\pi \times 10^{-7}\ \mathrm{N/A^2}$；由理想电容或电感构成的电路中，电压与电流的相位差为 90° 等. 此外，为了实际工作的需要，有时将一些公认值作为真值，称为**约定真值**，如国际计量局公布的电子电量 e、普朗克常量 h、圆周率 π 的公认值等.

2. 误差的表示

设测量量的真值为 a，测量值为 x，则绝对误差定义为

$$\varepsilon = x - a. \tag{2-1-1}$$

绝对误差可正可负. 绝对误差的绝对值越小，表明测量越准确. 然而，绝对误差无法很好地反映不同测量结果间的优劣，此时用相对误差比较合适. **相对误差**定义为

$$\varepsilon_{\mathrm{r}} = \frac{x - a}{a} \times 100\%. \tag{2-1-2}$$

相对误差是无量纲数，通常用“%”表示. 例如，一张桌子的长度为 100 cm，一个小木块的长度为 1 cm. 假设它们测量的绝对误差都为 0.1 cm，显然，在这两个测量中，桌子的测量结果要精确得多. 桌子和小木块的绝对误差虽然相同，但相对误差分别为 0.1% 和 10%. 可见，相对误差能够更好地反映测量精度的高低.

如果测量量的理论值或公认值 b 已知，测量值为 x，那么也可用百分误差来表示测量结果的好坏. **百分误差**定义为

$$\eta = \frac{x - b}{b} \times 100\%. \tag{2-1-3}$$

2.1.3　误差的分类

根据误差产生的原因和性质，可将误差分为系统误差、随机误差和粗大误差三类.

1. 系统误差

在相同条件下，对同一测量量的多次测量中，误差的绝对值和符号（正、负）保持不变，或在条件改变时误差的绝对值和符号按可预知的方式变化，这类误差称为**系统误差**.

系统误差的来源主要包括以下几个方面.

(1) 仪器因素. 由于仪器本身固有的缺陷、仪器的定标和调整不妥或使用不当引起的误差. 例如，天平不等臂、分光计读数装置的偏心差、电表的示值与实际值不符等. 这类误差在使用仪器时可采用适当测量方法予以消除. 仪器设备安装调整不妥，不满足规定的使用状态，如不水平、不垂直、偏心、零点不准等情况应尽量避免.

(2) 理论或方法误差. 由于测量所依据的理论公式为近似公式或实验条件达不到理论公式所规定的要求等引起的误差. 例如，用单摆测重力加速度时所用公式的近似性，伏安法测电阻时不考虑电表内阻的影响等都会导致此类误差.

(3) 环境误差. 由于外部环境条件，如温度、湿度、光照等与仪器要求的环境条件不一致而引起的误差.

(4) 人员因素. 由于实验人员主观因素和操作不良习惯等所引起的同一符号的误差. 例如，用秒表计时时，总是超前或滞后；对仪表读数时，总是偏一方斜视，造成读数总是偏大或偏小等.

按照对误差的掌握程度，系统误差可分为**已定系统误差**和**未定系统误差**. 已定系统误差的大小和符号是可以确定的，如螺旋测微器、电表的零点误差；伏安法测电阻时电表内阻引起的误差等，这类误差可以修正. 未定系统误差的大小和符号不能确定，只能估计出大小变化范围，如仪器误差.

按误差的变化规律，系统误差又可分为**定值系统误差**和**变值系统误差**. 定值系统误差的大小和符号保持恒定不变. 变值系统误差的大小和符号按某一确定规律变化，如线性、周期性等规律.

系统误差的来源如果能被发现，那么就可以想办法减小甚至消除系统误差. 例如，对仪器正确定标，使用更严格的理论公式等. 此外，还有一些常用的实验方法能够用来减小和消除某些系统误差. 例如，用交换法可以消除物理天平不等臂产生的系统误差；用替代法测量电阻可以避免电路节点处的接触电阻及电路元件阻值偏差带来的系统误差；用半周期法可以消除按周期性变化的变值系统误差；等等.

2. 随机误差

在同一条件下，多次测量同一物理量时，误差的绝对值时大时小，符号时正时负，以不可预知的方式变化，这类误差称为**随机误差**. 随机误差是由测量过程中一些随机的或不确定的因素引起的. 例如，人的感官灵敏度及仪器的精度有限，实验环境（温度、湿度、气流等）的变化，电源电压的起伏，实验仪器的微小振动等都会带来随机误差. 由于引起随机误差的因素很复杂，又往往交叉在一起，不能分开，因此随机误差是无法控制的，实验中无法完全消除. 但随机误差有一个重要性质，即随机误差的算术平均值随着测量次数的增加趋于零，该性质称为**随机误差**

的抵偿性. 因此，通过多次测量求平均值的方法可以达到减小随机误差的目的.

3. 粗大误差

测量时由于实验者使用仪器的方法不正确，或粗心大意读错、记错、算错测量数据，又或实验条件突变等原因，导致测量结果明显偏离真值，这类误差称为**粗大误差**(或**过失误差**). 粗大误差是完全可以避免的. 含有粗大误差的测量值称为**坏值**. 粗大误差会破坏正常测量值的分布规律，从而使估算出来的误差偏大. 因此，在实验测量中要尽量避免粗大误差. 此外，在数据处理前要尽量先把坏值剔除. 坏值的剔除方法将在后面介绍.

这里需要指出，对实验中异常值的处理要谨慎. 在科学研究中，异常值可能预示着一些尚未被人发现的物理规律和物理现象，如果草率地把它作为坏值而剔除，可能错过发现新物理规律和现象的机会. 因此，对于科学研究中的异常值，正确的做法应该是重复实验，看这些异常值是否再现. 不过，大学物理实验课程中的实验绝大部分属于验证性的实验，所研究的物理规律已经非常清楚，因此基本可以确定实验结果中的异常值属于坏值，在数据处理时应该剔除.

2.1.4 精密度、正确度和准确度

定性评价测量结果时，常用到精密度、正确度和准确度这三个概念. 这三个概念的含义不同，使用时应注意加以区别.

(1) 精密度反映随机误差的大小，它是对测量结果重复性的评价. 精密度高是指测量的重复性好，各次测量值的密集程度高，随机误差小. 但是，精密度不能确定系统误差的大小.

(2) 正确度反映系统误差的大小. 正确度高是指测量数据的算术平均值偏离真值较小，测量的系统误差小. 但是，正确度不能确定数据分散的情况，即不能反映随机误差的大小.

(3) 准确度反映系统误差和随机误差综合大小的程度. 准确度高是指测量结果既正确又精密，即系统误差和随机误差均较小.

以打靶为例来形象地说明上面三个术语的不同意义. 如图 2-1-1 所示，射击目标(靶心)代表真值，命中的位置代表一组测量值.

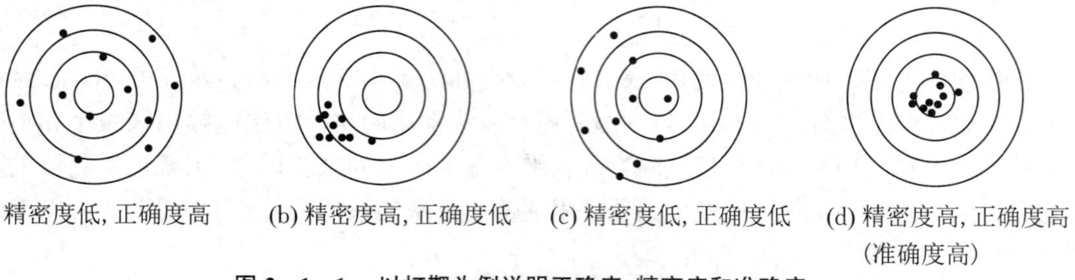

图 2-1-1　以打靶为例说明正确度、精密度和准确度

2.2 随机误差的分布规律及估算

2.2.1 随机误差的分布规律

本节中假定系统误差可以忽略不计，仅讨论随机误差的分布规律. 由前面的介绍可知，当

测量次数较少时，随机误差的大小和正负显得毫无规律，但当测量次数足够多时，可以发现随机误差服从某种统计规律.

1. 测量值的分布函数 —— 概率密度函数

如果我们用米尺多次测量一根长 10 cm 铁棒的长度，由于随机误差的存在，每次的测量值可能不同，但基于常识可知，测量值大部分集中在 10 cm 左右，如 9. 90 cm，10. 03 cm 等，而误差很大的测量值，如 8. 50 cm，12. 00 cm 则几乎不会出现. 也就是说，误差小的测量值出现的概率较大，而误差大的测量值出现的概率较小，测量值围绕着真值呈现一定的分布规律. 为了研究随机误差的分布规律，需要在数学上定义一个量，这就是**概率密度**. 概率密度是测量值或测量值的误差的函数，其定义如下：设对某物理量进行多次测量，测量值出现在 x 到 $x+\mathrm{d}x$ 间的概率为 $\mathrm{d}P$，则概率密度函数定义为

$$f(x)=\frac{\mathrm{d}P}{\mathrm{d}x}. \tag{2-2-1}$$

概率密度函数也经常表示成测量误差 ε 的函数，定义为 $g(\varepsilon)=\frac{\mathrm{d}P}{\mathrm{d}\varepsilon}$，式中 ε 为测量值的（绝对）误差，$\mathrm{d}P$ 为测量值的误差出现在 ε 到 $\varepsilon+\mathrm{d}\varepsilon$ 间的概率.

图 2－2－1 所示为一个典型的概率密度函数曲线，曲线呈钟形，表明测量值出现在曲线中部的概率较高，而当测量值远离曲线中部时，出现的概率迅速降低. 由式（2－2－1）可知，测量值出现在 x 到 $x+\mathrm{d}x$ 间的概率 $\mathrm{d}P=f(x)\mathrm{d}x$，根据微积分的知识，如果我们作出 $f(x)$ 的曲线，那么 $\mathrm{d}P$ 对应于点 x 处，以 $\mathrm{d}x$ 为宽、$f(x)$ 为高的矩形窄条的面积，如图 2－2－1(a) 所示. 进一步地，测量值处于 x_1 到 x_2 间的概率 $P_{x_1\to x_2}=\int_{x_1}^{x_2}f(x)\mathrm{d}x$，对应于 $f(x)$ 的曲线与横轴及直线 $x=x_1$，$x=x_2$ 所围成的曲边梯形的面积，如图 2－2－1(b) 所示. 因为测量值必然出现在实数范围内，即测量值出现在区间$(-\infty,+\infty)$内的概率应为 100%，所以概率密度函数应满足归一化条件，即

$$\int_{-\infty}^{+\infty}f(x)\mathrm{d}x=1. \tag{2-2-2}$$

若用关于误差的概率密度函数 $g(\varepsilon)$ 表示归一化条件，则有

$$\int_{-\infty}^{+\infty}g(\varepsilon)\mathrm{d}\varepsilon=1. \tag{2-2-3}$$

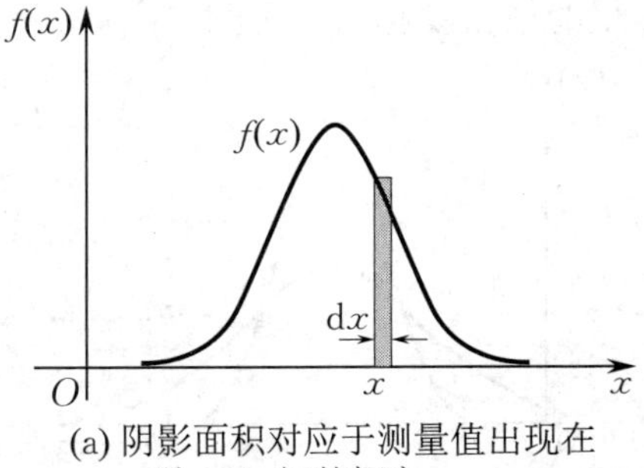

(a) 阴影面积对应于测量值出现在 x 到 $x+\mathrm{d}x$ 间的概率

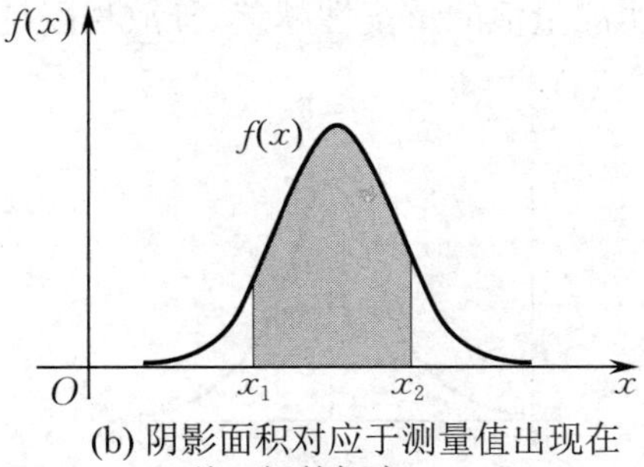

(b) 阴影面积对应于测量值出现在 x_1 到 x_2 间的概率

图 2－2－1　测量值分布示意图

2. 正态分布函数

在物理实验中，大多数情况下测量值的随机误差服从**正态分布**(又称**高斯分布**). 当测量次数有限时，随着测量次数的增加，测量值的随机误差趋于正态分布. 当测量次数趋于无穷大时，测量值的随机误差将严格服从正态分布.

设对某物理量进行了无穷多次等精度测量，测量值分别为 $x_1, x_2, \cdots, x_n, \cdots$，则测量值严格服从正态分布，其概率密度函数为

$$f(x)=\frac{1}{\sqrt{2\pi}\sigma}e^{-\frac{(x-m)^2}{2\sigma^2}}, \tag{2-2-4}$$

式中

$$m=\lim_{n\to+\infty}\frac{\sum_{i=1}^{n}x_i}{n} \tag{2-2-5}$$

为测量值的平均值. 根据随机误差的抵偿性可知，当只存在随机误差时，对于无穷多次测量，m 即为测量量的真值.

$$\sigma=\lim_{n\to+\infty}\sqrt{\frac{\sum_{i=1}^{n}(x_i-m)^2}{n}} \tag{2-2-6}$$

称为正态分布的**标准偏差**(又称为**方均根误差**)，是表征测量值分散性的一个重要参数.

图 2-2-2 所示为正态分布的概率密度函数的曲线. 可以看到，正态分布有以下几个特点.

(1) 单峰性. 绝对值小的误差比绝对值大的误差出现的概率大.

(2) 对称性. 绝对值相等的正误差和负误差出现的概率相等，分布曲线以直线 $x=m$ 为轴左右对称.

(3) 有界性. 绝对值很大的误差出现的概率趋于零.

正态分布函数中最重要的参数之一是标准偏差 σ，下面我们来讨论它的物理意义. 由式(2-2-4)可知，当测量值 $x=m$ 时(对应于误差为零的测量值)，概率密度 $f(m)=\frac{1}{\sqrt{2\pi}\sigma}$. 由此可知，$\sigma$ 越小，$f(m)$ 越大，即曲线越尖锐. 因此，正态分布曲线的形状取决于 σ 的值，m 的大小决定曲线的对称轴在横轴上的位置. 如图 2-2-3 所示，σ 的值越小，正态分布曲线越陡，表明测量值的重复性越好，分散程度越小，测量的精密度越高. 反之，σ 的值越大，正态分布曲线越平坦，表明测量值的重复性越差，分散程度越大，测量的精密度越低.

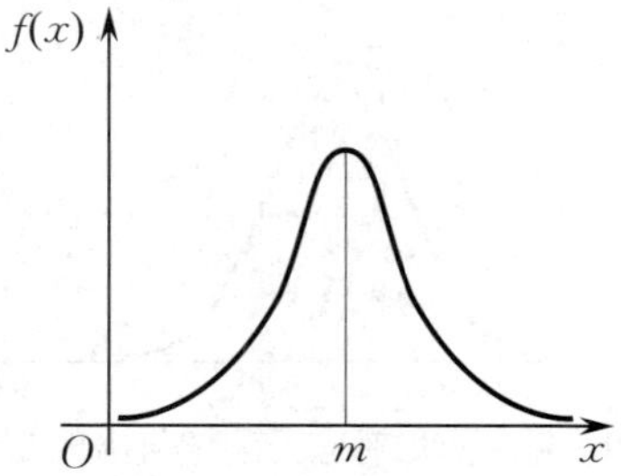

图 2-2-2　正态分布概率密度函数

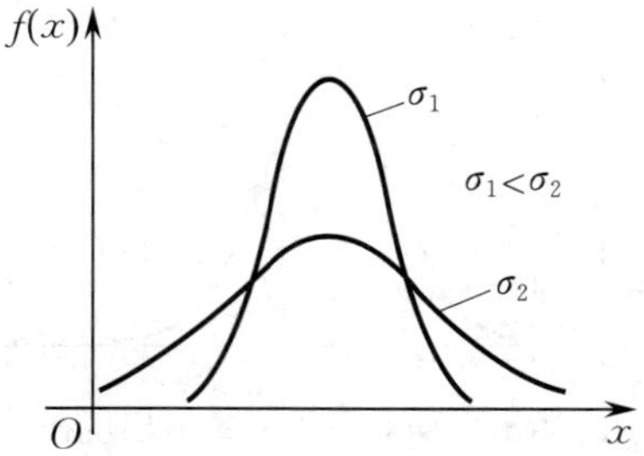

图 2-2-3　不同标准偏差的正态分布函数

下面我们计算一下测量值出现在区间$(m-\sigma, m+\sigma)$内的概率：

$$P(m-\sigma,m+\sigma)=\int_{m-\sigma}^{m+\sigma}\frac{1}{\sqrt{2\pi}\sigma}e^{-\frac{(x-m)^2}{2\sigma^2}}dx=68.3\%.$$

这说明测量值落在区间$(m-\sigma,m+\sigma)$内的概率为68.3%. 这里的区间$(m-\sigma,m+\sigma)$称为**置信区间**,68.3%称为与该置信区间对应的**置信概率**. 同理,我们也可分别计算测量值出现在区间$(m-2\sigma,m+2\sigma)$和$(m-3\sigma,m+3\sigma)$内的概率:

$$P(m-2\sigma,m+2\sigma)=\int_{m-2\sigma}^{m+2\sigma}\frac{1}{\sqrt{2\pi}\sigma}e^{-\frac{(x-m)^2}{2\sigma^2}}dx=95.4\%,$$

$$P(m-3\sigma,m+3\sigma)=\int_{m-3\sigma}^{m+3\sigma}\frac{1}{\sqrt{2\pi}\sigma}e^{-\frac{(x-m)^2}{2\sigma^2}}dx=99.7\%.$$

由此可知,$(m-2\sigma,m+2\sigma)$和$(m-3\sigma,m+3\sigma)$这两个置信区间所对应的置信概率分别为95.4%和99.7%.

可以看到,正态分布曲线收敛得非常快,测量值处在区间$(m-3\sigma,m+3\sigma)$外的概率仅为0.3%,非常低. 测量值处在区间$(m-3\sigma,m+3\sigma)$外对应测量值的误差的绝对值大于3σ,所以我们把3σ称为**极限误差**. 对于误差的绝对值超过3σ的测量值,可以认为是由于过失引起的坏值,应予以剔除. 以上标准称为3σ**判据**,又称为**拉依达准则**,常用于分析多次测量中的粗大误差.

2.2.2 有限次等精度测量的标准偏差

由前面的介绍可知,标准偏差σ是反映正态分布测量值分散程度的关键参量. 然而实际测量中,测量次数总是有限的,且真值不可知,因此标准偏差σ无法求出,只具有理论上的意义. 于是,对有限次测量下的标准偏差只能进行估算. 估算的方法很多,下面介绍最常用的**贝塞尔法**.

1. 实验标准差

设对某物理量进行了有限的n次等精度测量,测量值分别为$x_1,x_2,\cdots,x_n$,且测量值服从正态分布. 为了计算标准偏差,需要确定测量量的真值. 根据随机误差的抵偿性,一般可以把测量值的算术平均值当作测量量的最佳估计值,称为**测量量的约定真值**. n次测量的算术平均值为

$$\overline{x}=\frac{1}{n}\sum_{i=1}^{n}x_i, \tag{2-2-7}$$

第$i(i=1,2,\cdots,n)$次测量值x_i与算术平均值$\overline{x}$的差$v_i=x_i-\overline{x}$称为**残差**,则表征测量结果分散程度的**实验标准偏差**(又称**实验标准差**)S_x可由下式算出:

$$S_x=\frac{1}{\sqrt{n-1}}\sqrt{\sum_{i=1}^{n}v_i^2}=\sqrt{\frac{\sum_{i=1}^{n}(x_i-\overline{x})^2}{n-1}}. \tag{2-2-8}$$

式(2-2-8)称为**贝塞尔公式**. 与无穷多次测量下的标准偏差σ相对应,实验标准差S_x反映了有限次测量时结果的分散程度. 它与σ具有相似的性质,即有限次等精度测量时,某次测量值处在区间$(\overline{x}-S_x,\overline{x}+S_x)$内的概率为68.3%,处在区间$(\overline{x}-2S_x,\overline{x}+2S_x)$内的概率为95.4%,处在区间$(\overline{x}-3S_x,\overline{x}+3S_x)$内的概率为99.7%.

2. 平均值的标准差

如果在相同条件下，对同一物理量做多组重复的等精度测量，那么每组测量都有一个算术平均值.由于随机误差的存在，不同组的算术平均值也不相同，且它们也服从特定的分布.描述算术平均值的分散程度的参数称为**算术平均值的实验标准差**，简称**平均值的标准差**，记作 $S_{\overline{x}}$.由误差理论可以证明，$S_{\overline{x}}$ 由下式给出：

$$S_{\overline{x}}=\frac{S_x}{\sqrt{n}}=\sqrt{\frac{\sum_{i=1}^{n}(x_i-\overline{x})^2}{n(n-1)}}. \tag{2-2-9}$$

由式(2-2-9)可以看到，平均值的标准差 $S_{\overline{x}}$ 比单组测量的实验标准差 S_x 小.我们可以这样来理解其意义：由于求算术平均值时已经对单组测量的随机误差有一定的抵消，因此这些平均值将更集中在真值附近，分散程度会更小，从而平均值的标准差比单组测量的实验标准差要小.

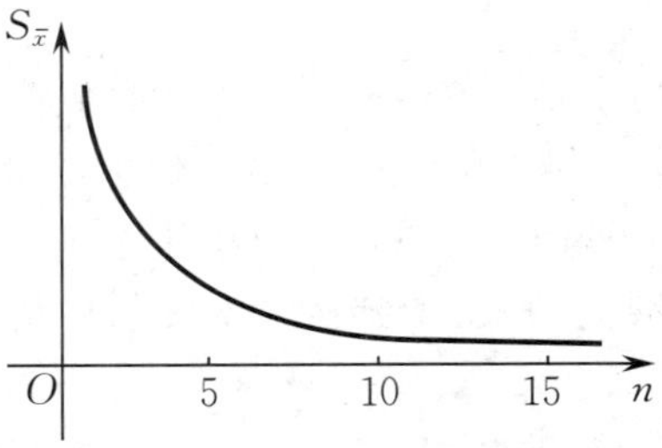

图 2-2-4　测量次数对平均值的标准差的影响

根据式(2-2-9)，我们可以作出 $S_{\overline{x}}$ 随测量次数 n 的变化曲线，如图 2-2-4 所示.可以看到，随着测量次数的增加，平均值的标准差越来越小，即测量的精密度越来越高.但当测量次数 $n>10$ 后，n 的增加对平均值的标准差的降低效果不明显.因此，不能够单纯通过增加测量次数来提高测量精度.在科学研究中，测量次数一般取 10 ～ 20 次，而在大学物理实验中一般取 5 ～ 10 次.

2.2.3　坏值的剔除

在实验中，由于实验人员的失误，可能会出现粗大误差.由于粗大误差会破坏正常测量值的分布规律，使估算出来的误差偏大，因此在数据处理前要把坏值先剔除掉.对于比较明显的坏值，通过对数据的认真检查很容易发现；然而对于不明显的坏值，则需要用统计判别法进行检验.

统计判别法的基本思想是：在无系统误差的前提下，根据随机误差的统计规律建立一个统计量，对于给定的置信概率，确定出该统计量的界限，凡是超过这个界限的误差，就认为不属于随机误差，而属于粗大误差，相应的测量值为坏值，应剔除.例如，拉依达准则中，对于一组测量值 $x_1,x_2,\cdots,x_n$，根据式(2-2-8)计算出测量值的实验标准差 S_x.按照正态分布随机误差的特点，在有限次测量中，残差的绝对值超出 $3S_x$ 的数据出现的概率非常低，约为 0.3%，可以认为不会出现，若出现则可视为坏值.因此，通过检验每一个测量值的残差，若 $|x_i-\overline{x}|>3S_x$，则可以认为 x_i 为坏值，予以剔除.

需要指出，按以上方法判别时，若测量数据中存在多个坏值，则应先剔除残差最大的测量数据，然后重新计算平均值和实验标准差 S_x，再对余下的测量数据重新进行判断，直到没有坏值为止.

上面介绍的拉依达准则是最简单的一种判别坏值的方法，其通常要求测量次数超过 10 次.对于测量次数少于 10 次的，设定的判别坏值的阈值要大于 $3S_x$，相应地有其他准则，在此不做详细介绍.

2.3　有效数字及其运算规则

所有的测量结果都是包含误差的近似数据，其位数依赖于测量仪器的精度. 与数学上处理的数据不同，实验中数据的数值和它的位数都具有意义，其数值反映了测量量的大小，而它的位数则反映了测量结果的精度，因此不能随意取舍. 在实验测量及数据处理过程中，应该严格按照有效数字的表示方法和运算规则来正确表达和计算测量结果.

2.3.1　有效数字的概念

1. 有效数字的定义

任何测量仪器都存在有限的分辨率，它通常与仪器的最小分度相对应，使用某些仪器测量时，在最小分度下的位数需要估读. 例如，用米尺测量一个木块的长度(见图 2-3-1)，米尺的最小分度为 1 mm. 可以看到，木块的长度在 2.3 ～ 2.4 cm 之间，实际测量中，可能有人会估读为 2.36 cm，也有人会估读为 2.35 cm 或 2.37 cm. 这个百分位上的 5，6，7 是估读出来的，并不是很准确，这个估读出来的数称为**存疑数字(欠准数字)**. 而存疑数字前的 2.3 是准确的，称为**可靠数字**. 测量中所能得到的若干位可靠数字与最后一位存疑数字构成了**有效数字**.

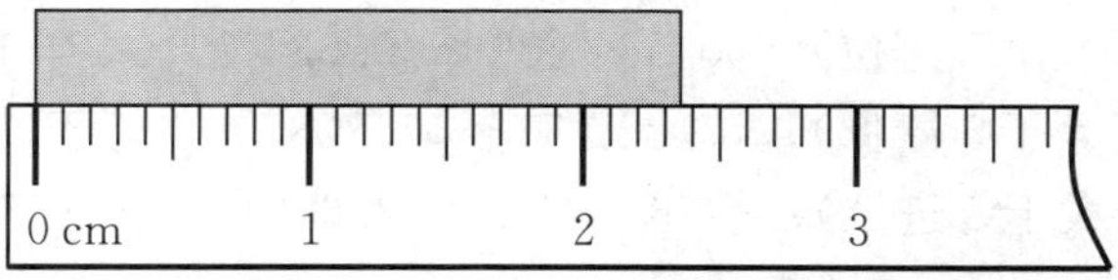

图 2-3-1　有效数字示意图

2. 关于有效数字的几点说明

(1) 第一个非零数前面的零不是有效数字，最后一个非零数后面的零是有效数字.

例如，0.003 24，0.267 0，40.240，67 000 的有效位数分别为 3，4，5，5. 这里需要注意，在数学上，3.20＝3.2，但在物理实验中，3.20 ≠ 3.2，前者 0 是存疑数字，而 2 是可靠数字，但后者 2 是存疑数字，它们反映了不同精度的数据. 有效数字反映了测量仪器的精度，因此数据后面的 0 不能随意增加与删减.

(2) 有效数字的位数与小数点的位置无关，单位换算时，有效数字的位数不发生变化.

物理量包含数值和单位两个要素，测量结果可以用任何一个与其量纲一致的单位来表示. 测量结果有效数字的位数反映了测量仪器的精度，因此进行单位变换时不发生变化. 例如，3.24 m＝324 cm＝0.003 24 km，它们的有效位数都是 3.

在将较大单位化为较小单位时，要保证数据的有效位数保持不变，有时会遇到困难. 例如，将 3.24 m 化为以 mm 为单位，不能写为 3 240 mm，因为这样会使有效位数从 3 变成 4. 解决这个困难的办法就是采用科学记数法，即小数点前一律取一位有效数字，数值上的不同可用乘以 10 的不同次幂表示. 例如，上面的数据用不同单位下的科学记数法表示为

$$3.24\ \text{m}=3.24\times10^{2}\ \text{cm}=3.24\times10^{-3}\ \text{km}=3.24\times10^{3}\ \text{mm}.$$

为了正确、方便地表达出有效数字，特别是当数据非常大或非常小时，应尽量采用科学记数法来表示数据.

(3) 数字化仪表无法进行估读，其显示值的最后一位即为存疑数字.

(4) 数据处理过程中，公式中的常数，如$\frac{1}{2}$，$\sqrt{2}$，圆周率 π，重力加速度 g，普朗克常量 h 等，是非测量量，它们不存在存疑数字，或可认为其有效数字的位数是无限的. 在运算过程中，其位数可根据需要来选取.

2.3.2 有效数字的运算规则

在数据处理时，参与运算的数据可能很多，这些数据的大小及有效位数各不相同. 由于数据的有效数字反映了测量结果的精度，因此当具有不同有效位数的数据进行运算时，所得结果的有效位数需要进行取舍，称为数值的修约. 下面介绍数值的修约及运算所须遵守的规则.

1. 数值的修约规则

数值的修约目前通用的规则可概括为："四舍五入，逢五凑偶，就近修约"，具体解释如下：将数值需要保留的最后一位称为末位，"四舍五入" 指当末位后面的数大于 5(末位的后一位为 5，且 5 后有非零数字，也属于此类情况) 时，向末位进 1；当末位后面的数小于 5 时，直接舍去. "逢五凑偶" 指当末位后面的数恰好是 5 时，若末位为奇数则进 1，若末位为偶数则不变. "就近修约" 指进行数值的修约时，以末位的后一位来判断，不要多次修约.

例如，若要将下列数据保留四位有效数字，则

3.141 59 ≈ 3.142 （大于 5 进位）； 0.534 639 ≈ 0.534 6 （小于 5 舍去）；
34.125 0 ≈ 34.12 （等于 5 凑偶）； 7.827 50 ≈ 7.828 （等于 5 凑偶）；
8.282 501 ≈ 8.283 （大于 5 进位）； 236.349 9 ≈ 236.3 （小于 5 舍去，注意就近修约）.

2. 有效数字的运算规则

有效数字的运算规则遵循的依据是：当参与运算的数据中含有存疑数字时，结果也含有存疑数字. 为了表示清楚，下面的讨论中我们在数据的存疑数字下面加一根横线.

(1) 加减运算中，结果的存疑位与参与运算的各个数中存疑位最高的保持一致. 例如，

$$\begin{array}{r} 32.\underline{1} \\ +\ \ 3.22\underline{6} \\ \hline 35.\underline{3}2\underline{6} \end{array} \qquad\qquad \begin{array}{r} 20.6\underline{5} \\ -\ \ 3.91\underline{4} \\ \hline 16.7\underline{3}\underline{6} \end{array}$$

在上面的加法运算中，结果的"$\underline{3}$" 已为存疑数字，因此"$\underline{2}\underline{6}$" 两位数就没有保留的意义，根据数值的修约规则，结果应为 $35.\underline{3}$，存疑位在十分位上，与参与运算的存疑位最高的数 $32.\underline{1}$ 相同. 同理，上面的减法运算的结果应为 $16.7\underline{4}$，其存疑位"$\underline{4}$" 与参与运算的两个数中存疑位最高的数 $20.6\underline{5}$ 相同. 这个规则可推广到多个数的加减运算中.

(2) 乘除运算中，结果有效数字的位数与参与运算的各个数中有效数字位数最少的保持一致. 例如，

$$\begin{array}{r} 2.67\underline{3} \\ \times\qquad 2\underline{1} \\ \hline \underline{2}\underline{6}\underline{7}\underline{3} \\ 534\underline{6} \\ \hline 5\underline{6}.\underline{1}\underline{3}\underline{3} \end{array}$$

在上面的乘法运算中，结果的“$\underline{6}$”已为存疑数字，因此“$\underline{1}\ \underline{3}\ \underline{3}$”三位数就没有必要保留，从而结果应为$5\underline{6}$，为两位有效数字，与参与运算的有效位数最少的数$2\underline{1}$的有效位数相同. 除法运算与乘法运算遵守相同的规则. 例如，$14.5\underline{6}\div 2.3\underline{4}$，结果应保留三位有效数字，为$6.2\underline{2}$. 同样，这个规则可推广到多个数的乘除运算中.

注　在乘除运算过程中，经常会遇到第一个数字为8或9的数，如9.00，8.92等，因为它们与10.00相当接近，所以这类数通常要多计一位有效数字，这是为了防止数据丢失. 例如，$9.8\underline{1}\times 16.2\underline{4}$，可把$9.8\underline{1}$看成四位有效数字，从而结果为$159.\underline{3}$.

(3) 乘方、开方运算可以看成乘除运算的特例，结果有效数字的位数与底相同. 例如，

$$12.\underline{3}^2=15\underline{1}.\underline{2}\,\underline{9}\approx 15\underline{1};\quad \sqrt{7.8\underline{2}}=2.7\underline{9}\,\underline{6}\,\underline{4}\cdots\approx 2.8\underline{0}.$$

(4) 函数运算中，结果的有效数字通过其泰勒展开式来确定.

设有某一测量值x，可将其记作$x=x_0+\Delta x$，式中x_0是测量值的可靠数字，Δx是存疑数字. 对测量值x进行某种函数运算$f(x)$，将$f(x)$在x_0处进行泰勒展开. 因为存疑数字是测量值的最后一位，是小量，所以泰勒展开只保留一阶项，即$f(x)=f(x_0)+f'(x)|_{x=x_0}\Delta x$. 由于$x_0$是可靠数字，因此其函数运算结果$f(x_0)$也是可靠的，从而$f(x)$的存疑位仅取决于$f'(x)|_{x=x_0}\Delta x$. 因为$f(x_0)$和$f'(x)|_{x=x_0}\Delta x$是相加的关系，所以只要确定$f'(x)|_{x=x_0}\Delta x$的存疑位，$f(x)$的存疑位与$f'(x)|_{x=x_0}\Delta x$的保持一致即可.

例 2-3-1　计算$\ln 2.3\underline{4}$.

解　令$x_0=2.3$，$\Delta x=0.0\underline{4}$，则

$$(\ln x)'|_{x=x_0}\Delta x=\frac{1}{2.3}\times 0.0\underline{4}=0.0\underline{2},$$

即存疑数字在小数点后第二位. 因此

$$\ln 2.3\underline{4}=0.8\underline{5}\,\underline{0}\,\underline{1}\cdots\approx 0.8\underline{5}.$$

注　类似例2-3-1的运算，需要先用计算器或计算机软件计算，然后进行修约.

(5) 多数值混合运算结果有效数字的确定.

在数据处理过程中，我们经常遇到的是有多个数值参与的混合运算. 如果按照上面所讲的方法列式运算，标出每一步的存疑数字，那么过程将变得非常烦琐. 实际上，先利用计算器算出整个计算式的结果，然后根据前面所述的规则，可以很快确定结果的有效位数.

例如，

$$\frac{13.2\underline{7}\times(23.\underline{4}-0.4\underline{5}+0.1\underline{2})}{23.4\underline{5}\times 3.7\underline{8}\times 0.1\underline{2}}$$

（计算式整体上是乘除形式，则先把式中括号内的加减部分计算出来. 可以看到加减计算式中存疑位最高的数是$23.\underline{4}$，因此结果保留到小数点后一位）

$$=\frac{13.2\underline{7}\times 23.\underline{1}}{23.4\underline{5}\times 3.7\underline{8}\times 0.1\underline{2}}$$

（先用计算器算出结果为28.818 21⋯，然后可以看到计算式中有效数字位数最少的数是$0.1\underline{2}$，为两位有效数字，因此结果保留两位有效数字）

$$=28.\underline{8}\underline{1}\underline{8}\ \underline{2}\underline{1}\cdots\approx 29.$$

应当指出，以上规则仅仅是一种处理有效数字的简略方法. 严格来讲，有效数字的位数应由不确定度来决定(不确定度将在下节讨论). 本课程只要求读者掌握以上简略的处理方法即可.

2.4 测量不确定度及结果的表示

任何测量过程都存在误差,因此一个完整的测量结果必须包含对测量结果误差的评估.早期的传统误差理论是对测量结果进行误差评定,然而这种方法存在一些问题.首先,误差定义为测量值和真值之差,然而真值不可能通过有限次测量获得,因此误差将无法确定.为了解决这个困难,传统误差理论中引入约定真值(算术平均值)的概念.然而,刻意地去确定不可能得到的真值,这是传统误差理论的缺陷.其次,在误差评定中,随机误差和系统误差分别评定,总误差等于这两项误差平方和的根.然而在实际测量过程中,随机误差和系统误差往往很难区分,这使误差的计算变得困难.正是因为存在诸多问题,现代误差理论中用不确定度评定代替了误差评定.我国于1999年发布了国家计量技术规范JJF 1059—1999《测量不确定度评定与表示》①,开始全面推广不确定度评定方法.目前,全国高校在实验教学中都采用不确定度评定.

2.4.1 测量不确定度

1. 不确定度的概念

(测量)不确定度是反映测量结果的分散程度的一个参数,它是测量量的真值以相应的概率出现在某个范围内的一种评定.例如,一个物体质量的测量结果表示为

$$m=(34.6\pm 0.3)\ \mathrm{g}\quad (P=95.4\%).$$

这表示物体质量的真值有95.4%的可能性落在34.3～34.9 g的范围内.这里,34.6是测量量的最佳估计值,而0.3就是不确定度,$P=95.4\%$是该不确定度对应的置信概率.在完整的不确定度表示中,除了不确定度的数值外,还应指出相应的置信概率.常见的置信概率包括68.3%,95.4%和99.7%.在本书中,统一在68.3%的置信概率下评定不确定度.若本书中测量结果的不确定度没有标出置信概率,则默认是68.3%.

不确定度一般包含多个分量,按其数值的评定方法可归为以下两类.

A类不确定度:用统计学方法计算的分量,用u_{A}表示.

B类不确定度:用其他方法(非统计方法)计算的分量,用u_{B}表示.

测量结果的合成不确定度u等于这两类分量的平方和的根,即

$$u=\sqrt{u_{\mathrm{A}}^2+u_{\mathrm{B}}^2}. \tag{2-4-1}$$

当测量量的A类不确定度和B类不确定度各有分量$u_{\mathrm{A}_1},u_{\mathrm{A}_2},\cdots,u_{\mathrm{A}_i},\cdots$与$u_{\mathrm{B}_1},u_{\mathrm{B}_2},\cdots,u_{\mathrm{B}_j},\cdots$时,由于这些不确定度分量的来源不同,互不相关,因此按照误差合并的原则,其合成不确定度的表达式为

$$u=\sqrt{\sum_i u_{\mathrm{A}_i}^2+\sum_j u_{\mathrm{B}_j}^2}. \tag{2-4-2}$$

直接测量和间接测量的测量结果的不确定度评定方法是不同的,后面将分别进行阐述.

2. 测量结果的不确定度的表示

任何测量都存在误差,因此测量结果中必须指出测量误差,也就是不确定度.一个完整的

① 该规范的现行版本为JJF 1059.1—2012《测量不确定度评定与表示》.

测量结果应该包括测量量的最佳估计值，通常为平均值 $\overline{x}$；该最佳估计值的可信赖范围，即合成不确定度 u；测量量的单位；不确定度所对应的置信概率 P，通常选择 68.3%，95.4% 或 99.7%. 测量结果的一般形式如下：

$$x=(\overline{x}\pm u)\ \text{单位}\quad (P=P_0). \tag{2-4-3}$$

式(2-4-3)的测量结果表示测量量 x 的真值落在区间$(\overline{x}-u,\overline{x}+u)$内的概率是 P_0. 本书约定测量结果中的置信概率为 68.3% 时，可以省略. 为了更好地表示出测量结果的精确度，测量结果也经常给出相对不确定度，定义为

$$E_r=\frac{u}{x}\times 100\%. \tag{2-4-4}$$

例如，设测量一个零件的长度 l 时，测量值的平均值为 25.04 cm，估算的合成不确定度为 0.03 cm，则测量结果可以表示为

$$l=(25.04\pm 0.03)\ \text{cm}\quad (P=68.3\%).$$

由于置信概率为 68.3%，此时可以不用标出，则测量结果也可简写为

$$l=(25.04\pm 0.03)\ \text{cm}.$$

此外，根据国家计量技术规范的建议，测量结果还可以用下面几种形式给出.

(1) $l=25.04$ cm，$u=0.03$ cm.

(2) $l=25.04(0.03)$ cm(括号里的是合成不确定度).

(3) $l=25.04(3)$ cm(这是第二种形式的简略表示形式. 注意合成不确定度的最后一位与测量结果的最后一位是对齐的).

在不确定度的表示和计算中，有以下几点要注意.

(1) 由于不确定度本身只是一个估计范围，因此其有效数字一般只保留一到两位. 在本书中，一般来说当不确定度的第一位有效数字是 1 或 2 时，保留两位有效数字；当大于 2 时，保留一位有效数字. 有时有例外，参见下面(3) 中的说明.

(2) 不确定度的最后结果要求保留一到两位有效数字，但为了防止因多次取舍而造成的积累效应，在不确定度的运算过程中可多保留几位有效数字. 此外，不确定度的有效数字的取舍不按“四舍五入”的修约规则，而是除尾数为 0 的情况外，一律进位.

(3) 不确定度的大小实际上反映了测量结果的误差范围. 因此，确定了不确定度的有效数字后，测量结果的有效数字应该取相应位，使其最后一位与不确定度的最后一位对齐. 测量结果有效数字的取舍和运算按 2.3 节所提到的修约规则进行. 例如，若某物体的质量 m 测量结果的平均值为 15.263 g，确定的合成不确定度为 0.04 g，则测量结果应为 $m=(15.26\pm 0.04)$ g. 若表示成 $m=(15.263\pm 0.04)$ g，则是错误的. 另外须注意，当测量结果有效数字的最后一位与不确定度的第一位有效数字在同一位时，这时即使不确定度的第一位有效数字是 1 或 2，也应当保留一位有效数字. 例如，若质量 m 测量结果的平均值为 15.263 g，确定的合成不确定度为 0.001 6 g，则测量结果应为 $m=(15.263\pm 0.002)$ g，而不是 $m=(15.263\pm 0.001\,6)$ g. 也就是说，要始终保证测量结果的最后一位与不确定度的最后一位对齐.

2.4.2　直接测量结果不确定度的评定

1. A 类不确定度

由正态分布的知识可知，置信概率是指测量值落在相应置信区间内的概率. 我们还可以从

另一个角度来理解置信概率：设对一个物理量进行了多次等精度测量，因为并不知道真值，所以我们不能判断某一个测量值就比另一个测量值更靠近真值，也就是说，所有的测量值都应具有相同的可信度，或者说任何一个测量值都可能处在真值附近．由于置信概率是指测量值落在相应区间上的概率，因此也可以说它是真值出现在相应区间上的概率，所以把这个概率称为置信概率．了解了这一点，对直接测量量的 A 类不确定度的评定方法就很容易理解．由 2.2 节内容可知，对于有限次的等精度测量，测量值落在$(\overline{x}-S_{\overline{x}},\overline{x}+S_{\overline{x}})$内的置信概率为 68.3%．因此，对应于该置信概率，直接测量量的 A 类不确定度可用平均值的标准差 $S_{\overline{x}}$ 表示，即

$$u_A=S_{\overline{x}}=\sqrt{\frac{\sum_{i=1}^{n}(x_i-\overline{x})^2}{n(n-1)}}. \tag{2-4-5}$$

这里应该注意，对于单次测量，即 $n=1$，式(2-4-5)将失效．A 类不确定度是指用统计方法确定的不确定度分量，对于单次测量，自然没有统计的意义，我们规定单次测量的不确定度只计入 B 类不确定度．

2. B **类不确定度**

B 类不确定度是指用非统计方法估算的不确定度分量，主要指系统误差部分．实验中引起系统误差的因素很多，其中最主要的来源是仪器误差．本书只要求掌握由仪器误差引起的 B 类不确定度的估算方法．

所谓仪器误差，是指仪器所允许的最大误差，本书中用 Δ_m 来表示．仪器误差分以下几种情况．

(1) 国标仪器误差．一些常用仪器和测量工具的仪器误差都有相关的国家标准或行业标准．厂家生产的仪器必须经过质量检验，符合国家标准或行业标准才能出厂．这些仪器的仪器误差可以通过查询相关国家标准或行业标准来确定．

(2) 标称仪器误差．有些仪器可能没有相关的国家标准或行业标准，但厂家在出厂前通常对仪器的仪器误差进行了评定，并标注在仪器说明书上．对于这类仪器，可以用厂家给出的数据作为仪器的仪器误差．

(3) 引用仪器误差．模拟(指针式)电表类仪器的仪器误差不仅与仪器的准确度等级有关，还与测量时所使用的量程有关．国家标准将电表类仪器分成 11 个准确度等级，记作 c：0.05，0.1，0.2，0.3，0.5，1，1.5，2，2.5，3，5．若电表的使用量程为 K，则此时电表的仪器误差

$$\Delta_m=c\%\times K.$$

由此可见，在使用电表类仪器时，为了减小仪器误差，应根据测量值尽量选择较小的量程．

(4) 非标仪器误差．我们在实验中经常遇到这种情况，所使用的仪器没有国标认证，或该仪器的仪器误差没有相关的国家标准，而且手头也没有该仪器的仪器说明书．对于这类仪器，其仪器误差按以下惯例估计：对于带估读位的仪器，$\Delta_m=\frac{\text{最小分度}}{2}$；对于不带估读位的仪器(如数字仪表)，$\Delta_m=$最小分度．例如，对于一个没有国标认证的最小分度为 1 mm 的刻度尺，$\Delta_m=0.5$ mm；对于最小分度为 0.5 ℃ 的玻璃管温度计，$\Delta_m=0.25$ ℃；对于精度为 0.01 g 的电子天平，$\Delta_m=0.01$ g．

仪器误差 Δ_m 是指仪器所允许的最大误差，即仪器误差处于区间 $[-\Delta_m,\Delta_m]$ 上的概率为 100%．然而，本书中 A 类不确定度是在 68.3% 的置信概率下估算的．为了和 A 类不确定度相

匹配,B类不确定度应该在相同的置信概率下估算.在68.3%的置信概率下,由仪器误差引起的B类不确定度取为

$$u_B = \frac{\Delta_m}{k}, \tag{2-4-6}$$

式中的因子k由仪器误差可能服从的分布决定:按正态分布、均匀分布和三角分布的不同情况,k分别取3,$\sqrt{3}$和$\sqrt{6}$.如果仪器误差服从的分布未知,则k取$\sqrt{3}$.本书中,仪器误差的分布一般是未知的,因此统一取$k=\sqrt{3}$.

3. 合成不确定度

前面在68.3%的置信概率下求出了u_A和u_B,则合成不确定度$u=\sqrt{u_A^2+u_B^2}$,该置信概率下估算出的合成不确定度称为**合成标准不确定度**.而在有些情况下,可能需要给出较高置信概率下的不确定度,则可通过合成标准不确定度乘以一个置信系数k来确定,称为**扩展不确定度**,记作U.若测量量服从正态分布,则当k取2和3时,得到的扩展不确定度对应的置信概率分别为95.4%和99.7%.本书中,测量结果的不确定度统一在68.3%的置信概率下估算,即统一取合成标准不确定度.

4. 直接测量的数据处理步骤

设对某测量量X进行了n次等精度直接测量,测量值分别为$x_1,x_2,\cdots,x_n$,其数据处理步骤如下.

(1) 对测量数据进行已定系统误差的修正.

(2) 剔除粗大误差的测量值,即坏值.

注　本书不要求读者用统计方法来发现坏值,学生只须通过对数据的仔细检查来剔除异常数据.

(3) 计算测量数据的算术平均值$\overline{x}=\frac{1}{n}\sum_{i=1}^{n}x_i$,并将其作为测量结果的最佳估计值.

(4) 计算A类不确定度$u_A=S_{\overline{x}}=\sqrt{\frac{\sum_{i=1}^{n}(x_i-\overline{x})^2}{n(n-1)}}$.

注　对于单次测量,取$u_A=0$.

(5) 确定所用仪器的仪器误差Δ_m,计算B类不确定度$u_B=\frac{\Delta_m}{\sqrt{3}}$.

(6) 计算合成标准不确定度$u=\sqrt{u_A^2+u_B^2}$,必要时可进而求出相应的扩展不确定度U.

(7) 写出最终测量结果的表示式$x=(\overline{x}\pm u)$ 单位,$E_r=\frac{u}{\overline{x}}\times 100\%$.

例 2-4-1　用量程为25 mm的螺旋测微器(仪器误差$\Delta_m=0.004$ mm)测量钢球的直径D(单位:mm)6次,测量数据如下:

3.116,　3.122,　3.119,　3.117,　3.120,　3.118.

螺旋测微器的零点读数$D_0=-0.006$ mm,设测量中不存在粗大误差,写出测量结果.

解　首先修正螺旋测微器的零点误差,修正后的直径$D'=D-D_0$,数据如下:

3.122，　3.128，　3.125，　3.123，　3.126，　3.124.

修正后直径的平均值为 $\overline{D}' \approx 3.125\ \mathrm{mm}$，则 A 类不确定度为

$$u_A \approx S_{\overline{D}'} = \sqrt{\frac{\sum_{i=1}^{6}(D_i'-\overline{D}')^2}{6\times(6-1)}} \approx 0.000\,89\ \mathrm{mm}.$$

接下来确定 B 类不确定度. 由于螺旋测微器的仪器误差为 $\Delta_m = 0.004\ \mathrm{mm}$，因此

$$u_B = \frac{\Delta_m}{\sqrt{3}} \approx 0.002\,31\ \mathrm{mm}.$$

综上，可得 D 的合成标准不确定度为

$$u = \sqrt{u_A^2 + u_B^2} = 0.002\,472\cdots\ \mathrm{mm} \approx 0.003\ \mathrm{mm},$$

则测量结果表示为

$$D = (3.125 \pm 0.003)\ \mathrm{mm},$$

相对不确定度 $E_r = \dfrac{0.003}{3.125}\times 100\% = 0.096\%$.

注　例 2-4-1 中，也可先求平均值，再进行零点修正.

2.4.3　间接测量结果不确定度的评定

间接测量量是由若干直接测量的物理量通过函数关系运算而得出的. 大学物理实验中绝大部分实验所要测量的物理量都属于间接测量量，其不确定度的评定方法与前面所讲的直接测量量的方法不同. 下面介绍间接测量量的数据处理及不确定度的评定方法.

设间接测量量 N 通过函数 $N=f(x,y,z,\cdots)$ 计算得到，其中 $x,y,z,\cdots$ 为彼此独立的直接测量量，其最佳估计值分别为 $\overline{x},\overline{y},\overline{z},\cdots$，合成标准不确定度分别为 $u(x),u(y),u(z),\cdots$.

1. 间接测量量的最佳估计值

直接测量量 $x,y,z,\cdots$ 的最佳估计值已经得到，将它们代入函数 $f(x,y,z,\cdots)$ 即得间接测量量的最佳估计值 $\overline{N}$，即

$$\overline{N} = f(\overline{x},\overline{y},\overline{z},\cdots). \tag{2-4-7}$$

2. 不确定度传递公式

由于直接测量量存在误差或不确定度，因此运算得到的间接测量量也必然存在误差或不确定度，这就是误差或不确定度的传递. 根据间接测量量与直接测量量之间的函数关系，可以推导出它们的不确定度之间的函数关系，该函数关系称为不确定度传递公式. 下面我们利用微积分的知识说明不确定度传递公式的推导.

函数 $N=f(x,y,z,\cdots)$ 在各自变量取最佳估计值处的全微分为

$$\mathrm{d}N = \left(\frac{\partial f}{\partial x}\right)\bigg|_{\overline{x},\overline{y},\overline{z},\cdots}\mathrm{d}x + \left(\frac{\partial f}{\partial y}\right)\bigg|_{\overline{x},\overline{y},\overline{z},\cdots}\mathrm{d}y + \left(\frac{\partial f}{\partial z}\right)\bigg|_{\overline{x},\overline{y},\overline{z},\cdots}\mathrm{d}z + \cdots. \tag{2-4-8}$$

式(2-4-8) 表示，当自变量发生微小变动 $\mathrm{d}x,\mathrm{d}y,\mathrm{d}z,\cdots$ 时，函数值 N 的改变量为 $\mathrm{d}N$. 式中 $\left(\dfrac{\partial f}{\partial x}\right)\bigg|_{\overline{x},\overline{y},\overline{z},\cdots}\mathrm{d}x$ 项表示自变量 x 发生 $\mathrm{d}x$ 的变化引起的函数值 N 的改变量，这里 $\dfrac{\partial f}{\partial x}$ 是函数

$N=f(x,y,z,\cdots)$ 对自变量 x 的偏导数[①]，$\dfrac{\partial f}{\partial x}$ 的结果仍然是关于 $x,y,z,\cdots$ 的函数，而 $\left(\dfrac{\partial f}{\partial x}\right)\Big|_{\overline{x},\overline{y},\overline{z},\cdots}$ 是指将偏导数 $\dfrac{\partial f}{\partial x}$ 中自变量 $x,y,z,\cdots$ 分别取 $\overline{x},\overline{y},\overline{z},\cdots$ 时所得的结果，是一个常量. 其他偏微分项也具有类似的意义.

不确定度表示测量量的真值以给定的概率出现在最佳估计值附近多大的范围内. 因此，如果我们把式(2-4-8)中的 $\mathrm{d}x$ 换成直接测量量的不确定度 $u(x)$，则 $\left(\dfrac{\partial f}{\partial x}\right)\Big|_{\overline{x},\overline{y},\overline{z},\cdots}u(x)$ 表示直接测量量 x 在 $\overline{x}$ 处发生 $u(x)$ 的变化时引起的间接测量量 N 在 $\overline{N}$ 处的改变量，即直接测量量 x 的不确定度引起的间接测量量 N 的不确定度. 如果把式(2-4-8)中各直接测量量的微分都换成各自的不确定度，则各项分别表示相应的直接测量量的不确定度引起的间接测量量 N 的不确定度. 此外，各直接测量量 $x,y,z,\cdots$ 彼此独立，它们的不确定度也是独立变化的，因此各直接测量量引起间接测量量的不确定度应通过平方和的根的方式叠加，从而间接测量量 N 的不确定度 $u(N)$ 可表示为

$$u(N)=\sqrt{\left[\left(\frac{\partial f}{\partial x}\right)\Big|_{\overline{x},\overline{y},\overline{z},\cdots}u(x)\right]^2+\left[\left(\frac{\partial f}{\partial y}\right)\Big|_{\overline{x},\overline{y},\overline{z},\cdots}u(y)\right]^2+\left[\left(\frac{\partial f}{\partial z}\right)\Big|_{\overline{x},\overline{y},\overline{z},\cdots}u(z)\right]^2+\cdots}. \tag{2-4-9}$$

式(2-4-9)称为**不确定度传递公式**. 可以看见，间接测量量的不确定度的大小不仅与各直接测量量的不确定度有关，而且与式(2-4-9)中直接测量量的不确定度前的系数 $\left(\dfrac{\partial f}{\partial x}\right)\Big|_{\overline{x},\overline{y},\overline{z},\cdots}$，$\left(\dfrac{\partial f}{\partial y}\right)\Big|_{\overline{x},\overline{y},\overline{z},\cdots}$，$\left(\dfrac{\partial f}{\partial z}\right)\Big|_{\overline{x},\overline{y},\overline{z},\cdots}$，… 有关.

根据公式 $\mathrm{d}\ln N=\dfrac{\mathrm{d}N}{N}$，类似上面的方法，我们可以推出间接测量量相对不确定度的计算公式为

$$\begin{aligned}E_{\mathrm{r}}(N)&=\frac{u(N)}{\overline{N}}\\&=\left\{\left[\left(\frac{\partial \ln f}{\partial x}\right)\Big|_{\overline{x},\overline{y},\overline{z},\cdots}u(x)\right]^2+\left[\left(\frac{\partial \ln f}{\partial y}\right)\Big|_{\overline{x},\overline{y},\overline{z},\cdots}u(y)\right]^2\right.\\&\quad\left.+\left[\left(\frac{\partial \ln f}{\partial z}\right)\Big|_{\overline{x},\overline{y},\overline{z},\cdots}u(z)\right]^2+\cdots\right\}^{\frac{1}{2}}\times 100\%.\end{aligned} \tag{2-4-10}$$

例 2-4-2　已知圆柱体的密度 $\rho=\dfrac{4m}{\pi D^2 h}$，式中 m,D,h 分别为圆柱体的质量、底面圆直径和高，可通过直接测量获得. 推导圆柱体密度 ρ 的不确定度传递公式.

解法一　因为

$$\frac{\partial\rho}{\partial m}=\frac{4}{\pi D^2 h},\quad \frac{\partial\rho}{\partial D}=-\frac{8m}{\pi D^3 h},\quad \frac{\partial\rho}{\partial h}=-\frac{4m}{\pi D^2 h^2},$$

所以由式(2-4-9)可得

① 偏导数是指求导过程中将除 x 以外的其他变量均当成常量，因此求偏导数与一元函数的求导类似.

$$u(\rho)=\sqrt{\left[\left(\frac{\partial\rho}{\partial m}\right)\bigg|_{\overline{m},\overline{D},\overline{h}}u(m)\right]^2+\left[\left(\frac{\partial\rho}{\partial D}\right)\bigg|_{\overline{m},\overline{D},\overline{h}}u(D)\right]^2+\left[\left(\frac{\partial\rho}{\partial h}\right)\bigg|_{\overline{m},\overline{D},\overline{h}}u(h)\right]^2}$$

$$=\sqrt{\left(\frac{4}{\pi\overline{D}^2\overline{h}}\right)^2[u(m)]^2+\left(\frac{8\overline{m}}{\pi\overline{D}^3\overline{h}}\right)^2[u(D)]^2+\left(\frac{4\overline{m}}{\pi\overline{D}^2\overline{h}^2}\right)^2[u(h)]^2},$$

式中 $\overline{m}$，$\overline{D}$，$\overline{h}$ 分别为 m，D，h 的测量值的平均值，$u(m)$，$u(D)$，$u(h)$ 分别为 m，D，h 的测量值的不确定度.

注意，由于 π 是常数而非测量量，因此不需要对它求偏导数，或者认为它的不确定度为零.

解法二　先求相对不确定度. 对函数 $\rho=\frac{4m}{\pi D^2h}$ 取自然对数，再以直接测量量 m，D，h 为自变量，求对数表达式的全微分，有

$$\ln\rho=\ln\frac{4m}{\pi D^2h}=\ln 4+\ln m-\ln\pi-2\ln D-\ln h,$$

$$\mathrm{d}\ln\rho=\frac{\mathrm{d}\rho}{\rho}=\frac{\mathrm{d}m}{m}-2\frac{\mathrm{d}D}{D}-\frac{\mathrm{d}h}{h}.$$

将 $\mathrm{d}\ln\rho$ 写成最佳估计值处的全微分，即

$$\mathrm{d}\ln\rho\,\big|_{\overline{m},\overline{D},\overline{h}}=\frac{\mathrm{d}\rho}{\overline{\rho}}=\frac{\mathrm{d}m}{\overline{m}}-2\frac{\mathrm{d}D}{\overline{D}}-\frac{\mathrm{d}h}{\overline{h}}.$$

将 m，D，h 的微分换成各自的不确定度，平方相加再开方，即得圆柱体密度的相对不确定度计算公式

$$E_{\mathrm{r}}(\rho)=\frac{u(\rho)}{\overline{\rho}}=\sqrt{\left[\frac{u(m)}{\overline{m}}\right]^2+\left[\frac{2u(D)}{\overline{D}}\right]^2+\left[\frac{u(h)}{\overline{h}}\right]^2},$$

从而

$$u(\rho)=E_{\mathrm{r}}(\rho)\overline{\rho}.$$

可以看到，相比于解法一，解法二不仅推导过程更简便，而且得到的公式也更简单. 实际上，对于乘除形式的函数，推导其相对不确定度的传递公式比较方便. 因为取自然对数后，乘除形式的函数将化为各变量的加减形式，后面的微分将变得非常简单. 一旦求出了相对不确定度，由于间接测量量的最佳估计值很容易求得，因此用相对不确定度乘上最佳估计值就很方便地得到间接测量量的不确定度. 而对于加减形式的函数，直接推导它的不确定度传递公式会比较简便.

为了方便查询，表 2-4-1 列出了一些常用函数的不确定度传递公式.

表 2-4-1　一些常用函数的不确定度传递公式

函数表达式	不确定度传递公式
$N=ax\pm by$	$u(N)=\sqrt{a^2[u(x)]^2+b^2[u(y)]^2}$
$N=xy$ 或 $N=\frac{x}{y}$	$u(N)=\overline{N}\sqrt{\left[\frac{u(x)}{\overline{x}}\right]^2+\left[\frac{u(y)}{\overline{y}}\right]^2}$
$N=x^my^nz^p$	$u(N)=\overline{N}\sqrt{\left[m\frac{u(x)}{\overline{x}}\right]^2+\left[n\frac{u(y)}{\overline{y}}\right]^2+\left[p\frac{u(z)}{\overline{z}}\right]^2}$
$N=\sin x$	$u(N)=\lvert\cos\overline{x}\rvert u(x)$
$N=\ln x$	$u(N)=\frac{u(x)}{\lvert\overline{x}\rvert}$

3. 间接测量的数据处理步骤

间接测量量 $N=f(x,y,z,\cdots)$ 的数据处理步骤如下：

(1) 求出各直接测量量 $x,y,z,\cdots$ 的最佳估计值 $\bar{x},\bar{y},\bar{z},\cdots$，以及合成标准不确定度 $u(x),u(y),u(z),\cdots$.

(2) 计算间接测量量的最佳估计值 $\overline{N}=f(\bar{x},\bar{y},\bar{z},\cdots)$.

(3) 根据式(2-4-9)或式(2-4-10)推导不确定度传递公式(如果实验中已经给出,则省略此步).

(4) 由推导出的不确定度传递公式求出间接测量量 N 的不确定度 $u(N)$ 和相对不确定度 $E_r(N)$.

(5) 写出最终结果

$$N=[\overline{N}\pm u(N)]\ \text{单位},\quad E_r(N)=\frac{u(N)}{\overline{N}}\times 100\%.$$

例 2-4-3 测量金属环的体积 V,已知 $V=\frac{\pi}{4}(D_2^2-D_1^2)h$,式中 D_1,D_2,h 分别为金属环的内径、外径和高,为直接测量量.已测得

$$D_1=(40.02\pm0.05)\ \text{mm},\quad D_2=(49.98\pm0.04)\ \text{mm},\quad h=(9.82\pm0.03)\ \text{mm}.$$

计算金属环的体积及不确定度,并写出测量结果.

解 由题设可知,直接测量量的最佳估计值及合成标准不确定度已经给出,可直接计算金属环体积的最佳估计值:

$$\overline{V}=\frac{\pi}{4}(\overline{D}_2^2-\overline{D}_1^2)\bar{h}=\frac{3.1416}{4}\times(49.98^2-40.02^2)\times 9.82\ \text{mm}^3$$
$$\approx 6.91\times10^3\ \text{mm}^3=6.91\ \text{cm}^3.$$

又因为体积计算公式的主体结构为乘除形式,所以先求其相对不确定度.在体积计算公式两边取自然对数,得

$$\ln V=\ln\pi-\ln 4+\ln(D_2^2-D_1^2)+\ln h,$$

求 $\ln V$ 的全微分,有

$$\mathrm{d}\ln V=\frac{\mathrm{d}V}{V}=-\frac{2D_1\mathrm{d}D_1}{D_2^2-D_1^2}+\frac{2D_2\mathrm{d}D_2}{D_2^2-D_1^2}+\frac{\mathrm{d}h}{h},$$

则相对不确定度为

$$E_r(V)=\frac{u(V)}{\overline{V}}=\sqrt{\left[\frac{2\overline{D}_1u(D_1)}{\overline{D}_2^2-\overline{D}_1^2}\right]^2+\left[\frac{2\overline{D}_2u(D_2)}{\overline{D}_2^2-\overline{D}_1^2}\right]^2+\left[\frac{u(h)}{\bar{h}}\right]^2}\times100\%.$$

代入数据,得

$$E_r(V)=\sqrt{\left(\frac{2\times40.02\times0.05}{49.98^2-40.02^2}\right)^2+\left(\frac{2\times49.98\times0.04}{49.98^2-40.02^2}\right)^2+\left(\frac{0.03}{9.82}\right)^2}\times100\%\approx0.70\%,$$

$$u(V)=E_r(V)\overline{V}=0.70\%\times6.91\ \text{cm}^3\approx0.05\ \text{cm}^3,$$

即金属环体积的测量结果为

$$V=(6.91\pm0.05)\ \text{cm}^3,\quad E_r(V)=\frac{u(V)}{\overline{V}}=0.70\%.$$

2.5 实验数据的表示和处理方法

在实验过程中，需要很好地记录、表示、计算、分析实验中测得的数据，然后从中得到实验结论，找出实验规律. 这一过程称为实验数据处理. 下面介绍物理实验中常用的几种数据处理方法.

2.5.1 列表法

列表法是实验中常用的记录数据、表示物理量之间关系的一种方法. 它具有记录和表示数据简单明了，便于表示物理量之间对应关系，在测量和计算过程中便于随时检查数据是否合理并及早发现问题，以及处理数据效率高等优点. 列表法的要求如下.

(1) 表格的上方应写明表格的序号和名称.

(2) 表格的设计应简单明了，便于表示物理量之间的关系.

(3) 表格的标题栏中应标明物理量的名称(为了使表格简明，物理量的名称尽量用易于理解的符号表示) 和单位，如有需要，可标出量值的数量级等其他信息.

(4) 物理量的单位应标在相应标题栏中. 如果表格中所有物理量具有相同的单位，则可把单位标在表格的顶部，此时标题栏中不再标出.

注 单位通常不标在数据栏内，这是因为表格空间有限，单位不出现在数据栏可使表格更清晰. 另外，更重要的原因是，如果把单位和数据写在一起，容易引起混淆. 例如，单位"g"(克) 易与数字"9" 混淆，单位"s"(秒) 易与数字"5" 混淆.

(5) 数据要正确反映测量结果的有效数字. 需要强调的是，表格中一定要保留原始测量数据，如有必要，可在表格中增加新的列(或行) 来填写计算数据.

(6) 为表格提供必要的说明，可以包括主要测量仪器的规格(型号、量程及准确度等级等) 及其重要参量(如仪器的零点读数)、有关的环境参量(如温度、湿度等)、其他需要引用的常量和物理量. 这些说明通常标于表格的顶部或表注内.

例 2-5-1 根据公式 $\rho=\dfrac{4m}{\pi D^2 h}$ 测量铜圆柱体的密度. 用 50 分度、量程为 125 mm 的游标卡尺测量铜圆柱体的直径 D 和高度 h，用天平测量铜圆柱体的质量 m. 实验数据用列表法表示，如表 2-5-1 所示.

表 2-5-1 测量铜圆柱体的密度实验数据表

量程：125 mm，分度值：0.02 mm，零点读数 l_0：-0.04 mm

测量次序	1	2	3	4	5	6	平均值
D/mm	19.42	19.48	19.46	19.44	19.40	19.42	19.44
h/mm	80.38	80.34	80.44	80.42	80.42	80.40	80.40
m/g	213.05	213.04	213.06	213.02	213.01	213.00	213.03

注：D 为圆柱体底面圆直径，h 为圆柱体的高，m 为圆柱体的质量.

2.5.2 作图法

作图法是指把实验数据用自变量和因变量的关系作成曲线，是表述、处理、分析实验结果的常用手段之一. 作图法有以下的几个优点.

(1) 它能够直观地反映各物理量之间的变化规律，有助于找出合适的经验公式.

(2) 如果图线是依据许多测量数据点描绘出来的光滑曲线，则作图法有与多次测量取其平均效果类似的作用.

(3) 在图线范围内可以直接读出没有进行观测的点的值(称为内插法)；在一定条件下，也可以从图线的延伸部分读出测量范围外无法测量的点的值(称为外推法).

(4) 通过作图可以简单求出实验需要的某些结果. 例如，如果测量量之间满足线性关系，那么可在数据图中作一条直线让数据点均匀分布在直线左右，通过确定直线的斜率和截距获得需要测量的物理量. 这里要指出的是，以上方法虽然简便，但相对比较粗略. 更严格的线性拟合方法应该是最小二乘法，很多作图软件都可以实现这个功能. 关于最小二乘法原理将在 2.5.4 小节中介绍.

(5) 通过作图可以对实验中出现的粗大误差做出直观的判断，并且在一定条件下可以通过图线帮助分析系统误差.

早期在数据处理作图时，通常使用坐标纸. 坐标纸上有很多横竖的线，将坐标纸分成网格，便于作图时数据点的定位，是一种常用的作图工具. 坐标纸分成很多种，包括直角坐标纸、双对数坐标纸、单对数坐标纸等，可根据实际需要选择. 然而，随着计算机的普及，目前在数据处理过程中，通常用计算机软件来完成作图，坐标纸已经很少使用. 相对于坐标纸作图，计算机软件有很多优点，包括功能更丰富，图线的选择更加简便灵活，作出的图也更美观等. 在本课程中，因为学生要提交实验报告，软件做好的图需要打印，这对学生可能有一定的困难，所以实验中仍使用坐标纸作图. 但如果条件容许，鼓励学生用计算机软件完成作图. 关于如何使用 WPS 表格软件作图，将在 2.6 节中介绍.

下面介绍使用坐标纸作图的一些规则，其中有些规则也同样适用于计算机软件作图的情况.

(1) 根据各量之间的变化规律，选择相应类型的坐标纸.

(2) 坐标纸的大小要适中，一般应根据测量数据的有效数字来确定坐标比例，使图线能基本位于坐标纸中间. 两坐标轴的交点可以不为零.

(3) 写出图名及各坐标轴所代表的物理量、单位和数值的数量级.

(4) 用铅笔把对应的数据标在图纸上，数据点应采用“×”“△”“○” 等比较明显的标识符号表示. 一条实验曲线用同一种符号. 当一张图纸上要画几条曲线时，各曲线应分别用不同的符号标记，并在图例中注明，以便区分.

(5) 对变化规律容易判断的曲线以平滑线连接，曲线不必通过每个数据点，各数据点应均匀分布在曲线两边. 对难以确定规律的曲线，可以用折线来连接数据点.

接下来介绍作图法的一个应用：图解法. 由图线求未知物理量或找出物理量之间的解析表达式的方法称为图解法. 因为线性关系在应用中较为常见，下面将以此为例来介绍(设两个物理量 x，y 之间满足线性关系 $y=a+bx$).

(1) 作出最佳直线. 根据图上的数据点，用直尺画出一条直线，使数据点尽量均匀分布在直线的两边.

(2) 选点. 在所作直线上选择便于读数(最好是整数坐标) 的两点，且这两点应尽量在直线的两端. 所选点一般不用数据点，并用与数据点不同的符号标记，分别记为 $A(x_1, y_1)$ 和 $B(x_2, y_2)$.

(3) 求斜率. 根据直线方程 $y=a+bx$，将两点坐标代入，可解得

$$b=\frac{y_2-y_1}{x_2-x_1}=\frac{\Delta y}{\Delta x}. \tag{2-5-1}$$

(4) 求截距. 根据直线方程 $y=a+bx$，将两点坐标代入，可解得

$$a=\frac{x_2y_1-x_1y_2}{x_2-x_1}. \tag{2-5-2}$$

例 2-5-2 用伏安法测电阻所得的数据如表 2-5-2 所示，用图解法求电阻 R_x 的阻值.

表 2-5-2 用伏安法测电阻的测量值

电压 U/V	0.00	2.00	4.00	6.00	8.00	10.00
电流 I/mA	0.00	3.85	8.15	12.05	15.80	19.90

解 用图解法求 R_x 的步骤如下.

(1) 选择比例. 用一张 2 mm 分格的直角坐标纸，根据原始数据的有效数字位数及 U 和 I 的数值范围选择比例：U 取一分格 0.4 V，I 取一分格 0.4 mA，使曲线看上去比较匀称.

(2) 确定纵、横轴坐标及图的名称，以整数对坐标轴刻度进行标度并注明单位，然后将实验点逐点标在图纸上，如图 2-5-1 所示.

(3) 利用数据点作一条直线，使数据点均匀地分布在直线两边.

(4) 在直线上选取 A，B 两点，标上符号"△"，并读出这两点的坐标，即 $A(2.05, 1.00)$，$B(17.80, 9.00)$.

(5) 根据 A，B 两点坐标求出斜率，即得电阻

$$R_x=\frac{(9.00-1.00)\,\text{V}}{(17.80-2.05)\,\text{mA}}\approx 508\ \Omega.$$

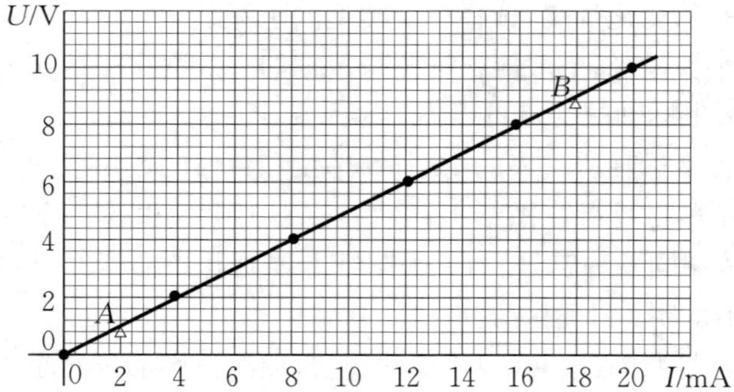

图 2-5-1 电阻的伏安特性曲线

2.5.3 逐差法

逐差法是一种常用的数据处理方法，针对自变量等量变化时，因变量也做等量变化，将所测得的有序数据等间隔相减后取其逐差平均值，从而得到结果. 其优点是提高了实验数据的利用率，减小了随机误差的影响.

设两个物理量 x，y 之间满足线性关系 $y=a+bx$. 为了确定它们的线性系数 b，对这两个物理量进行 n 次测量，得到 n 组数据 (x_i, y_i)，$i=1,2,\cdots,n$. 已知自变量 x 等间隔变化，即有 $\Delta x=x_{i+1}-x_i=$ 常数. 假设采用逐项相减来求线性系数，则有

$$b_i=\frac{y_{i+1}-y_i}{x_{i+1}-x_i}=\frac{y_{i+1}-y_i}{\Delta x},\quad i=1,2,\cdots,n-1.$$

对 $b_1,b_2,\cdots,b_{n-1}$ 求平均，可得

$$\begin{aligned}\bar{b}&=\frac{1}{n-1}\sum_{i=1}^{n-1}b_i=\frac{1}{n-1}\sum_{i=1}^{n-1}\frac{y_{i+1}-y_i}{\Delta x}=\frac{1}{n-1}\left(\frac{y_2-y_1}{\Delta x}+\frac{y_3-y_2}{\Delta x}+\cdots+\frac{y_n-y_{n-1}}{\Delta x}\right)\\&=\frac{1}{n-1}\left(\frac{y_n-y_1}{\Delta x}\right).\end{aligned}\tag{2-5-3}$$

由上面的计算过程可以看出，在求 $\bar{b}$ 的过程中，中间的测量值全部抵消，只有首、末两次的测量值起作用. 测量数据没有被全部利用，这显然不利于消除随机误差. 为了解决这个问题，可以采用逐差法来处理.

设测量次数 n 为偶数，即令 $n=2l$. 我们把 y 的测量数据按前后分为两组：$y_1,y_2,\cdots,y_l$ 和 $y_{l+1},y_{l+2},\cdots,y_{2l}$. 将这两组数据对应位相减，即

$$\Delta y_1=y_{l+1}-y_1,\quad \Delta y_2=y_{l+2}-y_2,\quad \cdots,\quad \Delta y_l=y_{2l}-y_l,$$

再求所得各差值的平均值：

$$\overline{\Delta y}=\frac{1}{l}\sum_{i=1}^{l}\Delta y_i=\frac{1}{l}[(y_{l+1}-y_1)+(y_{l+2}-y_2)+\cdots+(y_{2l}-y_l)].\tag{2-5-4}$$

$\overline{\Delta y}$ 的物理意义为对应 x 间隔 l 项，y 值的平均变化量. 相应地，线性系数 b 的平均值 $\bar{b}=\dfrac{\overline{\Delta y}}{l\Delta x}$. 由此可以看到，采用逐差法后，在求线性系数 b 的平均值时所有的数据都得到了利用.

例 2-5-3　用伏安法测电阻的实验数据列在表 2-5-3 中，其中测量电压按 2.00 V 等值增加. 用逐差法求电阻 R_x 的阻值.

表 2-5-3　用伏安法测电阻 —— 逐差法处理数据

测量次序 i	1	2	3	4	5	6	7	8
电压 U_i /V	0.00	2.00	4.00	6.00	8.00	10.00	12.00	14.00
电流 I_i /mA	0.00	3.97	8.15	12.05	15.90	19.90	23.80	27.85
$\Delta I_i(=I_{i+4}-I_i)$/mA	15.90	15.93	15.65	15.80				

解　上表中 ΔI_i 一栏是电流的测量值间隔 4 项依次相减，其平均值为

$$\overline{\Delta I}=\frac{1}{4}(15.90+15.93+15.65+15.80)\ \mathrm{mA}=15.82\ \mathrm{mA}.$$

电压等值增加，间隔 $\Delta U=2.00$ V，则 $\overline{\Delta I}$ 为对应电压变化 $4\Delta U$ 时的电流变化，因此电阻 R_x 的阻值为

$$\overline{R}_x=\frac{4\Delta U}{\overline{\Delta I}}=\frac{4\times 2.00\ \mathrm{V}}{15.82\ \mathrm{mA}}\approx 506\ \Omega.$$

这里需要指出，实验中能够用逐差法处理的情况也一定能用线性拟合的方法处理. 相比于逐差法及之前所讲的作图法，线性拟合基于最小二乘法原理，是一种更加严格的数据处理方法. 虽然线性拟合的运算量比较大，但目前常用的数据处理软件，如 Excel，Origin 和 MATLAB 等，都有基于最小二乘法原理的线性拟合功能，因此对数据进行线性拟合非常简便. 正因为如此，目前在科学研究及生产实践的数据处理中，逐差法和作图法已很少使用. 然而，大学物理实验教学应强调学生对基本实验方法及实验原理的掌握，并形成和建立物理图像

的概念. 作图法和逐差法中,避免了数据处理背后复杂的数学原理,并且将数据处理与图形相结合,学生容易理解实验结果. 因此,在本课程中有很多实验我们仍然采用逐差法和作图法来处理数据.

2.5.4 线性拟合

作图法在数据处理中虽然是一种直观且便利的方法,但图线的绘制依赖于人为的判断,因此需要更严格的数据处理方法. 回归(也称拟合)分析就是根据实验数据来确定观测量之间满足的数学关系式的一种数理统计方法. 这里我们只介绍一元线性方程的回归问题,即线性拟合问题.

1. 一元线性拟合

线性拟合是以最小二乘法原理为基础的实验数据处理方法. 假设两个物理量 x 和 y 之间满足线性关系 $y=a+bx$. 通过实验测得,当 $x=x_1,x_2,\cdots,x_n$ 时,对应的 $y=y_1,y_2,\cdots,y_n$. 设这些观测数据满足的最佳拟合方程为 $y=a+bx$,下面的任务就是确定线性方程中的参数 a 和 b. 对应于每一个测量值 x_i,代入最佳拟合方程中可得对应的 y 值为 $a+bx_i$,其与相应的观测值 y_i 之间存在的偏差 $\varepsilon_i=y_i-a-bx_i$. 最佳拟合方程应该使各测量点的偏差总体最小. 因为误差有正有负,且彼此独立,所以我们应该考察的是各偏差的平方和,也就是说,应该使 $\sum\limits_{i=1}^{n}\varepsilon_i^2=\sum\limits_{i=1}^{n}(y_i-a-bx_i)^2$ 最小. 因此,该方法称为**最小二乘法**. 由高等数学的知识可知,使 $\sum\limits_{i=1}^{n}\varepsilon_i^2=\sum\limits_{i=1}^{n}(y_i-a-bx_i)^2$ 最小的参数 a 和 b 应满足

$$\begin{cases}\dfrac{\partial}{\partial a}\left(\sum\limits_{i=1}^{n}\varepsilon_i^2\right)=\dfrac{\partial}{\partial a}\left[\sum\limits_{i=1}^{n}(y_i-a-bx_i)^2\right]=0,\\ \dfrac{\partial}{\partial b}\left(\sum\limits_{i=1}^{n}\varepsilon_i^2\right)=\dfrac{\partial}{\partial b}\left[\sum\limits_{i=1}^{n}(y_i-a-bx_i)^2\right]=0.\end{cases}\tag{2-5-5}$$

式(2-5-5)是关于 a 和 b 的二元一次方程组,联立求解可得

$$\begin{cases}b=\dfrac{\overline{x}\,\overline{y}-\overline{xy}}{\overline{x}^2-\overline{x^2}},\\ a=\overline{y}-b\overline{x},\end{cases}\tag{2-5-6}$$

式中 $\overline{x}=\dfrac{1}{n}\sum\limits_{i=1}^{n}x_i$, $\overline{y}=\dfrac{1}{n}\sum\limits_{i=1}^{n}y_i$, $\overline{xy}=\dfrac{1}{n}\sum\limits_{i=1}^{n}x_iy_i$, $\overline{x^2}=\dfrac{1}{n}\sum\limits_{i=1}^{n}x_i^2$. 由此,最佳拟合方程中的参数 a 和 b 被确定. 基于误差理论方法得到的相关标准差分别为

$$\begin{cases}S_y=\sqrt{\dfrac{1}{n-2}\sum\limits_{i=1}^{n}(y_i-a-bx_i)^2},\\ S_b=S_y\sqrt{\dfrac{1}{n(\overline{x^2}-\overline{x}^2)}}=S_y\sqrt{\dfrac{1}{\sum\limits_{i=1}^{n}(x_i-\overline{x})^2}},\\ S_a=S_y\sqrt{\dfrac{\overline{x^2}}{n(\overline{x^2}-\overline{x}^2)}}=S_y\sqrt{\dfrac{\overline{x^2}}{\sum\limits_{i=1}^{n}(x_i-\overline{x})^2}}=\sqrt{\overline{x^2}}\,S_b.\end{cases}\tag{2-5-7}$$

此外，为了判断得到的拟合方程和实验测量值之间的线性相关程度，定义**相关系数**

$$R=\frac{\overline{xy}-\overline{x}\,\overline{y}}{\sqrt{(\overline{x^2}-\overline{x}^2)(\overline{y^2}-\overline{y}^2)}}. \tag{2-5-8}$$

相关系数R的值在-1到1之间. $|R|$值越接近1，说明实验数据点线性越好，用线性函数进行拟合比较合适. 相反，如果$|R|$值远小于1，说明实验数据点的线性差，用线性函数进行拟合不合适，即x和y不线性相关，此时应该考虑用其他函数进行拟合.

2. 曲线改直

上面所讲的一元线性拟合方法针对的是物理量之间满足线性关系的情况. 然而，多数物理量之间并不是线性关系，但在绝大部分情况下，可以通过适当的变换使它们成为线性关系，该方法称为**曲线改直**. 通过曲线改直，就可以对非线性关系的物理量用线性拟合的方法来处理. 例如，热敏电阻R与温度T之间的关系为$R=R_0\mathrm{e}^{\frac{b}{T}}$，式中$b$称为热敏电阻系数，是热敏电阻的特征参数. 为了通过实验确定热敏电阻系数b，可测量不同温度T下热敏电阻的阻值R. 将$R=R_0\mathrm{e}^{\frac{b}{T}}$两边取自然对数，化为$\ln R=\ln R_0+\frac{b}{T}$，通过对$\ln R$与$\frac{1}{T}$两物理量进行线性拟合分析，可以得到$\ln R_0$和$b$. 表2-5-4给出了几种常用的曲线改直的函数关系，表中a和b为常数. 需要指出，能曲线改直的函数最多只能包含两个参数.

表2-5-4　几种常用的曲线改直的函数关系

函数关系	曲线改直后函数形式	坐标	斜率	截距
$y=a+\frac{b}{x}$	$y=a+b\frac{1}{x}$	$y-\frac{1}{x}$	b	a
$y=a+bx^2$	$y=a+bx^2$	$y-x^2$	b	a
$y=a+bx^{\frac{1}{2}}$	$y=a+bx^{\frac{1}{2}}$	$y-x^{\frac{1}{2}}$	b	a
$y=ax^b$	$\ln y=\ln a+b\ln x$	$\ln y-\ln x$	b	$\ln a$
$y=a\mathrm{e}^{bx}$	$\ln y=\ln a+bx$	$\ln y-x$	b	$\ln a$
$y=ab^x$	$\ln y=\ln a+x\ln b$	$\ln y-x$	$\ln b$	$\ln a$
$y^2=a+bx$	$y^2=a+bx$	y^2-x	b	a
$x^2+y^2=a^2$	$y^2=a^2-x^2$	y^2-x^2	-1	a^2

2.6　WPS表格软件用于处理物理实验数据

实验的数据处理工作是非常烦琐和枯燥的. 如果手工去完成，工作量非常大，而且极易出现错误. 值得庆幸的是，计算机软件可以帮助我们方便地完成这些工作. 目前，可以用于数据处理的计算机软件很多，如Excel，WPS表格，Origin，MATLAB等. 考虑到软件的普及程度等因素，这里我们选择介绍WPS表格软件. WPS表格是WPS办公软件套装中的一个模块，可以从官方网站(https://www.wps.cn)上免费下载和使用. 借助WPS表格软件，不用编程，就可以快速完成数据处理中的绝大部分任务，包括不确定度的计算、作图及曲线拟合等. 此外，WPS

表格软件与微软 Excel 软件基本兼容，本节针对 WPS 表格软件所讲的内容，包括操作、语法和函数，同样适用于 Excel 软件.

学生在撰写实验报告时，应尽量利用软件来进行数据处理，避免把大量的时间浪费在烦琐的代数运算上，从而把更多的精力放在对实验原理的理解和对实验误差的分析上.

2.6.1 WPS 表格的基本操作

1. 操作界面

启动 WPS 办公软件后，首先出现的是欢迎页. 当新建一个表格文件后，进入 WPS 表格操作界面，如图 2-6-1 所示. WPS 表格的操作界面由标题栏、菜单栏、工具栏（与当前选择的菜单栏项对应）、文件选项卡、数据编辑栏、当前的工作表、工作表选项卡和状态栏组成. 下面介绍几个 WPS 表格的基本概念.

(1) 工作薄. 一个 WPS 表格文件称为一个工作薄. 一个工作薄可包含多个工作表，如 Sheet1，Sheet2 和 Sheet3. 通过（用鼠标左键）点击操作界面底部的工作表选项卡可切换工作表，当前的工作表（活动工作表）的选项卡呈白色.

(2) 工作表. 工作表中的列用字母 A，B，…，Z，AA，AB，… 来表示（称为**列标**）；行用数字 1，2，… 来表示（称为**行号**）.

(3) 单元格. 工作表中行与列交叉的小方格称为单元格. 单元格用它的坐标（所在的列标和行号）来标示，如“B3”“E2” 等. 单元格是表格数据和信息的承载单位. 用鼠标左键点击一个单元格就能使它激活为活动单元格.

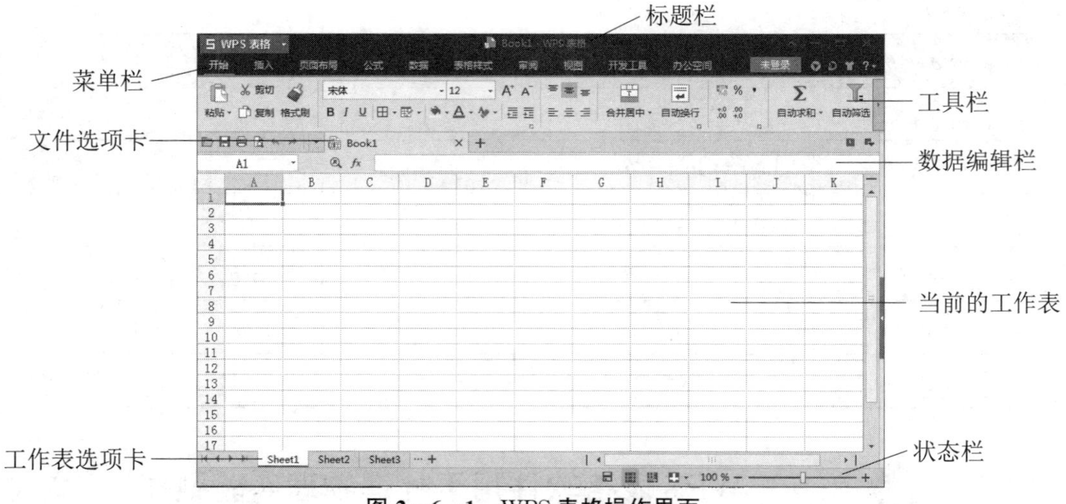

图 2-6-1 WPS 表格操作界面

2. 单元格内容的输入

激活单元格后，可以在单元格中输入信息或计算公式.

可以在数据编辑栏内或直接在单元格中输入文本、数值、货币、日期等格式的数据，也可以在数据编辑栏内输入公式，按下回车键后，WPS 表格会计算出结果填在当前单元格中.

注 如果在数据编辑栏内输入的是公式，必须以“=”开始，否则 WPS 表格会把输入的内容当成文本处理，不会进行计算.

公式中可以使用运算符，包括加"+"、减"−"、乘"＊"、除"/"、幂"^"等. 公式中可以加入函数. WPS表格软件内置了大量的函数，使之具备强大的运算功能. 例如，以e为底的指数函数EXP()、求平均函数AVERAGE()、自然对数函数LN()等. 通过点击数据编辑栏前端的 fx 按钮，可以打开一个对话框，里面分类列出了WPS表格所有的内置函数，包括函数的介绍及调用时输入的参数格式，这样就无须记忆函数名称，也能找到需要的函数，非常方便.

与数据处理相关的常用函数有：

(1) 求和，SUM(选定的单元格区域或数)；

(2) 求平均，AVERAGE(选定的单元格区域或数)；

(3) 统计数据个数，COUNT(选定的单元格区域或数)；

(4) 求平方根，SQRT(选定的单元格区域或数)；

(5) 求实验标准差，STDEV(选定的单元格区域或数).

注　WPS表格没有提供求平均值的标准差的函数，但可以通过下面的运算式求得：

STDEV(选定的单元格区域或数)/SQRT(COUNT(选定的单元格区域或数))

或

STDEV(选定的单元格区域或数)/SQRT(数据的个数).

与线性拟合相关的常用函数有：

(1) 求截距，INTERCEPT(*Y* 值数据所在的行或列，*X* 值数据所在的行或列)；

(2) 求斜率，SLOPE(*Y* 值数据所在的行或列，*X* 值数据所在的行或列)；

(3) 求相关系数，CORREL(*Y* 值数据所在的行或列，*X* 值数据所在的行或列) 或 CORREL(*X* 值数据所在的行或列，*Y* 值数据所在的行或列).

3. 单元格及单元格区域的选定

在调用函数时，通常需要指定参数，而这些参数，除了直接输入的数据外，更多的参数是表格中的单元格. 如果要指定某个单元格，可直接用它的坐标来表示，如"A1""E4"等；如果要指定某行或某列的单元格，可写出首尾单元格的坐标，中间用"："隔开，如"B2：B7""A1：F1"等；如果要指定一个矩形范围内的单元格区域，可分别写出位于矩形左上角和右下角单元格的坐标，中间用"："隔开，如"B2：F7".

4. 单元格自动填充功能

WPS表格提供了自动填充功能，这使数据处理的效率大大提高. 当我们将鼠标移到某个单元格(称这个单元格为选中单元格) 的右下角时，鼠标会变成黑色的"十"字，称为填充句柄. 然后按下鼠标左键不放，沿行或列方向拖动一定范围后，松开鼠标左键，则拖动范围内的单元格的内容会根据拖动前选中单元格的内容自动填充. 自动填充规则如下.

(1) 当选中单元格的内容是文本时，其内容自动复制到填充的单元格中.

(2) 当选中单元格的内容是数字时，若向下或向右拖动鼠标，则填充单元格中的数值依次加1. 若向上或向左拖动鼠标，则填充单元格的数值依次减1.

(3) 当选中单元格里是公式时，其公式会复制到自动填充的单元格中，而且如果公式中包含单元格的坐标，那么其在自动填充时会根据鼠标拖动方向发生相应的改变. 若沿所在列的方向拖动鼠标，则自动填充时公式中单元格坐标的行号会依次递增(向下拖动鼠标) 或递减(向上拖动鼠标)；若沿所在行的方向拖动鼠标，则自动填充时公式中单元格坐标的列标会依次递增(向右拖动鼠标)或递减(向左拖动鼠标).

注 如果在自动填充时,希望公式中某些单元格坐标保持不变,那么可采用绝对引用,具体操作为:在选中单元格中输入公式时,在相应的单元格坐标的行号或列标前加“$”符号. 例如,输入“=SQRT($E4)”,则自动填充时列标不再自动改变,但行号仍然会改变. 又如,输入“=LN(E4)”,则自动填充时列标和行号都不会改变.

5. 绘制实验曲线

在完成单元格内容的输入与数据的处理后,可使用 WPS 表格绘制实验曲线. 选中单元格中的数据,然后点击菜单栏中的“插入”→ 

按钮,即可打开图表对话框,通过设置即可完成实验曲线的绘制. 在 2.6.2 节中将通过例题详细介绍作图的过程.

上面只是对 WPS 表格进行了简单介绍,主要涉及与数据处理相关的一些功能. 关于 WPS 表格的详细介绍,有兴趣的读者可以借阅相关书籍来了解和学习.

2.6.2 WPS 表格进行数据处理的实例

学习软件最好的方法就是进行实际操作. 下面我们通过两个典型的例子来给大家演示如何利用 WPS 表格进行数据处理. 第一个例子介绍直接和间接测量量不确定度的评定过程,第二个例子主要介绍利用 WPS 表格进行数据图表的制作及线性拟合.

例 2-6-1 已知圆柱体的体积 $V=\frac{1}{4}\pi D^2 h$,式中 D 和 h 分别是圆柱体的底面圆直径和高. 实验中用 50 分度、量程为 125 mm 的游标卡尺测量了 D 和 h,实验数据记录于表 2-6-1 中. 利用 WPS 表格进行数据处理,得到圆柱体体积的测量结果.

表 2-6-1 圆柱体的测量值

量程:125 mm,分度值:0.02 mm,零点读数 l_0:−0.04 mm

测量次序	1	2	3	4	5	6
D/mm	19.42	19.48	19.46	19.44	19.40	19.42
h/mm	80.38	80.34	80.44	80.42	80.42	80.40

解 操作步骤如下.

(1) 启动 WPS 表格,在单元格中输入数据和标注,如图 2-6-2 所示(标注是为了指明单元格中数据的意义,以防发生混淆. 如果只是处理数据且数据不太多,标注可以不写).

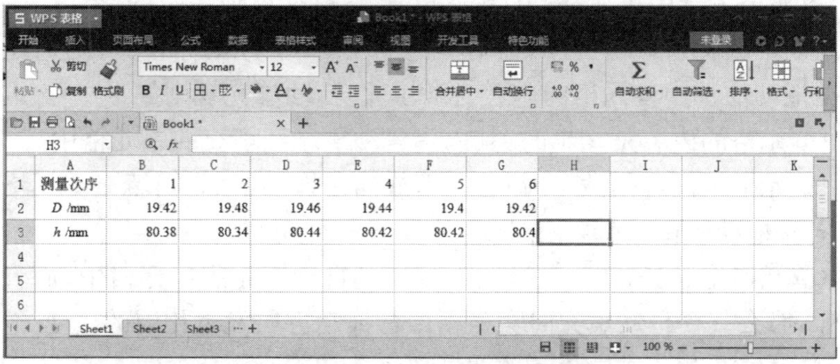

图 2-6-2 输入数据和标注

（2）进行零点修正. 用鼠标点击 B4 单元格，在数据编辑栏内输入“=B2+0.04”，然后按回车键. 输入后，利用自动填充功能在 C4 ~ G4 单元格中自动填充直径 D 经过零点修正后的数据. 用同样的方法，在第 5 行填充修正的高度 h 的数据. 最后结果如图 2-6-3 所示.

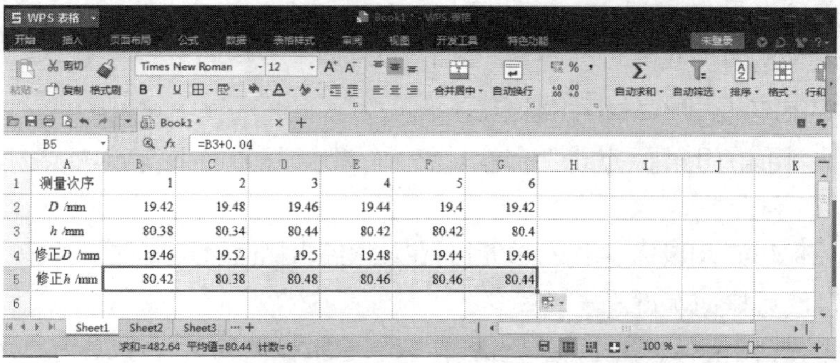

B5　=B3+0.04

	A	B	C	D	E	F	G
1	测量次序	1	2	3	4	5	6
2	D /mm	19.42	19.48	19.46	19.44	19.4	19.42
3	h /mm	80.38	80.34	80.44	80.42	80.42	80.4
4	修正D /mm	19.46	19.52	19.5	19.48	19.44	19.46
5	修正h /mm	80.42	80.38	80.48	80.46	80.46	80.44

求和=482.64　平均值=80.44　计数=6

图 2-6-3　修正数据

（3）求平均值、A 类不确定度、B 类不确定度和合成标准不确定度.

先以直径 D 的数据处理为例，其步骤如下.

① 求平均值. 用鼠标点击 H4 单元格，在数据编辑栏内输入“=AVERAGE(B4:G4)”，然后按回车键.

② 求 A 类不确定度. 用鼠标点击 I4 单元格，在数据编辑栏内输入“=STDEV(B4:G4)/SQRT(6)”，然后按回车键.

③ 求 B 类不确定度. 已知游标卡尺的仪器误差 $\Delta_m = 0.02\ \mathrm{mm}$，用鼠标点击 J4 单元格，在数据编辑栏内输入“=0.02/SQRT(3)”，然后按回车键.

④ 求合成标准不确定度. 用鼠标点击 K4 单元格，在数据编辑栏内输入“=SQRT(I4^2+J4^2)”，然后按回车键.

到此直接测量量直径 D 的数据处理完成，结果为

$$D = (19.48 \pm 0.02)\ \mathrm{mm}.$$

注　WPS 表格的计算结果会保留很多的有效数字，这里先不用管有效数字的取舍问题，但在写实验报告时，应根据有效数字的修约规则对计算结果的有效数字进行取舍.

用同样的方法，处理高度 h 的数据，结果为 $h = (80.44 \pm 0.02)\ \mathrm{mm}$. 最后结果如图 2-6-4 所示.

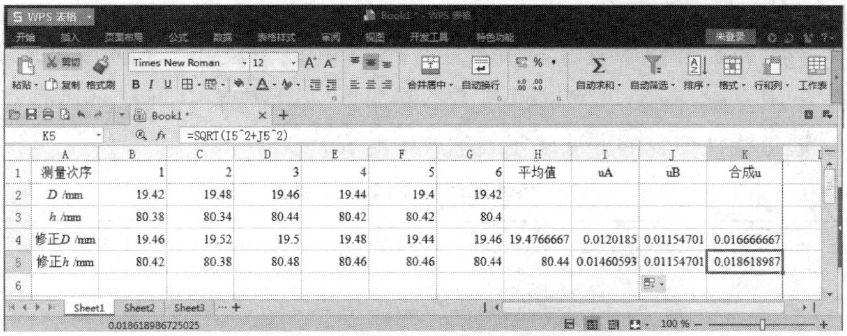

K5　=SQRT(I5^2+J5^2)

	A	B	C	D	E	F	G	H	I	J	K
1	测量次序	1	2	3	4	5	6	平均值	uA	uB	合成u
2	D /mm	19.42	19.48	19.46	19.44	19.4	19.42				
3	h /mm	80.38	80.34	80.44	80.42	80.42	80.4				
4	修正D /mm	19.46	19.52	19.5	19.48	19.44	19.46	19.4766667	0.0120185	0.01154701	0.016666667
5	修正h /mm	80.42	80.38	80.48	80.46	80.46	80.44	80.44	0.01460593	0.01154701	0.018618987

0.018618986725025

图 2-6-4　计算平均值和不确定度

(4) 求圆柱体体积的最佳估计值和不确定度.

由于圆柱体体积的公式为乘除形式,先计算它的相对不确定度公式比较方便.将圆柱体体积的公式两边取自然对数,然后求全微分,得到相对不确定度传递公式为

$$E_r(V)=\frac{u(V)}{\overline{V}}=\sqrt{\left[\frac{2u(D)}{\overline{D}}\right]^2+\left[\frac{u(h)}{\overline{h}}\right]^2}.$$

下面利用 WPS 表格进行数据处理.

① 求最佳估计值.用鼠标点击 B7 单元格,在数据编辑栏内输入"= 3.1416 * H4 ^ 2 * H5/4",然后按回车键.

② 求相对不确定度.用鼠标点击 B8 单元格,在数据编辑栏内输入"= SQRT((2 * K4/H4) ^ 2+(K5/H5) ^ 2)",然后按回车键.

③ 求不确定度.用鼠标点击 B9 单元格,在数据编辑栏内输入"=B7 * B8",然后按回车键.结果如图 2-6-5 所示,得到圆柱体体积的测量结果为

$$V=(23.97\pm0.04)\text{cm}^3.$$

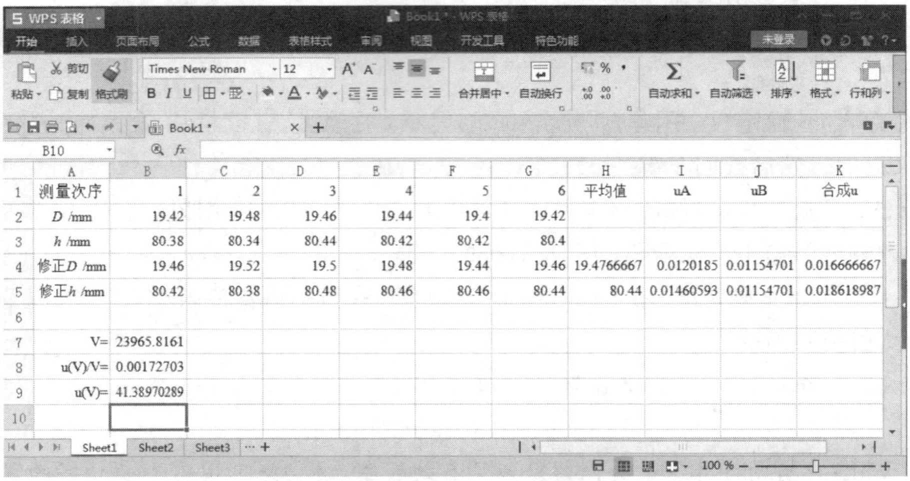

	A	B	C	D	E	F	G	H	I	J	K
1	测量次序	1	2	3	4	5	6	平均值	uA	uB	合成u
2	D /mm	19.42	19.48	19.46	19.44	19.4	19.42				
3	h /mm	80.38	80.34	80.44	80.42	80.42	80.4				
4	修正D /mm	19.46	19.52	19.5	19.48	19.44	19.46	19.4766667	0.0120185	0.01154701	0.016666667
5	修正h /mm	80.42	80.38	80.48	80.46	80.46	80.44	80.44	0.01460593	0.01154701	0.018618987
6											
7	V=	23965.8161									
8	u(V)/V=	0.00172703									
9	u(V)=	41.38970289									
10											

图 2-6-5　圆柱体体积的测量结果

建议把处理完的 WPS 表格文件保存作为模板.这样,以后再进行间接测量量的数据处理时,只要把原始数据替换,然后进行少量的修改,结果就会自动根据新的数据刷新,故而减少很多重复的输入工作.

例 2-6-2　已知热敏电阻 R(单位:Ω)与温度 T(单位:K)之间的关系为 $R=R_0e^{\frac{b}{T}}$,式中 b 为热敏电阻系数.设通过测量得到了不同温度 T 下热敏电阻 R 的阻值,实验数据见表 2-6-2.试通过线性拟合的方法确定表达式中的 R_0 和 b.

表 2-6-2　热敏电阻的阻值 R 随温度 T 的变化

T/℃	25	30	35	40	45	50	55	60	65	70	75	80
R/Ω	1 833	1 562	1 283	1 098	892	785	687	596	499	437	378	328

解　为了利用线性拟合的方法,首先需要将函数 $R=R_0e^{\frac{b}{T}}$ 变换为 $\ln R=\ln R_0+\frac{b}{T}$,则

$\ln R - \frac{1}{T}$ 为线性关系.

用 WPS 表格软件进行数据处理的操作步骤如下.

(1) 启动 WPS 表格，在单元格中填入数据和必要的标注，如图 2-6-6 所示.

(2) 计算出 $\frac{1}{T}$ 和 $\ln R$，在 C1 和 D1 单元格写上标注. 用鼠标点击 C2 单元格，在数据编辑栏内输入“=1/(A2+273)”，按回车键. 然后利用自动填充功能在 C3 ~ C13 单元格中自动填充相应的数据. 用鼠标点击 D2 单元格，在数据编辑栏内输入“=LN(B2)”，按回车键. 然后利用自动填充功能在 D3 ~ D13 单元格中填充相应的数据.

数据处理完成，如图 2-6-7 所示.

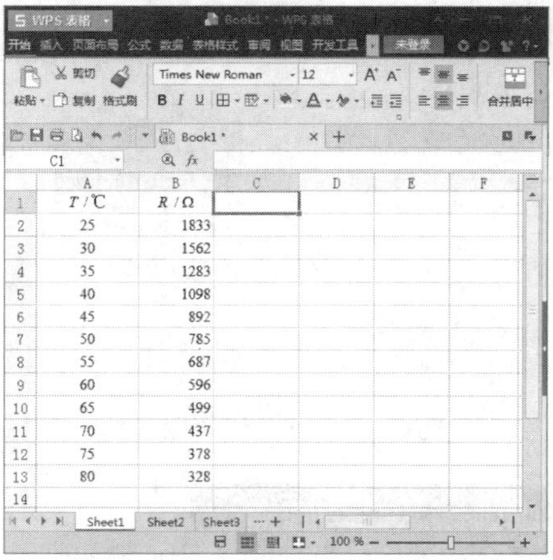

图 2-6-6　填入数据和标注

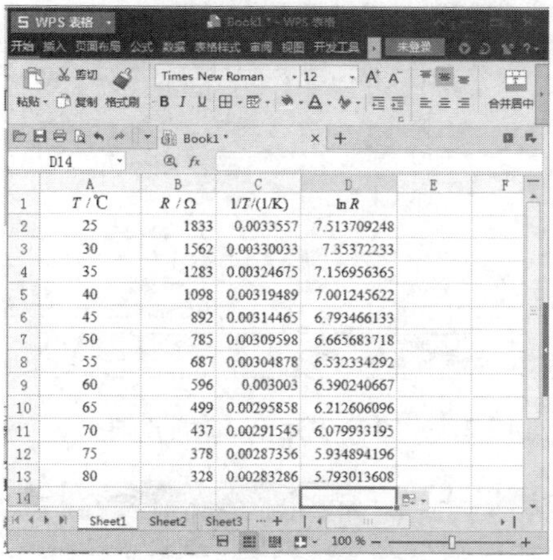

图 2-6-7　数据处理

(3) 绘制数据曲线.

① 选定实验数据. 将鼠标移到 C2 单元格，按住鼠标左键并拖动到 D13 单元格，松开左键.

② 用鼠标点击菜单栏中的“插入”→ 

按钮，选择“XY 散点图”类型中的“散点图”，如图 2-6-8 所示. 然后点击“下一步”.

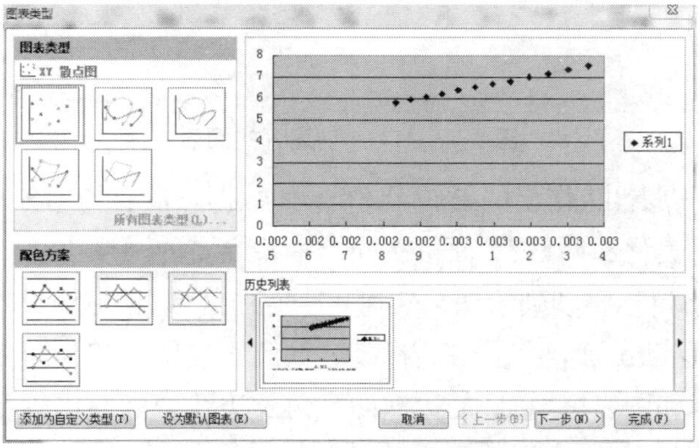

图 2-6-8　插入散点图

③ 设定 X 轴和 Y 轴. 如图 2-6-9 所示，在当前对话框中设定作图的数据区域，在“系列”

选项卡中可以设定 X 轴和 Y 轴分别对应哪一列(或行)的数据,然后点击“下一步”.

④ 输入图表的基本信息. 如图 2-6-10 所示,在“图表标题”栏输入“热敏电阻 ln R-1/T 曲线”,在“数值(X)轴”栏输入“1/T/(1/K)”;在“数值(Y)轴”栏输入“ln R”. 点击“网格线”选项卡,选中“X 轴 → 主网格线”. 点击“完成”,得到如图 2-6-11 所示的图表.

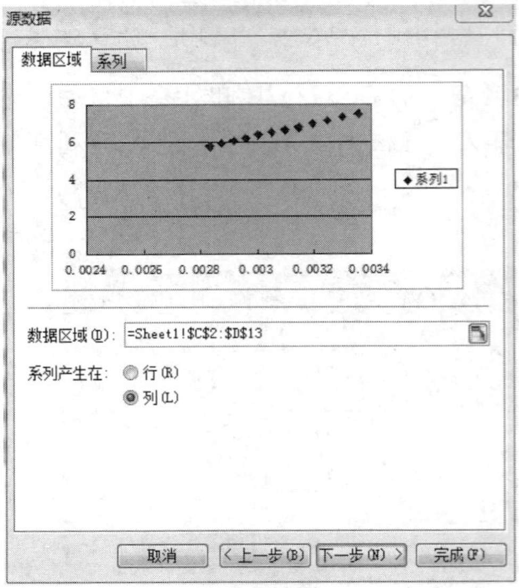

图 2-6-9　设定 X 轴和 Y 轴

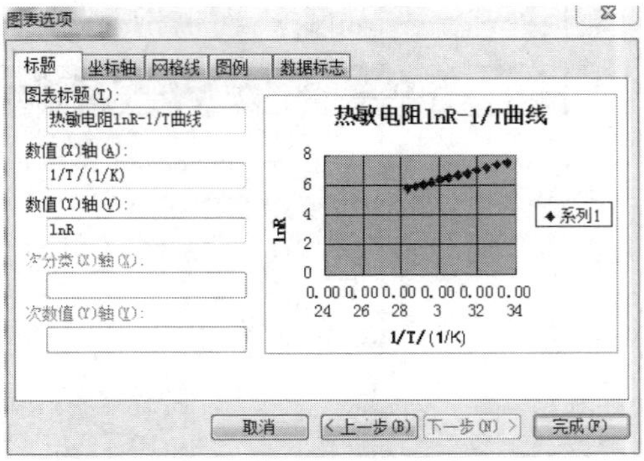

图 2-6-10　设置图表标题等

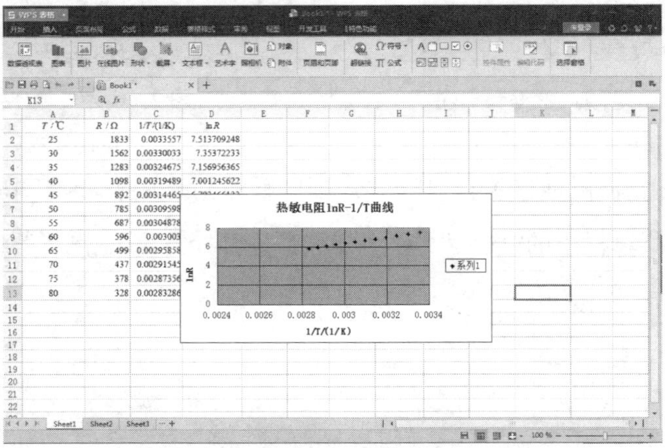

图 2-6-11　创建好的图表

从图 2-6-11 可以看出,作出的图并不好看,如数据点没有均匀分布在图的中部、图的比例不合适等,需要进行美化和调整. 下面依次介绍一些主要的调整功能.

① 移动绘图区. 将鼠标移动到绘图区任何一个空白区域,鼠标变成带箭头的“十”字符号,按住鼠标左键不放并移动鼠标,绘图区跟着移动. 如此将绘图区移动至工作表合适的位置. 此外,用鼠标点击绘图区和图表区,它们的边框四个角及边线中间会出现调节句柄,用鼠标拖动这些句柄可以调整绘图区和图表区的大小.

② 在图表灰色区域点击鼠标右键(右击),出现快捷菜单,选择“绘图区格式”,打开对话框,可以修改边框的颜色和粗细、区域背景颜色.

③ 修改坐标. 右击 X 轴或 Y 轴坐标,可以调出相应坐标轴的设置快捷菜单. 选择“坐标轴格式”,打开对话框,里面有“图案”“刻度”“字体”“数字”“对齐”等选项. 选中“刻度”选项,根据数据要求,设定“最小值”“最大值”“主要刻度单位”“次要刻度单位”等,直到满意为止,其他选项可自行设定. 本例中,X 轴设定的最小值为 0.002 8,最大值为 0.003 4,主要刻度单位设为 0.000 1,次要刻度单位设为 0.000 2. Y 轴设定的最小值为 5,最大值为 8,主要刻度单位设为 0.5,次要刻度单位设为 0.1. X 轴和 Y 轴标题的字体都设为 Times New Roman,大小设为 12 磅. 此外,用鼠标选中图表标题和坐标标题,可以设定这些标题的字体和大小,这里把它们的字体统一设为 Times New Roman,大小设为 14 磅. 调整后的图表如图 2-6-12 所示.

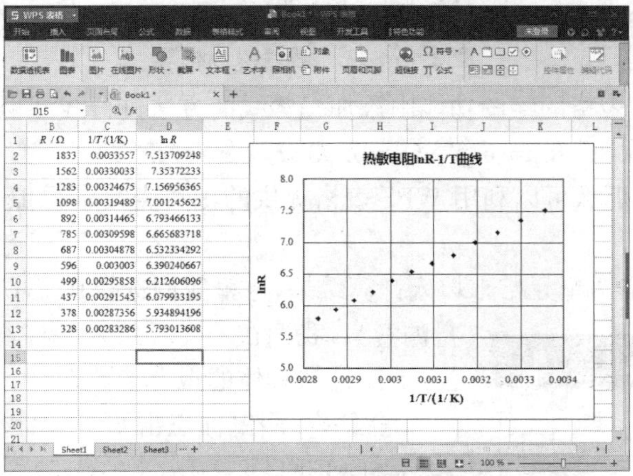

图 2-6-12　调整后的图表

(4) 打印图表.

由于实验报告的需要,有条件的可以把 WPS 表格做好的图表打印出来. WPS 表格本身提供打印功能,但使用起来并不方便. 这里推荐一种方法. 右击图表绘图区上的空白区域,出现快捷菜单,选择“复制”. 然后打开一个文字编辑软件,如 WPS 文字或微软 Word 软件,将刚才在 WPS 表格中复制的图表粘贴过来,然后可以进行排版和打印.

(5) 线性拟合.

在图表中的数据点上右击,出现快捷菜单,选择“添加趋势线”,出现对话框. 在“类型”选项卡中选择“线性”,如图 2-6-13 所示. 然后在“选项”选项卡中勾选“显示公式”和“显示 R 平方值”复选框,如图 2-6-14 所示. 点击“确定”,线性拟合的结果如图 2-6-15 所示.

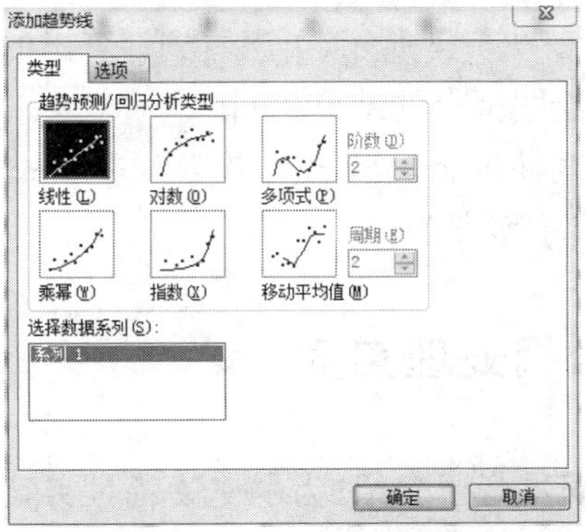

图 2-6-13　选择线性拟合

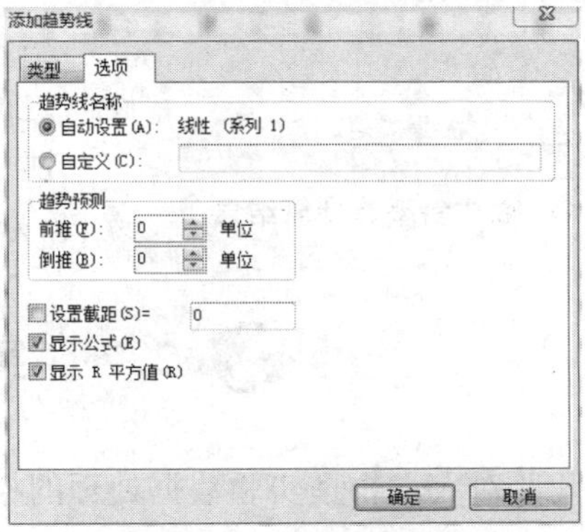

图 2-6-14　设置拟合曲线参数

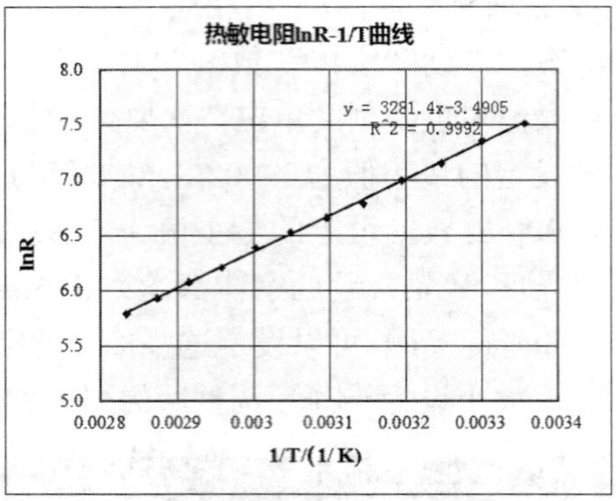

图 2-6-15　线性拟合结果

上面采用了 WPS 表格的绘图功能中添加趋势线的方法进行线性拟合，得出的结果为

$$R_0 = e^{-3.49}\ \Omega = 0.03\ \Omega,\quad b = 3\ 281\ \mathrm{K}.$$

如果不需要作图，那么可以利用 WPS 表格提供的函数直接求得拟合结果，下面将介绍这种方法.

在工作表中选择空白单元格来填入计算结果，这里我们选择 C15，C16 和 C17. 为了明确各量的意义，我们在 B15，B16 和 B17 单元格中填入相应的标注. 下面计算具体的拟合参数.

① 斜率. 用鼠标点击 C15 单元格，在数据编辑栏内输入"=SLOPE(D2:D13，C2:C13)"，按回车键.

注　函数 SLOPE() 的参数，第一个是 Y 轴，第二个是 X 轴，不要选反，否则结果不对.

② 截距. 用鼠标点击 C16 单元格，在数据编辑栏内输入"=INTERCEPT(D2:D13，C2:C13)"，按回车键.

注　函数 INTERCEPT() 的参数是 Y 轴在前，X 轴在后.

③ 相关系数. 用鼠标点击 C17 单元格，在数据编辑栏内输入"=CORREL(D2:D13，C2:C13)"，按回车键.

注　函数 CORREL() 的参数中，X 轴和 Y 轴的前后顺序不影响结果.

结果如图 2-6-16 所示，可以看到计算出的斜率和截距与之前通过绘图拟合的结果相同.

注　前面线性拟合时给出的是 R^2，即相关系数的平方，称为拟合度或可决系数.

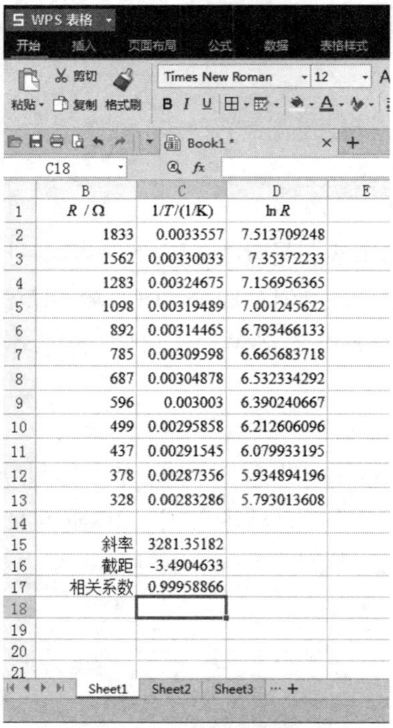

	B	C	D	E
1	R /Ω	1/T/(1/K)	ln R	
2	1833	0.0033557	7.513709248	
3	1562	0.00330033	7.35372233	
4	1283	0.00324675	7.156956365	
5	1098	0.00319489	7.001245622	
6	892	0.00314465	6.793466133	
7	785	0.00309598	6.665683718	
8	687	0.00304878	6.532334292	
9	596	0.003003	6.390240667	
10	499	0.00295858	6.212606096	
11	437	0.00291545	6.079933195	
12	378	0.00287356	5.934894196	
13	328	0.00283286	5.793013608	
14				
15	斜率	3281.35182		
16	截距	-3.4904633		
17	相关系数	0.99958866		
18				
19				
20				
21				

图 2-6-16　斜率等计算结果

2.7　实验数据处理实例

前面几节对大学物理实验数据处理的相关知识进行了介绍. 为了使读者对实验数据处理过程有一个完整的了解，下面将针对一个具体的实验内容进行完整的数据处理.

2.7.1　实验内容及测量数据介绍

实验任务是测量一个实心铜圆柱体的密度，根据公式 $\rho=\dfrac{4m}{\pi D^2 h}$，式中 m 是铜圆柱体的质量，D 为铜圆柱体的底面圆直径，h 为铜圆柱体的高. m 用精度为 0.01 g 的电子天平测量，只测一次. D 和 h 分别用量程为 25 mm、仪器误差为 0.004 mm 的螺旋测微器和 50 分度、量程为 150 mm 的游标卡尺测量，各测 6 次. 测量数据记录如下.

(1) 铜圆柱体的质量 $m=213.04$ g.

(2) 铜圆柱体的底面圆直径 D 的测量值如表 2-7-1 所示.

表 2-7-1　铜圆柱体的底面圆直径 D 的测量值

零点读数：-0.016 mm

测量次序	1	2	3	4	5	6
D/mm	19.457	19.454	19.459	19.452	19.458	19.456

(3) 铜圆柱体的高度 h 的测量值如表 2-7-2 所示.

表 2-7-2　铜圆柱体的高度 h 的测量值

分度值：0.02 mm，零点读数：0.02 mm

测量次序	1	2	3	4	5	6
h/mm	80.36	80.40	80.38	80.36	80.36	80.38

2.7.2　数据处理

1. 直接测量量的数据处理

(1) 写出铜圆柱体的质量 m.

① 平均值 $\overline{m}=m=213.04$ g.

② 因为是单次测量，所以 A 类不确定度 $u_A(m)=0$.

③ 根据非标仪器的仪器误差规定，精度为 0.01 g 的电子天平的仪器误差为 $\Delta_m=0.01$ g，因此 B 类不确定度为

$$u_B(m)=\frac{\Delta_m}{\sqrt{3}}\approx 0.005\,8\ \text{g}.$$

④ 合成标准不确定度 $u(m)=\sqrt{[u_A(m)]^2+[u_B(m)]^2}=0.005\,773\cdots\ \text{g}\approx 0.01$ g.

综上所述，铜圆柱体的质量的测量结果为

$$m=(213.04\pm 0.01)\ \text{g}.$$

注　不确定度最后一位要与最佳估计值的最后一位对齐.

(2) 写出铜圆柱体的直径 D.

① 修正零点误差. 由于螺旋测微器的零点读数 $D_0=-0.016$ mm，因此修正的 $D'=D-D_0$. 修正前后的数据对比如表 2-7-3 所示.

表 2-7-3　直径 D 的修正数据

测量次序	1	2	3	4	5	6
D/mm	19.457	19.454	19.459	19.452	19.458	19.456
D'/mm	19.473	19.470	19.475	19.468	19.474	19.472

② 修正后的底面圆直径平均值 $\overline{D}'=\frac{1}{6}\sum_{i=1}^{6}D'_i=19.472\ \text{mm}$.

③ A 类不确定度 $u_A(D')=S_{\overline{D}'}=\sqrt{\frac{\sum_{i=1}^{6}(D'_i-\overline{D}')^2}{6\times(6-1)}}\approx 0.001\ 06\ \text{mm}$.

④ 由于螺旋测微器的仪器误差为 $\Delta_m=0.004\ \text{mm}$,因此 B 类不确定度为

$$u_B(D')=\frac{\Delta_m}{\sqrt{3}}\approx 0.002\ 31\ \text{mm}.$$

⑤ 合成标准不确定度

$$u(D')=\sqrt{[u_A(D')]^2+[u_B(D')]^2}=0.002\ 541\cdots\ \text{mm}\approx 0.003\ \text{mm}.$$

综上所述,铜圆柱体的底面圆直径的测量结果为

$$D=(19.472\pm 0.003)\ \text{mm}.$$

(3) 写出铜圆柱体的高度 h.

① 修正零点误差. 由于游标卡尺的零点读数 $h_0=0.02\ \text{mm}$,因此修正的 $h'=h-h_0$. 修正前后的数据对比如表 2-7-4 所示.

表 2-7-4　高度 h 的修正数据

测量次序	1	2	3	4	5	6
h/mm	80.36	80.40	80.38	80.36	80.36	80.38
h'/mm	80.34	80.38	80.36	80.34	80.34	80.36

② 修正后的高度平均值 $\overline{h}'=\frac{1}{6}\sum_{i=1}^{6}h'_i\approx 80.35\ \text{mm}$.

③ A 类不确定度 $u_A(h')=S_{\overline{h}'}=\sqrt{\frac{\sum_{i=1}^{6}(h'_i-\overline{h}')^2}{6\times(6-1)}}\approx 0.006\ 7\ \text{mm}$.

④ 由于 50 分度游标卡尺的仪器误差为 $\Delta_m=0.02\ \text{mm}$,因此 B 类不确定度为

$$u_B(h')=\frac{\Delta_m}{\sqrt{3}}\approx 0.011\ 5\ \text{mm}.$$

⑤ 合成标准不确定度

$$u(h')=\sqrt{[u_A(h')]^2+[u_B(h')]^2}=0.013\ 309\cdots\ \text{mm}\approx 0.02\ \text{mm}.$$

综上所述,铜圆柱体的高度的测量结果为

$$h=(80.35\pm 0.02)\ \text{mm}.$$

2. 铜圆柱体密度的最佳估计值和不确定度的计算

(1) 铜圆柱体密度的最佳估计值为

$$\overline{\rho}=\frac{4\overline{m}}{\pi\overline{D}'^2\overline{h}'}=\frac{4\times 213.04}{3.141\ 6\times 19.472^2\times 80.35}\ \text{g/mm}^3\approx 0.008\ 904\ \text{g/mm}^3=8.904\ \text{g/cm}^3.$$

(2) 密度的计算公式是乘除形式，因此先求其相对不确定度比较方便. 首先推导相对不确定度传递公式. $\rho=\dfrac{4m}{\pi D^2 h}$ 两边取自然对数，有

$$\ln\rho=\ln 4+\ln m-\ln\pi-2\ln D-\ln h,$$

从而有

$$\mathrm{d}\ln\rho=\frac{\mathrm{d}\rho}{\rho}=\frac{\mathrm{d}m}{m}-2\frac{\mathrm{d}D}{D}-\frac{\mathrm{d}h}{h},$$

由此得相对不确定度

$$E_{\mathrm{r}}(\rho)=\frac{u(\rho)}{\overline{\rho}}=\sqrt{\left[\frac{u(m)}{\overline{m}}\right]^2+\left[\frac{2u(D')}{\overline{D'}}\right]^2+\left[\frac{u(h')}{\overline{h'}}\right]^2}$$

$$=\sqrt{\left(\frac{0.01}{213.04}\right)^2+\left(\frac{2\times 0.003}{19.472}\right)^2+\left(\frac{0.02}{80.35}\right)^2}\times 100\%\approx 0.040\%,$$

$$u(\rho)=E_{\mathrm{r}}(\rho)\overline{\rho}=0.040\%\times 8.904\ \mathrm{g/cm^3}\approx 0.004\ \mathrm{g/cm^3}.$$

3. 表示结果

综上所述，铜圆柱体密度的测量结果为

$$\rho=(8.904\pm 0.004)\ \mathrm{g/cm^3},\quad E_{\mathrm{r}}(\rho)=0.040\%.$$

注　如果通过计算器或手工计算，即使一个简单的实验，其数据处理也要花费大量的时间，而且还容易出错. 因此，鼓励利用计算机软件(如 WPS 表格或微软 Excel 软件) 进行数据处理.

习　题

1. 指出下列测量量的有效数字位数：

(1) $d=1.002$ mm；　(2) $S=3.20\times 10^3$ km；

(3) $m=2\ 400$ g；　(4) $t=1.245\ 3\times 10^{-7}$ s；

(5) $L=0.002\ 0$ mm；　(6) $T=34.0$ ℃.

2. 指出下列表述中的错误并解释原因或进行改正：

(1) 用分度值为 1 mm 的米尺测出某个零件的长度为 30 mm；

(2) 3×10^{-5} g 比 3.12 g 测得更准确；

(3) $L=4.30$ cm $=43$ mm $=0.043$ m；

(4) $R=6\ 371$ km $=6\ 372\ 000$ m；

(5) $m=(25.28\pm 0.3)$ g；

(6) $t=(25\ 000\pm 5\ 800)$ s；

(7) 测量结果 $m=(50.2\pm 0.4)$ g($P=68.3\%$) 表示该物体的质量在 49.8 g 到 50.6 g 之间.

3. 根据有效数字的运算规则计算下列各式的结果(要求写出中间过程)：

(1) 256.48 + 7.8 + 0.064 52；(2) 93.45 − 7.3 − 18.232；

(3) $23.2\times\sqrt{1\,600}\div 10$；(4) (37.68 − 37.65) × 21.82；

(5) $(28.3+3.126)\times 10^2$；(6) $\dfrac{30.00\times(28.30-12.3)}{(101-3.0)\times(1.00+0.002)}$；

(7) $\dfrac{100.0\times(8.6+4.231)}{(24.00-23.10)\times 10.0}+123.42$.

4. 推导下列函数的不确定度传递公式或相对不确定度传递公式(式中 k 和 π 为常数)：

(1) $N=x+2y-\dfrac{1}{3}z$；(2) $F=kx-\dfrac{1}{3}y^3$；

(3) $I=\dfrac{R_1^2}{R_2^2}I_0$；(4) $V=\dfrac{\pi h}{4}(d_2^2-d_1^2)$；

(5) $\rho=\dfrac{m_0}{m_1-m_2}\rho_0$；(6) $n=\dfrac{\sin\left(\dfrac{A+B}{2}\right)}{\sin\left(\dfrac{A-B}{2}\right)}$.

5. 用螺旋测微器测某一钢丝的直径 D，测得的数据列于表 Ⅰ 中. 已知螺旋测微器的仪器误差 $\Delta_m=0.004$ mm，请对数据进行处理并写出钢丝直径 D 的测量结果.

表 Ⅰ　钢丝直径的测量值

零点读数：0.004 mm

测量次序	1	2	3	4	5	6
D/mm	9.543	9.545	9.544	9.543	9.542	9.544

6. 利用单摆测重力加速度 g. 当摆角很小时，$g=\dfrac{4\pi^2L}{T^2}$，式中 L 为摆长，T 为单摆周期. 已经测得

$$L=(84.87\pm 0.05)\ \text{cm},\quad T=(1.847\pm 0.003)\ \text{s},$$

求重力加速度 g 的测量结果.

7. 已知一铜丝电阻 R 的阻值(单位：Ω) 与温度 T(单位：℃) 的关系满足 $R=R_0(1+\alpha T)$，式中 R 为该铜丝在温度 T 时的阻值，R_0 为 0 ℃ 时该铜丝的阻值，α 为该铜丝的电阻温度系数. 表 Ⅱ 所示为实验测得的数据.

表 Ⅱ　铜丝电阻和温度的关系

测量次序	1	2	3	4	5	6	7	8
R/Ω	10.35	10.51	10.64	10.76	10.94	11.08	11.22	11.36
T/℃	5.0	10.0	15.0	20.0	25.0	30.0	35.0	40.0

(1) 用图解法求该铜丝的 α 和 R_0；

(2) 用线性拟合的方法确定铜丝的 α 和 R_0，并确定线性拟合的相关系数. (用 WPS 表格进行数据处理.)

第3章

物理实验的基本方法和技术

物理学是研究物质的基本结构、基本运动形式、相互作用和转化规律的学科. 它本身及它与各个自然学科、工程技术领域的相互作用不仅创造了今天的先进科技和人类文明,更为当代及未来高新科技的发展、相关产业的建立等提供着巨大的推动力.

在实验物理学数百年的发展过程中,涌现了众多卓越的、在物理学发展史上起过重要里程碑作用的实验. 它们以巧妙的物理构思、独到的处理和解决困难的手段、精心设计的仪器、完善的实验安排、高超的测量技术、对实验数据的精心处理和卓越的分析判断等特色,为我们展示了极其丰富和精彩的物理思想,开创了解决问题的新方法. 这些思想和方法已经超越了单个的具体实验,具有普遍意义. 学习和掌握物理实验的设计思想、测量方法和操作技术,对物理实验课程及其他学科的学习和研究都大有裨益.

3.1 物理实验的基本测量方法

在任何物理实验中,几乎都需要对物理量进行测量. 对于同一物理量,通常有多种不同的测量方法,本节介绍几种具有共性的基本测量方法.

1. 比较法

比较法是测量方法中最普遍、最基本的测量方法. 任何物理量,为了测量都必须规定它的标准单位,比较法就是将测量量与规定的该物理量的标准单位进行比较,确定测量量与标准单位的比值,以此得出该测量量的测量值. 比较法的几种形式如下.

(1) 将测量量和标准量具直接进行比较,如用米尺测量长度.

(2) 将测量量和与标准量值相关的仪器进行比较,如用电表测量电压、用温度计测量温度等.

(3) 通过比较系统,使测量量和标准量具进行比较,如用电桥测量电阻、用物理天平称量物体的质量等.

比较测量、比较研究是科学实验和科学思想的基本方法,具有广泛的应用性和渗透性.

2. 放大法

将物理量按照一定规律放大后进行测量的方法称为放大法. 这种方法对微小物理量或物理量的微小变化量的测量十分有效. 放大法的几种常用形式如下.

(1) 累积放大法. 假设用秒表来测量单摆的周期,若单摆的周期为 $T=2.0\ \mathrm{s}$,而人操作秒表的平均反应时间为 $\Delta T=0.2\ \mathrm{s}$,则单次测量周期的相对误差为$\frac{\Delta T}{T}=10\%$. 但是,如果将测量单摆的周期改为测量 50 次,那么因人的反应时间而引入的相对误差会降低到$\frac{\Delta T}{50T}=0.2\%$.

累积放大法的优点是可以在不改变测量性质的前提下明显减小测量的相对误差,增加测量结果的有效数字位数.

(2) 机械放大法. 例如,游标卡尺利用游标原理将读数放大测量. 又如螺旋测微器、读数显微镜和迈克耳孙干涉仪的读数装置等都利用螺旋推进放大原理来提高测量精度.

(3) 电学放大法. 电信号的放大是物理实验中最常用的技术之一,即通过将微弱待测信号先转换为电信号,再放大进行测量,包括电压放大、电流放大、功率放大等方法. 例如,三极管就能够对微小电流进行放大,示波器中也包含了电压放大电路.

(4) 光学放大法. 望远镜、读数显微镜及许多仪表中应用的光杠杆都属于光学放大的应用实例. 光学放大法有稳定性好,受环境干扰小的特点. 本书中的实验 4.8 对该方法有详细的介绍.

3. 转换法

转换法是根据物理量之间的各种效应、物理原理和定量函数关系,利用变换的思想进行测量的方法. 它是物理实验中最富有启发性和开创性的一种测量方法. 转换法的两种形式如下.

(1) 参量转换测量法. 利用各种参量间的转换及其变化量之间的关系,把不可测的物理量转换成可测的物理量. 例如,本书中的实验 4.6 就是将无法测量的转动惯量转换为对摆动周期等物理量的测量.

(2) 能量转换法. 利用能量相互转换的规律,把某些不易测得的物理量转换为易于测得的物理量. 考虑到电学量的易测性,通常将待测的物理量通过各种传感器或敏感器件转换成电学量进行测量. 例如,利用热电转换(温差热电偶、半导体热敏元件等)、压电转换(压电陶瓷等)和光电转换(光电池、光电管等) 测量热学量、力学量和光学量.

4. 模拟法

模拟法是以相似性原理为基础,并不直接研究某物理现象或物理过程的本身,而采用与之相似的模拟进行研究的一种方法. 模拟法可分为物理模拟和数学模拟.

(1) 物理模拟. 若被模拟的物理过程与模拟的物理过程本质上是一致的,则称为物理模拟,如利用风洞实验设计改进飞机机翼,用流槽模拟预演河流的冲积作用,等等.

(2) 数学模拟. 若不同本质的物理现象或过程可用同一个数学方程来描述,则对应的模拟称为数学模拟. 例如,用稳恒电流场来模拟静电场就是基于这两种场的分布有相同的数学形式.

5. 平衡法

平衡法利用物理学中平衡态的概念,将处于比较的物理量之间的差异逐步减小到零的状态,通过判断测量系统是否达到平衡态来实现测量. 平衡法并不直接研究测量量本身,而是将测量量与一个已知物理量或相对参考量进行比较，当两物理量差异为零时，便可用已知量或相对参考量描述测量量. 利用平衡法，可将许多复杂的物理现象用简单的形式来描述，可以简化一些复杂的物理关系.

例如，利用物理天平称量物体质量，当天平指针处在刻度零点或在零点左右等幅摆动时，天平达到力矩平衡，此时待测物体的质量和砝码的质量（作为参考量）相等. 惠斯通电桥测电阻也是一个应用平衡法进行测量的典型例子，它属于桥式电路的一种. 桥式电路就是根据电流、电压等电学量之间的平衡原理而专门设计出的电路，可用来测量电阻、电感、介电常量、磁导率等电磁学参量.

6. 补偿法

补偿法是指在测量中，通过一个标准的物理量产生与测量量等量或相同的效应，用于补偿（或抵消）测量量的作用，使测量系统处于平衡状态，从而得到测量量与标准量之间的确定关系. 补偿法通常与平衡法、比较法结合使用，主要可用于测量和修正系统误差两个方面.

（1）测量. 补偿法用于测量实质上就是平衡法. 例如，弹簧秤可以视为一个简单的补偿测量装置. 补偿测量系统通常包含补偿装置和指零装置两部分. 补偿装置用于产生补偿效应，并获得设计规定的测量精度；指零装置是一个比较系统，用于显示测量量与补偿量的比较结果.

（2）修正系统误差. 在测量中由于各种因素的制约，往往存在着无法消除的系统误差，利用补偿法引入相同的效应来“补偿”那些无法消除的系统误差. 修正系统误差是补偿法最主要的作用，如在迈克耳孙干涉仪中有一个补偿板，正是为了补偿光在第一个分束镜上引入的光程差.

7. 干涉、衍射法

无论是声波、水波还是光波，只要满足相干条件，相邻干涉条纹的波程差均等于相干波的波长. 因此，通过统计干涉条纹的数目或条纹的改变量，可实现对一些相关物理量的测量，包括物体的长度、位移与角度，薄膜的厚度，透镜的曲率半径，气体或液体的折射率等. 当选用相干光时，可实现对以上物理量的微米量级，甚至亚微米量级的精确测量.

例如，在著名的牛顿环实验中，通过对牛顿环等厚干涉条纹的测量可求出平凸透镜的曲率半径. 应用迈克耳孙干涉仪，通过对干涉条纹的统计，可准确地测定光的波长、透明介质的折射率、薄膜的厚度、微小的位移等物理量.

又如，用超声光栅测量声波在液体中的传播速度，其原理就是利用声波形成的驻波，构成一个液体光栅，再测量特定波长的光通过此光栅的衍射角，即可测量出声波的波长及传播速度.

除以上提到的例子外，衍射法还广泛地应用于对微小物体和晶格常数的测量，如X射线衍射技术、透射电子显微镜（简称透射电镜）等均利用了衍射原理.

以上介绍了物理实验中常用的几种方法，此外还有诸如替代法、共轭法、示踪法和符合法等. 实际上，在物理实验中，各种方法往往是相互联系和综合使用的. 在进行实验时，应认真思考，仔细分析，不断总结，逐步积累丰富实验方法，并在科学实验中灵活运用.

3.2 物理实验的基本调整与操作技术

物理实验的调整和操作技术十分重要，正确的调整和操作不仅可将系统误差减小到最低限度，而且对提高实验结果的准确度有直接影响.

1. 零点调整

使用任何测量器具都必须调整零点，否则将引入人为的系统误差. 零点调整的两种方法如下所述：

(1) 利用仪器的零点校准器进行调整，如天平、电表等；

(2) 若仪器无零点校准器，则应利用初始读数对测量值进行修正，如游标卡尺、螺旋测微器等.

2. 水平铅直调整

在有些实验中，由于受地球引力的作用，实验仪器要求达到水平或铅直状态才能正常工作，如天平和气垫导轨的水平调节、三线摆的水平和铅直调节等. 水平和铅直调节过程要仔细观察，切忌盲目调节.

3. 消除视差

在进行实验观测时，观测方法不当或测量器具调节不正确会使读数产生视差. 视差是指待测物体与量具（如标尺）不位于同一平面而引入的读数误差. 消除视差的方法如下所述：

(1) 使用如米尺和电表类型的量具读数时，应正面垂直观测；

(2) 使用带有叉丝的测微目镜、读数显微镜和望远镜测量时，应仔细调节目镜和物镜的距离，使像与叉丝共面.

4. 先粗调后细调

在实验时，先用目测法尽量将仪器调到所要求的状态，然后再按要求进行精细调节，以提高调节效率. 例如，在本书的实验 4.8 中的夹具平台调平、光杠杆调整、望远镜调整等.

5. 等高共轴调整

在光学实验测量之前，要求将各器件调整到等高共轴状态，即要求各光学元件主光轴等高且共线. 等高共轴调整分以下两步进行：

(1) 粗调，即用目测法将各光学元件的中心及光源的中心调成共轴等高，使各元件所在平面基本上相互平行且铅直；

(2) 细调，即利用光学系统本身或借助其他光学仪器，依据光学基本规律来更精确地调整，如依据透镜成像规律、由自准直法和二次成像法调整等高共轴等.

6. 逐次逼近法

调节与测量应遵守逐次逼近的原则，特别是对于示零仪器（如天平、电桥、电势差计等），采用正反向逐次逼近的方法，能迅速找到平衡点，分光计中所用的“各半调节法”也属于逐次逼近法.

7. 先定性后定量原则

在实验测量前，先定性地观察实验变化过程，了解变化规律，再定量测量，可快速获得较正确的结果.

3.3　电磁学实验常用仪器及其操作规范

3.3.1　电磁学实验常用仪器

1. 电源

(1) 直流电源.

HY171 系列双路可跟踪直流稳压电源是一种多功能电源，它可以工作在“独立”和“跟踪”两种状态，具有独立、串联、并联、跟踪四种输出工作方式，其接线图如图 3－3－1 所示. 当处于“独立”状态时，它可以作为两个完全独立的稳定电源，并且这两个独立电源也可采用串、并联方式扩大电压或电流. 当处于“跟踪”状态时，Ⅰ 路作为主路，Ⅱ 路为从路. 将主路“－”端与从路“＋”端短接，在从路就可得到一个与主路输出电压数值完全相同、极性相反的电源. 此时从路的输出电压会随主路输出电压的变化而变化，适用于需要对称可调双极性电源的情况.

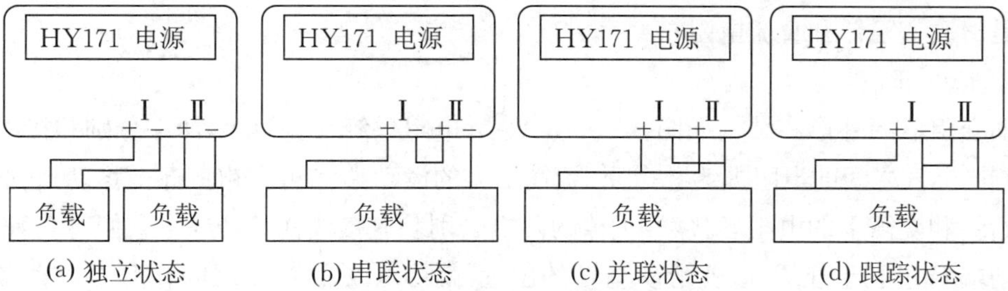

图 3－3－1　HY171 电源的四种工作方式

HY171 系列双路可跟踪直流稳压电源的面板如图 3－3－2 所示(以 HY1711－5S 为例)，其主要使用注意事项如下所述.

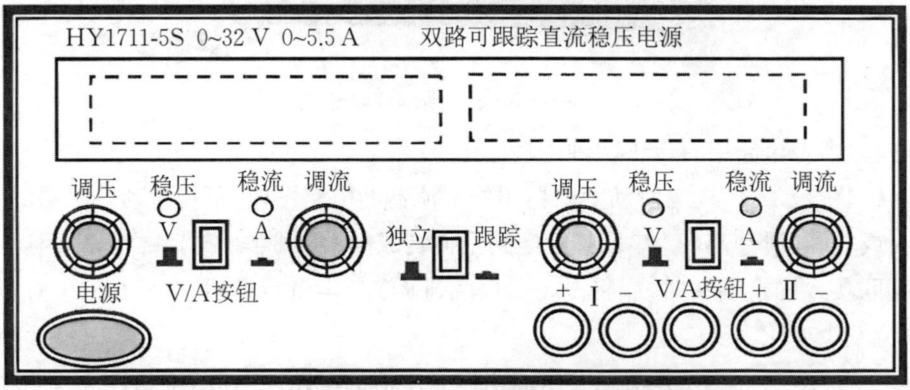

图 3－3－2　HY1711－5S 双路可跟踪直流稳压电源面板

① 设置稳压稳流工作状态. 将独立 / 跟踪按钮置于“独立”位置，Ⅰ，Ⅱ 两路可同时独立输出电流或电压. 每一路由相应的 V/A 按钮切换电压 / 电流的输出：当 V/A 按钮按下时，指示该路输出电流；未按下时，指示该路输出电压，同时指示灯相应改变.

② 应在最大允许输出电压和最大允许输出电流范围内使用. 常见的 HY171 系列输出电压在 0 ～ 32 V 连续可调，输出电流由具体型号差异从在 0 ～ 1.2 A 连续可调(HY1711－1S)，到

在 0 ～ 5.5 A 连续可调(HY1711－5S). 在采用串联状态输出时,最大允许输出电压扩大了一倍;当采用并联状态输出时,最大允许电流扩大了一倍.

③ 具有自动保护功能. 当电路工作在稳压状态时,稳流部分起到限流的作用来保护电路. 当负载超过额定值,或输出端短路时,电路失去稳压作用,自动转到稳流状态. 因此,在稳压工作状态下,应将电流调节旋钮旋到一定值,以起到短路保护作用. 当电路工作在稳流状态时,稳压部分又起到限压作用. 当负载小于额定值,或是开路时,电路又自动转到稳压状态.

(2) 交流电源.

交流电源一般使用 220 V,50 Hz 的交流电. 因电压较高,须特别注意用电安全,当电压在 30 V 以上时,要防止触电.

不论使用哪种电源,都要注意安全. 使用直流或交流电源时,切忌将电源两极直接接通,造成电源短路,导致损坏电源甚至发生危险. 对于直流电源,要注意区分正、负极.

2. 电阻器

在实验中,常使用电阻器来调节电路中的电压和电流,或组成特定的电路. 实验室常用的电阻器是滑动变阻器和直流电阻箱.

(1) 滑动变阻器.

滑动变阻器的外形和结构如图 3－3－3 所示,电阻丝绕在瓷筒上,两端分别和接线柱 A,B 相连,因此 A,B 之间的电阻即为总电阻. 瓷筒上方的滑动端 C 可在粗铜棒上移动,它的下端在移动时始终和瓷筒上的电阻丝接触. 铜棒的两端分别装有接线柱 C′ 与 C″,它们与 C 等电势,可代替滑动端 C 以利于连线. 改变滑动端 C 的位置,就可以改变 A,C 之间和 B,C 之间的电阻.

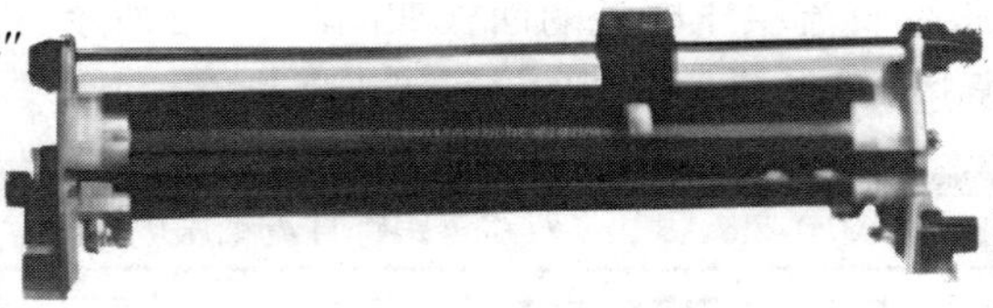

图 3－3－3 滑动变阻器

滑动变阻器在电路中有以下两种用法.

① 限流. 图 3－3－4(a) 为滑动变阻器用作限流器的电路图,它是将滑动变阻器的任何一个固定端(A 或 B) 和滑动端(C) 串联接在电路中而构成的. 在闭合电键 K 之前,电阻应先取最大值(例如串联接入固定端 A 时,应将滑动端 C 滑到 B 端),电键接通后,调节 C 的位置,从而使电路中的电流发生变化.

② 分压. 图 3－3－4(b) 是滑动变阻器用作分压器的电路图. 如图所示,将滑动变阻器的两个固定端 A,B 分别与电键 K 和电源相连,滑动端 C 和固定端 A 与负载电阻 R 相连. 由于电流通过变阻器的全部电阻丝,因此 A,B 之间任意两点都有电势差. 当滑动端 C 向 A 移动时,C,A 间的电压 U_{CA} 减小,当 C 向 B 移动时,U_{CA} 增大,所以输出电压 U_{CA} 可在零到电源电压之间任意调节. 在闭合电键 K 之前,应先将 C 滑动到 A 端,使 $U_{CA}=0$,以后再根据需要慢慢滑动 C,使电压 U_{CA} 增至所需值.

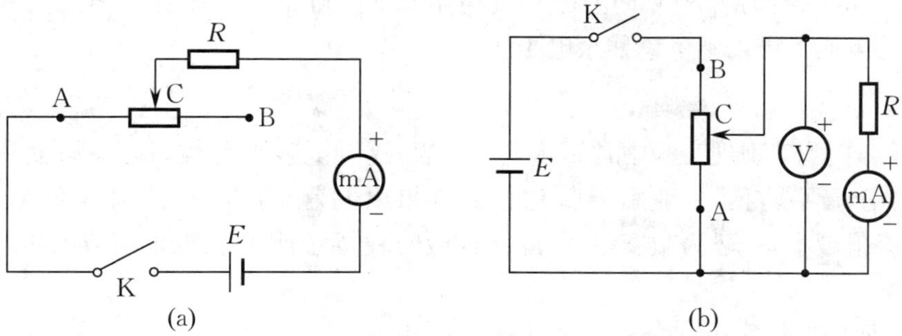

图 3-3-4　滑动变阻器的两种用法

(2) 直流电阻箱.

常用的电阻箱是转盘式的，它是由若干个电阻元件按一定的组合方式连接而成的. 旋转电阻箱上的旋钮可以得到不同的阻值. 以 ZX-21 型电阻箱为例，其面板如图 3-3-5(a) 所示，面板上有 4 个接线柱和 6 个旋钮，可通过“0” 和其他 3 个接线柱任取其一组合构成所使用的电阻箱的不同阻值调节范围. 每个旋钮的圆周上都标有 0 ~ 9 共 10 个数字，旋钮下方有一小三角形箭头，并注有“×0.1”“×1”“×10” 等字样，表示倍率.

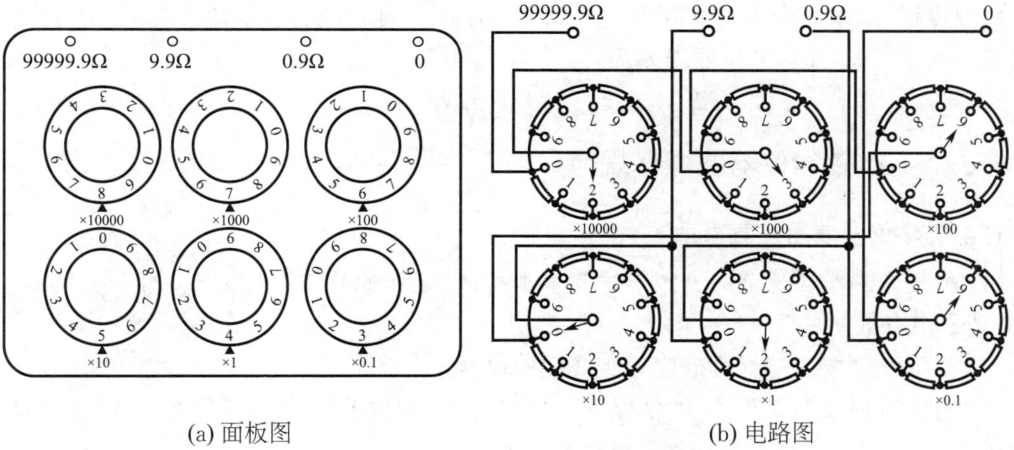

图 3-3-5　ZX-21 型电阻箱

阻值的读取：由连接的接线柱确定阻值的挡位，例如，在连接“0” 与“9.9Ω” 时，阻值范围为 0 ~ 9.9 Ω，再将各旋钮下方的箭头所指读数乘以箭头下面的倍率，然后全部相加. 例如，图 3-3-5(b) 所示的在“0” 到“99999.9Ω” 两接线柱间的阻值为

$$R=(2\times 10\,000+3\times 1\,000+6\times 100+0\times 10+2\times 1+6\times 0.1)\ \Omega=23\,602.6\ \Omega.$$

电阻箱根据其标称误差的大小分为若干准确度等级. 例如，准确度等级为 0.1 的电阻箱，表示阻值的百分误差为 0.1%. ZX-21 型电阻箱各挡的准确度等级不同，×0.1 挡、×1 挡、×10 挡的准确度等级分别 5，0.5，0.2，×100 挡、×1000 挡和 ×10000 挡的准确度等级均为 0.1. 电阻箱的总仪器误差为各挡的仪器误差之和. 将各挡电阻示值记作 $R_1, R_2, \cdots, R_6$，则总仪器误差为 $\Delta_m=\sum_{i=1}^{6} R_i c_i\%$，式中 c_i 为各挡准确度等级. 由此可算出图 3-3-5(b) 中的总仪器误差为

$$\Delta_m=(20\,000\times 0.1\%+3\,000\times 0.1\%+600\times 0.1\%+0\times 0.2\%$$
$$+2\times 0.5\%+0.6\times 5\%)\ \Omega=23.64\ \Omega.$$

此外，由于电阻箱仍然有残余电阻，因此电阻箱的实际值应等于标称值加上残余阻值. 在阻值比较大的情形下可以不考虑残余电阻.

3. 电表

电表的种类很多，物理实验中常用磁电式电表. 这种电表具有较高的灵敏度和准确度，功耗小，刻度均匀，读数方便，一般用于直流测量. 如果用于交流测量，须另加整流装置. 由于它允许通过的电流很微小，一般为微安级，因此又称微安表. 要测量更大的电流或电压，就必须扩大量程.

(1) 电表使用的注意事项.

① 使用前如果磁电式电表的指针不在零刻度线上，可以用小螺丝刀或接线叉轻轻旋转零点校准器，使指针指零，这个操作称为机械调零.

② 直流电表正负不能接错.

③ 电表的量程选择既不能过小，否则测量值超过量程会损坏电表；也不能过大，以免增大测量时的仪器误差. 为此，应先用大量程做粗测，再合理减小量程，使指针位于表盘三分之二处左右. 读数时的视线应正对指针并与标度盘面垂直，减少视差误差的引入.

(2) 电表的准确度等级.

按国家标准，电表的准确度分为 11 个等级. 例如，若使用的直流电流表准确度等级为 0.5，则当量程为 100 mA 时，其仪器误差为

$$\Delta_{\mathrm{m}}=0.5\%\times 100\ \mathrm{mA}=0.5\ \mathrm{mA}.$$

3.3.2 电磁学仪器的操作规范

1. 电磁学仪器使用注意事项

(1) 使用电磁学仪器前应大致了解其基本构造、工作原理、技术特点、使用条件和注意事项，做到心中有数.

(2) 根据测量要求选择准确度等级合适的仪器.

(3) 合理选择仪器量程. 一般情况下，测量值应达到仪器量程的三分之二，注意不能超量程使用.

(4) 电学实验接线的基本原则是“走线合理，操作方便，易于观察，实验安全”；电学实验的基本操作规程是“先接线路，后通电源；先断电源，后拆线路”.

(5) 接通电源时，一定要短接试探，根据仪器仪表的指示判断有无异常情况，若有异常，应立即断电进行检查.

2. 电磁学实验接线规则

要获得正确的测量结果，实验仪器的布置和线路的正确连接是非常重要的. 仪器布置不当，容易造成接线混乱，不便于检查线路，也不便于操作，甚至会造成事故. 因此，需要学习仪器布置、接线和安全操作的技能. 以下为接线时的注意事项.

(1) 必须了解电路图中每个符号代表的意思，清楚各个仪器的作用，然后按照“走线合理，操作方便，易于观察，实验安全”的原则布置仪器. 仪器不一定按照电路图中的位置排列，一般将经常要调整或要读数的仪器放在近处，高压电源等仪器放在远处.

(2) 要注意从电源正极开始按回路接线. 当电路复杂时，可将其分成几个回路，而后对各

个回路一一进行连接.接线时应充分利用电路中的等电势点,避免在一个接线柱上连接过多的导线接线头(最多不应超过3个).

(3) 在实验中必须遵守“先接线路,后通电源;先断电源,后拆线路”的操作原则.按电路图接好线路后,先自行认真检查,再请教师复查,经教师认可后,才能接通电源.接通电源时,一定要做短接试探,全面观察电路中所用的仪器,若发现不正常现象(如指针超出电表的量程、指针反转和发出焦臭味等),应立即切断电源,重新检查,分析原因.若电路正常,可用较小的电压或电流先观察实验现象,然后才开始测量数据.为便于记忆,这一操作规程可概括为“手合电源,眼观全局,先看现象,再读数据”.

(4) 测得实验数据后,应当用理论知识来判断数据是否合理,有无遗漏,是否达到了预期的目的.确认无疑又经教师复核后,方可拆除线路,并整理好仪器设备.

3.4　光学仪器的正确使用与维护

透镜、棱镜等光学元件,大都用光学玻璃制成,它们的光学表面(光线经过的表面)都经过精细的研磨和抛光,有些还镀有一层或多层薄膜.这些元件或材料的光学性能(如折射率、反射率和透射率等)都有一定的指标或要求,而它们的机械性能和化学性能可能会很差,若使用和维护不当,则可能导致光学仪器的光学性能降低甚至仪器损坏.

光学仪器常见的损坏现象如下所述.

(1) 破损.发生的磕碰、跌落和挤压等现象均会造成光学元件的破损,以致光学元件部分或完全无法使用.

(2) 磨损.用手和其他粗糙的东西擦拭光学元件的表面,可能使光学元件的光学表面留下擦不掉的划痕,将严重影响光学仪器的透光能力和成像质量,甚至导致无法进行观察和测量.

(3) 污损.拿取光学元件不符合规范,手上的油污、汗或其他不洁液体沉淀在元件的表面上,会使光学仪器表面留下污迹斑痕,对于镀膜的表面,问题将会更严重.不及时进行清除,将降低光学仪器的透光能力和成像质量.

(4) 发霉生锈.光学元件在潮湿环境下易发霉,其表面可能产生许多蜘蛛网一样的丝状物,它是由霉菌繁殖形成的,一般擦不掉.光学仪器的金属部分在潮湿环境下也易产生锈斑,影响仪器的精度和使用寿命等.

(5) 腐蚀脱胶.光学元件表面受到酸、碱等化学物品作用时会发生腐蚀现象.例如,苯、乙醚等试剂流到光学元件之间或光学元件与金属的胶合部分,就会使光学元件发生脱胶现象.

为了防止上述损坏现象,应遵循以下注意事项,正确使用与维护光学仪器.

(1) 在使用光学仪器前必须认真阅读仪器使用说明书,详细了解所使用仪器的构造、工作原理、使用方法和注意事项,切忌盲目动手.

(2) 保护好光学元件的光学表面,严禁用手直接触摸光学表面,只能用手接触经过磨砂的“毛面”,如透镜的侧面、棱镜的上下底面等.

(3) 若发现光学表面有灰尘,可用脱脂棉球、专用软毛刷等清除,也可用清洁的镜头纸轻轻拂去,但不要加压擦拭,更不可用手帕、普通纸片和衣服等擦拭.如果光学表面有污渍,应向教师说明,不要私自处理.对于没有镀膜的表面,可在教师的指导下,用干净的脱脂棉球蘸上清洁的溶剂(如酒精、乙醚等),仔细地将污渍擦去,注意不要让溶剂流到元件胶合处,以免脱胶.

对于镀膜的光学元件,则应由教师做专门的技术处理.

(4) 光学实验用眼较多,应注意保护眼睛,不要让眼睛过分疲劳.在使用激光光源时,绝对不允许用眼直视激光束,以免灼伤眼球.

(5) 光学仪器的机械可动部分很精密,应注意添加润滑剂,以保持各可动部分灵活自如,平稳连续.操作时动作要轻缓,严禁强行拉动或扭动,否则极易损坏仪器或大大降低其精度.

(6) 使用和搬动光学仪器时,应轻拿轻放,谨慎小心,避免震动、碰撞,更要避免跌落地面.光学元件使用完毕,不要随便乱放,应及时装入专用盒内.

(7) 光学仪器长期不使用时,应将仪器放入带有干燥剂(硅胶)的木盒内,防止光学元件受潮而发霉,并做好定期检查,发现问题及时处理.

第4章

基础性实验、综合性实验

实验 4.1　长度和体积的测量

长度测量是物理实验中最基本的测量，它的操作虽然比较简单，但对如何正确使用基本量具和仪器、读取测量数据等基本操作而言都是重要的训练. 由于许多其他物理量的测量常可以转化为对长度的测量，而不少测量仪器如气压计、测高仪、约利弹簧秤、球径仪、分光计等的读数系统都装有游标或螺旋测微装置，因此熟练掌握游标卡尺和螺旋测微器的基本原理和使用方法具有重要意义.

实验目的

1. 掌握游标卡尺、螺旋测微器的测量原理.
2. 利用游标卡尺、螺旋测微器测量不同形状物体的长度、直径、高度.
3. 运用误差理论对测量结果进行不确定度评定.

实验仪器

游标卡尺、螺旋测微器、钢球、空心圆柱体.

实验原理

长度是最基本的物理量，是构成空间的基本要素. 世界上任何物体都具有一定的几何特征，几何量的测量与科学研究、工农业生产和日常生活息息相关. 在国际单位制中，长度的基准是“米(m)”. 1889 年，第一届国际计量大会规定 1 m 为由铂铱合金制成的国际米原器在 0 ℃ 时两端刻线间的距离. 随着科技的飞速发展，米的定义也得到了更新. 2018 年，第二十六届国际计量大会正式提出：当真空中光的速度以单位 m/s 表示时，将其固定数值取为299 792 458 来定义米(于 2019 年实行).

仪器介绍

长度的测量是一切测量的基础，是最基本的物理量测量之一. 长度测量工具是指将被测长度与已知长度相比较，从而得出测量结果的工具. 物理实验中常用的长度测量器具有米尺、游标卡尺、螺旋测微器、读数显微镜等，表征这些仪器规格的主要指标是量程和分度值. 一般来说，分度值越小，仪器的准确度越高. 不同的测量器具有不同的量程和分度值，应根据具体测量的情况选择合适的测量器具. 下面分别介绍游标卡尺和螺旋测微器的基本测量原理.

1. 游标卡尺

游标是为了提高微小量的测量精度而采用的一种读数装置，游标卡尺就是根据游标原理制成的长度测量器具，它可以用来测量物体的长度、宽度、高度和深度及圆环的内径和外径等.

游标卡尺由固定不动的主尺和可沿主尺滑动的副尺（游标尺）两部分构成，其主要结构如图 4-1-1 所示. 主尺最左端上、下有两只固定不动的量爪，副尺上、下各有一只可随之移动的量爪，四只量爪分为上、下两副，可分别用于测量工件的内径和外径. 在主尺最右端是一条随副尺伸缩的细杆，叫作深度尺，可用来测量深度.

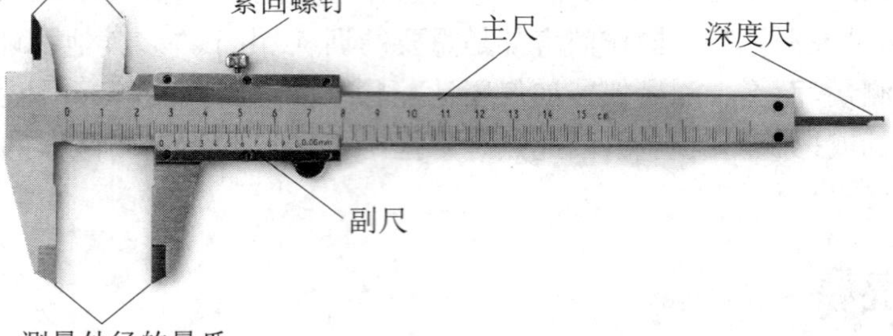

图 4-1-1　游标卡尺的主要结构图

量程和分度值是游标卡尺的两个重要参数. 量程由主尺长度决定，分度值由主尺和副尺每格的长度差来定义. 主尺实际上是一把米尺，其最小分度为 1 mm. 而副尺上的刻度则是将主尺上的 $(n-1)$ mm 等分为 n 份，即副尺上每一格的长度为 $\frac{n-1}{n}$ mm，比主尺上的最小分度少 $\frac{1}{n}$ mm. 由此定义游标卡尺的分度为 n，分度值为 $\frac{1}{n}$ mm. 不同分度的游标卡尺分度值不同，常见的有 0.01 mm，0.02 mm 或 0.05 mm. 实验室常用的游标卡尺分度为 50，对应分度值为 0.02 mm. 下面以该分度值的游标卡尺为例介绍游标卡尺的使用方法.

对于 50 分度的游标卡尺，主尺与副尺的零刻度线对齐后，主尺上的 49 mm 刻线与副尺上的第 50 条刻线对齐，由此可算出副尺上每格的长度为 0.98 mm，主、副尺每格相差 0.02 mm. 游标卡尺的读数分为两部分：主尺上的整数部分与副尺上的游标读数部分. 在测量时，具体读数可分为以下两步进行.

（1）主尺读数：读出副尺零刻度线左侧的主尺上的整数读数.

（2）游标读数：找出副尺零刻度线右侧第几条刻线与主尺上的刻线对得最齐，游标读数即为刻线数 $\times 0.02$ mm.

以图 4-1-2 所示的读数为例，被测物体主尺读数为 16 mm，副尺上第 13 条刻线与主尺刻线对齐. 因此，被测物体长度为

$$(16.00+13\times 0.02)\ \text{mm}=16.26\ \text{mm}.$$

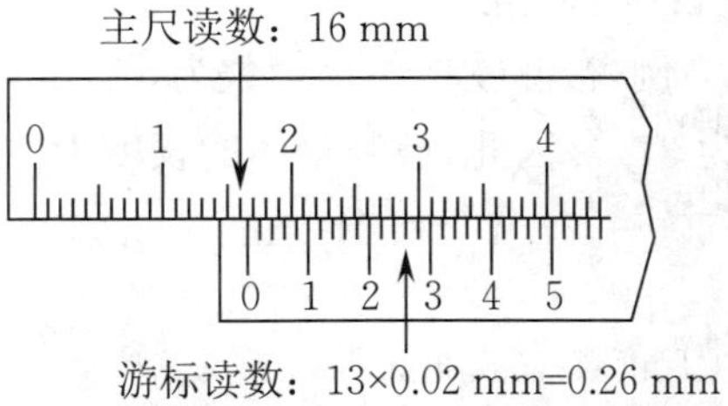

图 4-1-2　游标卡尺的读数示意图

使用注意事项：

(1) 测量时推动副尺不能用力过大，以免损坏刀口.

(2) 紧固螺钉在读数时应固定，移动副尺时应松开.

(3) 游标卡尺能读出的最小刻度就是它的分度值，不能估读.

(4) 零点误差的修正. 若游标卡尺在合拢时读数不为零，则该读数为零点读数，大于零计正，反之计负. 实际测量值应为多次测量的平均值减去零点读数.

(5) 游标卡尺使用完毕，应将紧固螺钉松开，量爪间留适当缝隙，放入盒内保存.

2. 螺旋测微器

螺旋测微器也叫作千分尺，采用螺旋放大原理制成，是一种比游标卡尺更精密的长度测量器具. 常见的螺旋测微器量程为 25 mm，分度值为 0.01 mm.

螺旋测微器的构造主要分为两部分：曲柄与固定套筒（主尺）、测微螺杆与微分筒（副尺），其主要结构如图 4-1-3 所示.

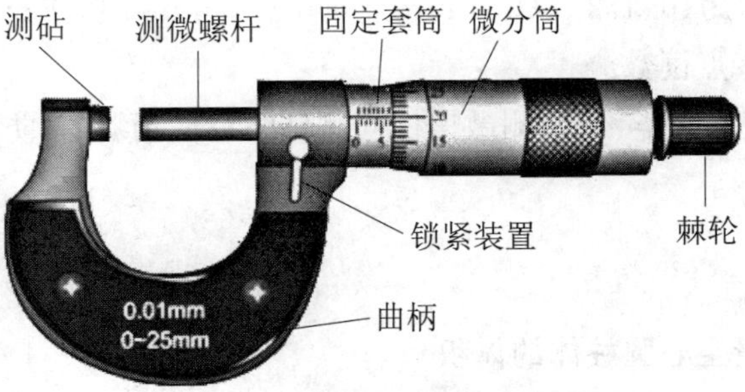

图 4-1-3　螺旋测微器的主要结构图

螺旋测微器的固定套筒（主尺）上刻有一条横线，称为读数基线，读数基线一侧是以 1 mm 为刻度的整刻度线，另一侧是 0.5 mm 刻度线，两组刻线间相隔 0.5 mm. 测微螺杆与微分筒（副尺）可以一起旋转，同时相对主尺做直线运动. 微分筒上的刻线与主尺刻线垂直，一圈均分为 50 个分格，微分筒转动一圈，相对主尺平移 0.5 mm，即微分筒转过一个分格，螺杆移动 $\frac{0.5}{50}$ mm＝0.01 mm.

螺旋测微器的读数分为两部分：主尺上的整数部分与副尺上的读数部分. 在测量时，具体读数可分为以下两步进行.

(1) 主尺读数：读出微分筒左侧主尺上露出的整数读数，最小分度为 0.5 mm（如0.5 mm，1 mm，1.5 mm，…）.

(2) 副尺读数：不足 0.5 mm 的读数可由副尺读出. 主尺上读数基线对应副尺上的读数为

副尺读数，读数时可以估读到 0.001 mm.

以图 4-1-4 所示的读数为例，被测物体主尺读数为 6.5 mm，读数基线对应副尺上的第 37 条和第 38 条刻线之间，估读为 37.4. 因此，被测物体的长度为

$$(6.500+37.4\times0.01)\ \text{mm}=6.874\ \text{mm}.$$

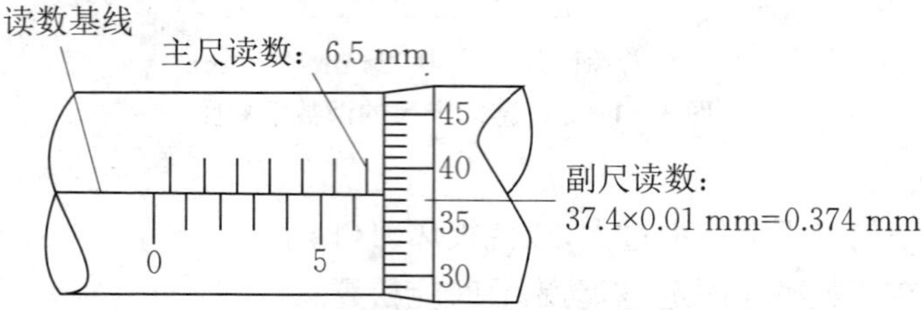

图 4-1-4　螺旋测微器的读数示意图

使用注意事项：

(1) 当测微螺杆一端接近待测物体或测砧时，不要继续转动微分筒，应改为转动棘轮，当听到"咔咔"声响时，就停止转动棘轮.

(2) 螺旋测微器测量物体长度时，不足微分筒一格的测量值必须估读. 如果以 mm 为单位，测量值小数点后必有 3 位(刻线完全对齐时第 3 位为 0).

(3) 零点误差的修正. 测量前将测微螺杆与测砧合拢，如果副尺读数不为零，则存在零点误差. 如果副尺上的零刻度线在主尺读数基线下方，则零点读数为正；若副尺上的零刻度线在主尺读数基线上方，则零点读数为读数值减去 0.5 mm[例如，若此时副尺上的读数为 0.472 mm，则零点读数为(0.472－0.5) mm＝－0.028 mm]. 物体长度的实际测量值应为多次测量的平均值减去零点读数.

(4) 螺旋测微器使用完毕，应使测微螺杆与测砧间留适当缝隙，防止热膨胀损坏螺纹.

实验步骤

1. 用游标卡尺测量空心圆柱体的体积

(1) 熟悉游标卡尺的结构. 移动副尺，观察两副量爪及深度尺随副尺移动的变化情况.

(2) 合拢游标卡尺，观察主尺和副尺的零刻度线是否对齐，若未对齐，读出其零点读数并记录在表 4-1-1 中.

(3) 在空心圆柱体上选取不同位置，测量相应的高度 h、外径 D_1 和内径 D_2 各 6 次，将数据记录在表 4-1-1 中.

2. 用螺旋测微器测量钢球的体积

(1) 熟悉螺旋测微器的结构. 转动螺旋测微器的微分筒，当测微螺杆靠近测砧时，改为转动棘轮，当听见"咔咔"声响时，即表示测微螺杆和测砧已经合拢.

(2) 合拢螺旋测微器，观察副尺的零刻度线是否与读数基线对齐，如果未对齐，读出其零点读数并记录在表 4-1-2 中.

(3) 在钢球的不同位置上测量直径 D_3 共 6 次，将测量数据记录在表 4-1-2 中.

注意事项

1. 测量前一定要先记录测量仪器的零点读数. 如果中途更换仪器，也要重新记录零点读数.

2. 游标卡尺的分度值为 0.02 mm，读数应为 0.02 mm 的整数倍，无须估读；螺旋测微器读数时必须要有估读位，即可读到小数点后 3 位(以 mm 为单位). 若末位恰好为 0，应保留(如 16.800 mm，2.730 mm 等).

3. 测量物体的长度或直径时，要在物体的不同位置测量，不能在同一位置测量 6 次.

数据表格

表 4-1-1 用游标卡尺测量空心圆柱体的体积

零点读数：________

测量量	测量次序						经修正的平均值	A 类不确定度
	1	2	3	4	5	6		
高度 h/mm							$\overline{h}=$	$u_A(h)=$
外径 D_1/mm							$\overline{D_1}=$	$u_A(D_1)=$
内径 D_2/mm							$\overline{D_2}=$	$u_A(D_2)=$

表 4-1-2 用螺旋测微器测量钢球的体积

零点读数：________

测量量	测量次序						经修正的平均值	A 类不确定度
	1	2	3	4	5	6		
直径 D_3/mm							$\overline{D_3}=$	$u_A(D_3)=$

数据处理

1. 用游标卡尺测量空心圆柱体的体积

(1) 计算表 4-1-1 中各测量结果经修正的平均值和 A 类不确定度.

(2) 已知 50 分度的游标卡尺，测量长度在 150 mm 以内时的仪器误差为 $\Delta_m=0.02$ mm，由此计算表 4-1-1 中 3 个测量量的合成标准不确定度：

$$u(h)=\sqrt{[u_A(h)]^2+\left(\frac{\Delta_m}{\sqrt{3}}\right)^2}=\_\_\_\_\_\_,$$

$$u(D_1)=\sqrt{[u_A(D_1)]^2+\left(\frac{\Delta_m}{\sqrt{3}}\right)^2}=\_\_\_\_\_\_,$$

$$u(D_2)=\sqrt{[u_A(D_2)]^2+\left(\frac{\Delta_m}{\sqrt{3}}\right)^2}=\_\_\_\_\_\_.$$

(3) 计算空心圆柱体体积的最佳估计值(平均值)：

$$\overline{V}=\frac{\pi\overline{h}}{4}(\overline{D}_1^2-\overline{D}_2^2)=\_\_\_\_\_\_\_\_\_\_.$$

(4) 计算空心圆柱体体积的合成标准不确定度：

$$u(V)=\frac{\pi}{4}\sqrt{[(\overline{D}_1^2-\overline{D}_2^2)^2[u(h)]^2+4\overline{h}^2\overline{D}_1^2[u(D_1)]^2+4\overline{h}^2\overline{D}_2^2[u(D_2)]^2}=\_\_\_\_\_\_\_\_\_\_.$$

(5) 写出空心圆柱体体积的结果表示和相对不确定度：

$$V=\overline{V}\pm u(V)=\_\_\_\_\_\_\_\_\_\_,\quad E_{\mathrm{r}}(V)=\frac{u(V)}{\overline{V}}=\_\_\_\_\_\_\_\_\_\_.$$

2. 用螺旋测微器测量钢球的体积

(1) 计算表 4-1-2 中测量结果经修正的平均值和 A 类不确定度.

(2) 已知螺旋测微器的仪器误差为 $\Delta'_{\mathrm{m}}=0.004\ \mathrm{mm}$，计算钢球直径 D_3 的合成标准不确定度：

$$u(D_3)=\sqrt{[u_{\mathrm{A}}(D_3)]^2+\left(\frac{\Delta'_{\mathrm{m}}}{\sqrt{3}}\right)^2}=\_\_\_\_\_\_\_\_\_\_.$$

(3) 计算钢球体积的最佳估计值(平均值)：

$$\overline{V}_0=\frac{1}{6}\pi\overline{D}_3^3=\_\_\_\_\_\_\_\_\_\_.$$

(4) 计算钢球体积的合成标准不确定度：

$$u(V_0)=\frac{1}{2}\pi\overline{D}_3^2u(D_3)=\_\_\_\_\_\_\_\_\_\_.$$

(5) 写出钢球体积的结果表示和相对不确定度：

$$V_0=\overline{V}_0\pm u(V_0)=\_\_\_\_\_\_\_\_\_\_,\quad E_{\mathrm{r}}(V_0)=\frac{u(V_0)}{\overline{V}_0}=\_\_\_\_\_\_\_\_\_\_.$$

思考题

1. 20 分度的游标卡尺主尺的最小刻度值为 1 mm，那么游标的最小刻度的长度为多少？此游标卡尺的读数规则是怎样的？

2. 螺旋测微器的测微螺杆的螺距为多少？若微分筒上刻有 50 个分格，问此螺旋测微器能够精确读到多少毫米？此螺旋测微器的读数规则是怎样的？

实验 4.2　质量与密度的测量

质量是物质的一项基本性质，是七个基本物理量之一，其国际单位为千克(kg). 根据第二十六届国际计量大会的决定，当普朗克常量以单位 J·s，即 $\mathrm{kg\cdot m^2/s}$ 表示时，将其固定数值取为 $6.626\,070\,15\times10^{-34}$ 来定义千克. 质量的测量是物理实验中一项基本且重要的技术，常用的测量器具是天平. 天平是测量物体引力质量的一种仪器，其种类繁多，应用广泛，实验室常用的天平有物理天平和电子天平两种. 密度是物质的

拓展阅读

一项重要特性，客观上体积相当的物体，其质量不一定相等．密度与物质的种类和状态有关，物理学上将其定义为物质的质量与体积之比．密度的测量在化学、计量、冶金、产品检验等行业中应用十分广泛．

实验目的

1．掌握电子天平的调整和使用方法．
2．掌握测量规则固体密度的方法．
3．掌握使用流体静力称衡法测量不规则固体密度的方法．
4．掌握使用比重瓶法测量小块固体密度的方法．
5．掌握饱和法测量可溶于水的小颗粒固体密度的方法．

实验仪器

电子天平、游标卡尺、比重瓶、烧杯、量筒、支架、铜圆柱体、不规则金属块、锌粒、食盐等．

实验原理

已知物体的质量为 m_0，体积为 V，则其密度为

$$\rho=\frac{m_0}{V}. \tag{4-2-1}$$

对于密度均匀、形状规则的物体，其质量可用天平直接称出，而物体的体积可通过直接测量其几何尺寸计算得到．此时可以利用式(4－2－1)计算得到物体的密度．对于形状不规则的物体，其体积一般并不容易直接测量得到．这时可以用其他方法测得不规则物体的体积，再由式(4－2－1)计算得到物体的密度．

下面介绍几种常见的密度测量方法：流体静力称衡法、比重瓶法和饱和法．

1．用流体静力称衡法测量不规则固体的密度

设待测物体的质量为 m_0、密度为 ρ，将其浸没在已知密度为 ρ_s(本实验中使用的液体为水)的液体中．根据阿基米德原理，物体浸在液体中受到向上的浮力等于它所排开液体的重量，即

$$F=\rho_s Vg, \tag{4-2-2}$$

式中 F 为浮力，V 为排开液体的体积，g 为重力加速度．显然，当待测物体浸没在液体中时，排开液体的体积等于待测物体的体积，因此式(4－2－2)可改写为

$$F=\rho_s\frac{m_0}{\rho}g. \tag{4-2-3}$$

当待测物体在空气中和浸没在水中时，分别对其进行称量，其质量分别用 m' 和 m'' 表示．由牛顿第二定律可知，两次测量相差的重量为待测物体在液体中受到的浮力，有

$$F=(m'-m'')g. \tag{4-2-4}$$

整理式(4－2－3)、式(4－2－4)，得待测物体的密度为

$$\rho=\frac{m_0}{m'-m''}\rho_s=\frac{m_0}{\Delta m}\rho_s. \tag{4-2-5}$$

2. 用比重瓶法测量小块固体的密度

比重瓶如图 4-2-1 所示，由瓶体和带毛细管的瓶塞组成. 在比重瓶内注满液体后，当用带毛细管的瓶塞塞住瓶口时，多余的液体就会从毛细管溢出，这样瓶内液体的体积就是固定的.

图 4-2-1　比重瓶

利用比重瓶可以测量不溶于水的不规则形状的小块固体的密度. 依次称量出小块固体的质量 m_0、装满水后比重瓶和水的总质量 m_1，以及在装满水的瓶内投入小块固体后的总质量 m_2. 被小块固体排出比重瓶的水的质量应为 $m_0+m_1-m_2$，设水的密度为 ρ_s，显然，排出水的体积 V 即为小块固体的体积，由此可以得到小块固体的密度为

$$\rho=\frac{m_0}{V}=\frac{m_0}{m_0+m_1-m_2}\rho_s. \qquad (4-2-6)$$

3. 用饱和法测量可溶于水的小颗粒固体的密度

当待测物体为食盐、蔗糖等可溶于水的小颗粒固体时，可将其先制成饱和水溶液，然后再利用阿基米德原理测量其密度.

仪器介绍

实验室常用的电子天平如图 4-2-2 所示，其原理是采用高灵敏度的电阻应变式传感器，将压力转换为电信号后再对其进行处理和显示. 它具有操作简单、测量速度快、结果显示直接等优点. 电子天平的最大称量值根据不同的型号而定，范围一般在 200 ～ 600 g. 仪器误差由显示器显示的位数确定.

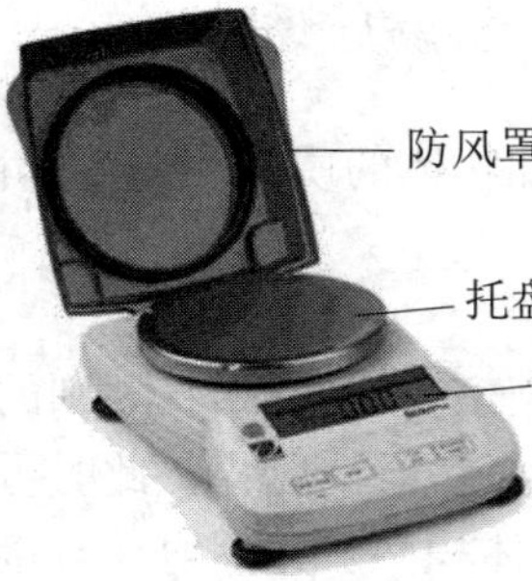

图 4-2-2　电子天平

电子天平的使用步骤主要分为以下几步.

(1) 调平：调节天平底座螺栓，使水平指示器指示水平.

(2) 开机：按“开机”键，使天平处于备用状态.

(3) 校正：用量程校正砝码对天平进行校正.

(4) 称量：按“清零”键，将天平示数调零. 将待测物体放置在托盘中央，显示屏示数即为待测物体的质量.

注　称量时应打开防风罩，将物体放置在托盘上.

(5) 关机：天平不使用时应按“关机”键关机，以延长天平的使用寿命.

实验步骤

1. 测量规则物体的密度

(1) 用电子天平称出铜圆柱体的质量 m_0，记录在表 4-2-1 中.

(2) 使用游标卡尺测量铜圆柱体的不同位置的底面圆直径 D 和高度 h，共 6 次，填入表 4-2-1 中.

2. 用流体静力称衡法测量不规则固体的密度

(1) 用电子天平称出不规则金属块在空气中的质量 m_0，记录在表 4-2-2 中.

(2) 将不规则金属块挂在支架上，构成待测物体系统，再将该系统放在电子天平的托盘上，称出总质量 m'，记录在表 4-2-2 中.

(3) 用手托着盛有水的烧杯，放在挂在支架上的不规则金属块下，缓慢地托起烧杯使不规则金属块浸没在烧杯的水中(注意不要让金属块接触烧杯壁)，称出此时待测物体系统的总质量 m''，记录在表 4-2-2 中.

3. 用比重瓶法测量小块固体的密度

(1) 用电子天平称出适量锌粒(10 ～ 20 粒) 的质量 m_0，记录在表 4-2-3 中.

(2) 将比重瓶注满水后塞上瓶塞，使多余的水从毛细管溢出. 擦干瓶外溢出的水(注意瓶及毛细管内不能残留气泡). 用电子天平称出比重瓶和水的总质量 m_1，记录在表 4-2-3 中.

(3) 把锌粒投入盛满水的比重瓶内，摇晃以去除附着的气泡. 塞上瓶塞，擦干瓶外溢出的水，称出比重瓶、水和锌粒的总质量 m_2，记录在表 4-2-3 中.

4. 用饱和法测量可溶于水的小颗粒固体的密度

(1) 用烧杯制成饱和食盐水，并取少量置于量筒中，并在表 4-2-4 中记录此时的量筒读数 V_0.

(2) 用电子天平称出 2.00 g 食盐，用漏斗将 2.00 g 食盐缓慢放置于量筒中，静置后在表 4-2-4 中记录此时的量筒读数 V_1.

(3) 重复(2) 的步骤 4 次，每次均加入 2.00 g 食盐，记录在表 4-2-4 中.

注意事项

1. 电子天平使用前一定要调平，称量时应轻拿轻放，严禁超量程测量、撞击或用手按压托盘.

2. 称量固体在空气中的质量时，应使物体保持洁净、干燥.

3. 称量比重瓶时，一定要擦干瓶外的水，并确保瓶及毛细管内没有气泡存在.

4. 用比重瓶法测量小块固体的密度实验结束后，应将锌粒倒入实验室指定的地方，以方便锌粒的回收.

数据表格

表 4-2-1　测量规则铜圆柱体的密度

游标卡尺量程：150 mm，分度值：0.02 mm

测量次序	1	2	3	4	5	6	平均值	u_A
直径 D/mm								
高度 h/mm								
质量 m_0 /g								

表 4-2-2　用流体静力称衡法测量不规则固体的密度

m_0/g	m'/g	m''/g	$\Delta m(=m'-m'')$/g	ρ/(kg/m^3)

表 4-2-3　用比重瓶法测量小块固体的密度

m_0/g	m_1/g	m_2/g	ρ/(kg/m^3)

表 4-2-4　用饱和法测量可溶于水的小颗粒固体的密度

$\Delta m=2.00$ g

测量次序	0	1	2	3	4	5
V_i/mL						
ΔV/mL	$V_3-V_0=$		$V_4-V_1=$		$V_5-V_2=$	
平均值$\overline{\Delta V}$/mL						
$u_A(\Delta V)$/mL						
密度 /(g/mL)	$\rho=\dfrac{6.00\ \text{g}}{\overline{\Delta V}}=$					

数据处理

1. 测量规则铜圆柱体的密度

(1) 计算铜圆柱体的底面圆直径 D 和高度 h 的平均值以及它们和质量 m_0 的 A 类不确定度,填入表 4-2-1 中.

(2) 电子天平的仪器误差 $\Delta_m=0.01$ g,故质量的 B 类不确定度为 $u_B(m_0)=\dfrac{0.01}{\sqrt{3}}$ g $\approx$ 0.005 8 g. 测量直径和高度使用的是测量范围为 0～150 mm 的 50 分度游标卡尺,其仪器误差 $\Delta_m=0.02$ mm,所以 $u_B(D)=u_B(h)=\dfrac{0.02}{\sqrt{3}}$ mm $\approx$ 0.011 5 mm.

(3) 计算各直接测量量的合成标准不确定度:

$$u(m_0)=\sqrt{[u_A(m_0)]^2+[u_B(m_0)]^2}=\_\_\_\_\_\_\_\_,$$

$$u(D)=\sqrt{[u_A(D)]^2+[u_B(D)]^2}=\_\_\_\_\_\_\_\_,$$

$$u(h)=\sqrt{[u_A(h)]^2+[u_B(h)]^2}=\_\_\_\_\_\_\_\_.$$

(4) 计算铜圆柱体密度的最佳估计值:

$$\bar{\rho}=\frac{4\overline{m}_0}{\pi\overline{D}^2\overline{h}}=\_\_\_\_\_\_\_\_,$$

相对不确定度:

$$E_r(\rho)=\sqrt{\left[\frac{u(m_0)}{\overline{m}_0}\right]^2+\left[\frac{2u(D)}{\overline{D}}\right]^2+\left[\frac{u(h)}{\overline{h}}\right]^2}=\_\_\_\_\_\_\_\_,$$

合成标准不确定度：

$$u(\rho)=E_r(\rho)\bar{\rho}=\_\_\_\_\_\_\_\_.$$

(5) 写出铜圆柱体密度测量结果：

$$\rho=\bar{\rho}\pm u(\rho)=\_\_\_\_\_\_\_\_.$$

2. 用流体静力称衡法测量不规则固体的密度

(1) 记录室温，由本实验附录查出室温下水的密度 ρ_s.

(2) 将表 4-2-2 中的数据代入式(4-2-5)计算出不规则金属块的密度 ρ.

3. 用比重瓶法测量小块固体的密度

将表 4-2-3 中的数据代入式(4-2-6)计算出锌粒的密度 ρ.

注　20 ℃时铜的密度为 $8.96\times10^3\ \text{kg/m}^3$，锌的密度为 $7.14\times10^3\ \text{kg/m}^3$，如果测量结果与标准值相差太大，须重新测量.

4. 用饱和法测量可溶于水的小颗粒固体的密度

(1) 计算体积 ΔV_i 的平均值及 A 类不确定度，填入表 4-2-4 中. 而质量 Δm 是单次测量值，故其 A 类不确定度 $u_A(\Delta m)=0$ g.

(2) 由电子天平的仪器误差 Δ_m 计算出质量 Δm 的 B 类不确定度为 $u_B(\Delta m)=0.005\,8$ g，由量筒的仪器误差 $\Delta_m=________$计算出$u_B(\Delta V)=________$.

(3) 计算直接测量量的合成标准不确定度：

$$u(\Delta m)=\sqrt{[u_A(\Delta m)]^2+[u_B(\Delta m)]^2}=u_B(m)=\_\_\_\_\_\_\_\_,$$

$$u(\Delta V)=\sqrt{[u_A(\Delta V)]^2+[u_B(\Delta V)]^2}=\_\_\_\_\_\_\_\_.$$

(4) 计算食盐密度的最佳估计值：

$$\bar{\rho}=\frac{6.00\ \text{g}}{\overline{\Delta V}}=\_\_\_\_\_\_\_\_,$$

相对不确定度：

$$E_r(\rho)=\sqrt{\left[\frac{u(\Delta m)}{3\Delta m}\right]^2+\left[\frac{u(\Delta V)}{\overline{\Delta V}}\right]^2}=\_\_\_\_\_\_\_\_,$$

合成标准不确定度：

$$u(\rho)=E_r(\rho)\bar{\rho}=\_\_\_\_\_\_\_\_.$$

(5) 写出食盐密度测量结果：

$$\rho=\bar{\rho}\pm u(\rho)=\_\_\_\_\_\_\_\_.$$

思考题

1. 本实验中介绍的前两种测量固体密度的方法各有什么特点？

2. 如果要测量不溶于水、密度比水小的不规则蜡块的密度，应该怎么测量？

3. 本实验中可能产生误差的主要原因有哪些？

附录

附表　标准大气压下不同温度时水的密度

温度 $t/℃$	密度 $\rho/(kg/m^3)$	温度 $t/℃$	密度 $\rho/(kg/m^3)$	温度 $t/℃$	密度 $\rho/(kg/m^3)$	温度 $t/℃$	密度 $\rho/(kg/m^3)$
0.0	999.87	12.0	999.52	24.0	997.33	36.0	993.71
1.0	999.93	13.0	999.38	25.0	997.07	37.0	993.36
2.0	999.97	14.0	999.27	26.0	996.81	38.0	992.99
3.0	999.97	15.0	999.13	27.0	996.54	39.0	992.62
4.0	999.99	16.0	998.97	28.0	996.26	40.0	992.24
5.0	999.99	17.0	998.00	29.0	995.97	45.0	990.21
6.0	999.97	18.0	998.62	30.0	995.68	50.0	988.04
7.0	999.93	19.0	998.43	31.0	995.37	60.0	983.21
8.0	999.88	20.0	998.23	32.0	995.05	70.0	977.78
9.0	999.81	21.0	998.02	33.0	994.72	80.0	971.80
10.0	999.73	22.0	997.77	34.0	994.40	90.0	965.31
11.0	999.63	23.0	997.57	35.0	994.06	100.0	958.35

实验 4.3　重力加速度的测定

重力加速度 g 是物理学中的一个重要参量.地球上各个地区重力加速度的数值随着该地区的纬度和海拔高度不同而稍有差异,一般来说,在赤道附近重力加速度的数值最小.由于地球是微椭球形的,加之有自转,因此在一般情况下,重力加速度的方向不指向地心.重力加速度的测定,对物理学、地球科学、重力探矿、空间科学等都具有重要意义.

最早测定重力加速度的科学家是伽利略.约在 1590 年,他利用斜面将 g 的测定改为测定微小加速度 $a=g\sin\theta$,式中 θ 是斜面的倾角.伽利略是第一个把实验引进力学的科学家,他利用实验和数学相结合的方法确定了一些重要的力学定律.

实验目的

1.学会使用光电计时装置.

2.掌握用自由落体测定重力加速度的方法.

3.掌握用单摆测定重力加速度的方法.

实验仪器

自由落体仪、钢球、单摆、光电计时装置、钢直尺或钢卷尺、螺旋测微器等.

实验原理

1. 用自由落体测定重力加速度

如图4-3-1(a)所示，钢球在竖直方向上从O点开始自由下落，设它到达A点的速度大小为v_1. 从A点起，经过时间Δt_1后钢球到达B点. 将A，B两点间的距离记为Δh_1，有

$$\Delta h_1 = v_1 \Delta t_1 + \frac{g\Delta t_1^2}{2}. \qquad (4-3-1)$$

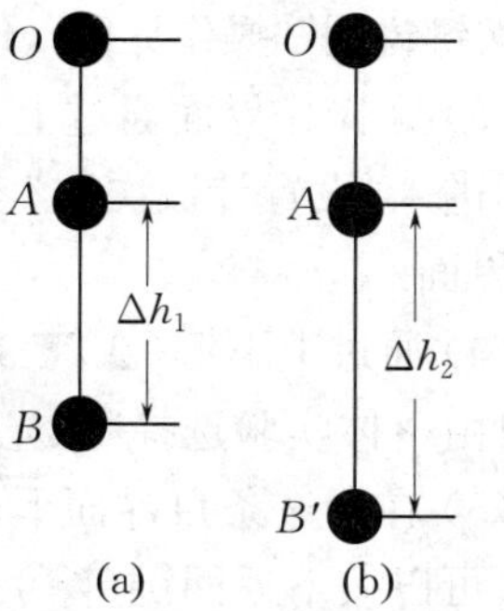

图4-3-1　用自由落体测定重力加速度原理图

设A点保持不变，B点下移一段距离至B'点，将A，B'两点间的距离记为Δh_2，如图4-3-1(b)所示. 若小球由A点到达B'点的时间为Δt_2，则有

$$\Delta h_2 = v_1 \Delta t_2 + \frac{g\Delta t_2^2}{2}. \qquad (4-3-2)$$

由式(4-3-1)和式(4-3-2)，可得出重力加速度

$$g = \frac{2\left(\frac{\Delta h_2}{\Delta t_2} - \frac{\Delta h_1}{\Delta t_1}\right)}{\Delta t_2 - \Delta t_1}. \qquad (4-3-3)$$

2. 用单摆测定重力加速度

如图4-3-2所示，一根不可伸长的细线的上端固定，下端系一个小球. 当细线质量远小于小球的质量m，并且小球的直径远小于细线的长度L时，此种装置称为单摆，L称为单摆的摆长. 如果把小球稍微拉开一定角度再放开小球，小球则会在重力的作用下于竖直平面内做往复运动，一个完整的往复运动所经历的时间称为周期. 当单摆摆动的角度$\theta < 5°$时，其周期可表示为

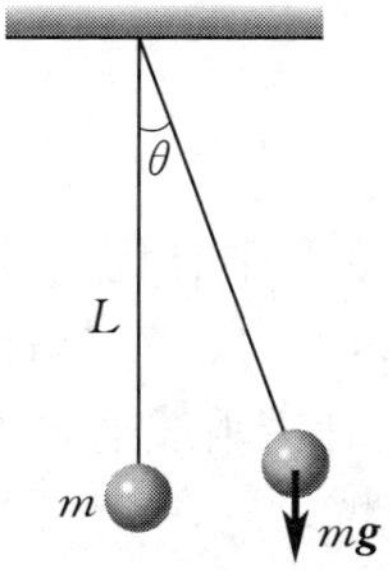

图4-3-2　用单摆测定重力加速度的原理图

$$T = 2\pi\sqrt{\frac{L}{g}},$$

由此得

$$g = 4\pi^2 \frac{L}{T^2}. \qquad (4-3-4)$$

根据式(4-3-4)，只要测出单摆的周期和摆长，就可以计算出当地的重力加速度. 在本实验中，我们可以固定单摆摆长L，通过测量周期T来计算g.

仪器介绍

光电计时装置的使用方法如下.

(1) 调节光电门在固定支架上的高度，使被测物体上的挡光杆能自由往返地通过光电门. 插上国标电源线，再通过四芯连接线将光电门的信号与计时计数器主机输入端(通道Ⅰ、通道Ⅱ)相连接.

(2) 开启位于计时计数器背后的主机电源，界面开始依次显示“欢迎使用智能计数计时器”“按键说明”“操作界面”(包含“单光电门”“双光电门”“设置计数次数”“查询数据”四个条目).

(3) 在操作界面通过上下键(▲▼)移动黑色光标选择“设置计数次数”条目，按下确认键，即进入“设置计数次数”界面，通过上下键(▲▼)设置所需的次数，按下返回键(▶)返回操作界面.

(4) 通过上下键(▲▼)移动黑色光标选择所要进入的条目(单摆实验选择“单光电门”条目，自由落体实验选择“双光电门”条目)，按下确认键进入所选条目.

(5) 在所选条目界面下，按下开始键(◀)，即可开始进行计时计数等实验操作. 中途如需停止，可以按下返回键(▶)回到操作界面.

(6) 计时计数完成后按下返回键(▶)返回操作界面，通过上下键(▲▼)移动黑色光标选择“查询数据”条目. 进入该条目后，第一次显示计时计数的总和时间，按一下向下键(▼)，显示平均时间，再按一下向下键(▼)，可进入单次计时计数的查询界面. 这时单次按下向下键(▼)将按次序显示所有的单次计时计数结果. 次序是逐次递减的，若需要显示下一条记录，则按下向上键(▲)即可.

(7) 所需的数据记录完毕后，按下返回键(▶)回到操作界面，此时可选择下一步所需的操作条目.

注 (1) 只要没有进行复位操作或断电，仪器只保存上一组的计时计数数据提供查询.

(2) 在“单光电门”“双光电门”条目下，若想返回操作界面，须先按下开始键(◀)，再按下返回键(▶).

实验步骤

1. 调节仪器

(1) 自由落体仪如图 4-3-3 所示. 将重锤悬挂在电磁吸球器的铁芯中心孔上(用作铅垂线)，将两个光电门拉开一定的距离，调节底座三角调节螺钉使铅垂线与左右和前后准线重合，此时铅垂线通过两个光电门的中心.

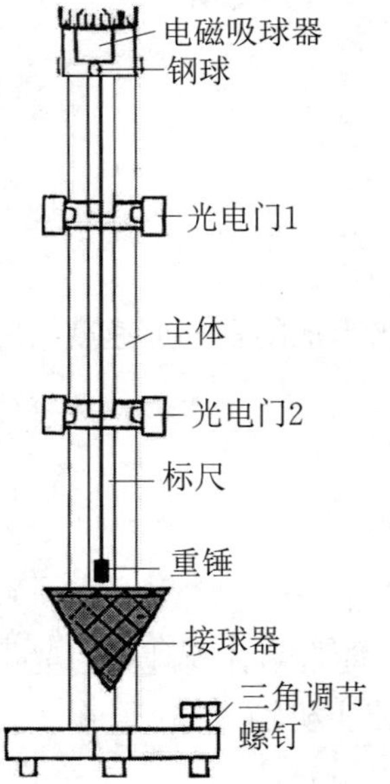

图 4-3-3 自由落体仪

(2) 检查两个光电门的光源是否对光敏感. 接通计数计时器电源，选择“双光电门”. 用手或笔沿竖直方向通过光电门 1 时，计时开始，通过光电门 2 时，计时停止，说明两个光电门工作正常.

2. 用自由落体测定重力加速度

(1) 将两个光电门分别移动至 40 cm 和 80 cm 处，接通计数计时器电源，选择“双光电门”. 将电磁吸球器开关拨置“吸”位置上，电磁吸球器通电，钢球被吸住(注意：钢球应吸在电磁吸球器的中心处).

(2) 将电磁吸球器开关拨置“放”位置上，计数计时器同步开始计时，钢球自由下落通过相距 $\Delta h_1 = 40$ cm 的两个光电门，从计数计时器上读出钢球通过两个光电门的时间 Δt_1，共测量 6 次，并记录在表 4-3-1 中.

(3) 将光电门 2 移到 100 cm 处，使两个光电门相距 $\Delta h_2=60$ cm，测量时间 Δt_2 共 6 次，记录在表 4-3-1 中.

3. 用单摆测定重力加速度

(1) 计数计时器选择“设置计数次数”条目，按下“确认”键，通过上下键设置所需的次数(10 次). 再将计数计时器选择“单光电门”条目，测量单摆往复运动 10 次所经历的时间 t，共 6 次，并计算周期 $T=\frac{t}{10}$，记录在表 4-3-2 中.

(2) 用螺旋测微器测小球的直径 d，共 6 次，并计算修正值 d'，记录在表 4-3-2 中.

(3) 用钢直尺或钢卷尺测摆长 L，共 6 次，记录在表 4-3-2 中.

数据表格

表 4-3-1　用自由落体测定重力加速度

$\Delta h_1=40.00$ cm，$\Delta h_2=60.00$ cm

测量次序	1	2	3	4	5	6	平均值
Δt_1/s							
Δt_2/s							

表 4-3-2　用单摆测定重力加速度

零点读数 $d_0=$ ________

测量次序	1	2	3	4	5	6
t/s						
T/s						
d/mm						
$d'(=d-d_0)$/mm						
L/cm						

数据处理

1. 用自由落体测定重力加速度

(1) 根据表 4-3-1 中的测量数据，计算时间的平均值 $\overline{\Delta t_1}$ 与 $\overline{\Delta t_2}$，完成表 4-3-1.

(2) 利用式(4-3-3)，求重力加速度的最佳估计值，并与理论值(可通过本实验附录查找)比较，计算 g 的绝对误差 $\varepsilon(g)$ 和相对误差 $\varepsilon_r(g)$：

重力加速度的最佳估计值 $\bar{g}=\dfrac{2\left(\dfrac{\Delta h_2}{\overline{\Delta t_2}}-\dfrac{\Delta h_1}{\overline{\Delta t_1}}\right)}{\overline{\Delta t_2}-\overline{\Delta t_1}}=$ ________，

g 的绝对误差 $\varepsilon(g)=\bar{g}-g_{理}=$ ________，

g 的相对误差 $\varepsilon_r(g)=\dfrac{\varepsilon(g)}{g_{理}}\times 100\%=$________.

2. 用单摆测定重力加速度

(1) 根据表 4-3-2 中的测量数据，计算单摆的周期 T、小球直径修正值 d' 与摆长 L 的平均值：

$$\overline{T}=\frac{1}{6}\sum_{i=1}^{6}T_i=\_\_\_\_\_\_\_\_,$$

$$\overline{d}'=\frac{1}{6}\sum_{i=1}^{6}d'_i=\_\_\_\_\_\_\_\_,$$

$$\overline{L}=\frac{1}{6}\sum_{i=1}^{6}L_i=\_\_\_\_\_\_\_\_.$$

(2) 计算重力加速度的最佳估计值：

$$\overline{g}=4\pi^2\frac{\overline{L}+\overline{d}'/2}{\overline{T}^2}=2\pi^2\frac{2\overline{L}+\overline{d}'}{\overline{T}^2}=\_\_\_\_\_\_\_\_.$$

(3) 计算各测量量的合成标准不确定度.

周期 T 的 A 类不确定度远大于其 B 类不确定度，有

$$u(T)=u_A(T)=\sqrt{\frac{1}{6\times 5}\sum_{i=1}^{6}(T_i-\overline{T})^2}=\_\_\_\_\_\_\_\_.$$

摆长 L 的 A 类不确定度远大于其 B 类不确定度，有

$$u(L)=u_A(L)=\sqrt{\frac{1}{6\times 5}\sum_{i=1}^{6}(L_i-\overline{L})^2}=\_\_\_\_\_\_\_\_.$$

小球直径 d 的 A 类不确定度与 B 类不确定度分别为

$$u_A(d)=\sqrt{\frac{1}{6\times 5}\sum_{i=1}^{6}(d'_i-\overline{d}')^2}=\_\_\_\_\_\_\_\_,$$

$$u_B(d)=\Delta_m(d)/\sqrt{3}\approx 0.002\,3\ \text{mm},$$

合成标准不确定度为

$$u(d)=\sqrt{[u_A(d)]^2+[u_B(d)]^2}=\_\_\_\_\_\_\_\_.$$

(4) 计算重力加速度 g 的相对不确定度：

$$E_r(g)=\sqrt{4\left[\frac{u(L)}{2\overline{L}+\overline{d}'}\right]^2+\left[\frac{u(d)}{2\overline{L}+\overline{d}'}\right]^2+4\left[\frac{u(T)}{\overline{T}}\right]^2}=\_\_\_\_\_\_\_\_,$$

重力加速度 g 的合成标准不确定度为

$$u(g)=\overline{g}E_r(g)=\_\_\_\_\_\_\_\_.$$

(5) 最终的测量结果为

$$g=\overline{g}\pm u(g)=\_\_\_\_\_\_\_\_.$$

思考题

1. 光电门 1 和光电门 2 的位置怎样选取比较合适？试改变两个光电门的位置进行实验，并对结果进行讨论.

附录

附表　全国各地区的重力加速度

城市	$g/(\mathrm{m/s^2})$	城市	$g/(\mathrm{m/s^2})$	城市	$g/(\mathrm{m/s^2})$	城市	$g/(\mathrm{m/s^2})$
北京	9.801 5	济南	9.798 8	合肥	9.794 7	海口	9.786 3
乌鲁木齐	9.801 5	包头	9.798 6	杭州	9.793 6	广州	9.783 3
哈尔滨	9.806 6	青岛	9.798 5	南昌	9.792 0	昆明	9.783 0
长春	9.804 8	太原	9.797 0	长沙	9.791 5	拉萨	9.779 9
沈阳	9.803 5	贵阳	9.796 8	重庆	9.791 4		
大连	9.801 1	上海	9.796 4	成都	9.791 3		
石家庄	9.799 7	南京	9.794 9	南宁	9.787 7		

实验 4.4　使用气垫导轨装置验证牛顿第二定律

牛顿第二定律是经典力学的基石.验证这个定律的实验方法有很多.在本实验中,我们学习用气垫导轨装置来验证牛顿第二定律.

拓展阅读

实验目的

1. 掌握气垫导轨的水平调节和多功能计时计数器的操作方法.
2. 验证牛顿第二定律.

实验仪器

气垫导轨装置、小型气源、光电门、挡光片、多功能计时计数器、滑块、砝码托、砝码(三片)、电子天平、细线(棉线)等.

实验原理

1. 速度的测量

本实验中,当滑块沿导轨方向做直线运动通过光电门时,由于固定在滑块上的挡光片宽度 Δx 很小,因此可以用其平均速度代替瞬时速度,即

$$v=\frac{\Delta x}{\Delta t}. \tag{4-4-1}$$

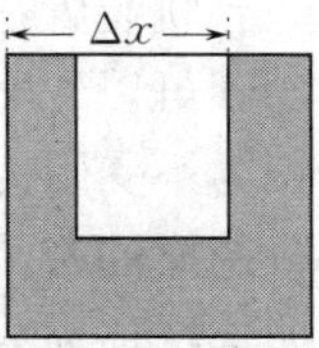

图 4-4-1　凹形挡光片

挡光片主要是凹形的,如图 4-4-1 所示.当凹形挡光片通过光电门时,多功能计时计数器可以依次测出前后两个挡光条挡光(通过 Δx 的长度)的时间 Δt.输入选定的挡光片的宽度(本实验主要使用3 cm挡光片、5 cm挡光片和10 cm挡光片),多功能计时计数器

可以自动算出滑块的平均速度，并在屏幕上显示出来.

2. 加速度的计算

当滑块做匀加速直线运动时，其加速度可由下式求得：

$$a=\frac{v_2^2-v_1^2}{2s}, \tag{4-4-2}$$

式中 v_1 和 v_2 分别为滑块经过前、后两个光电门的速度，s 为两个光电门之间的距离. 选择特定的测量模式，多功能计时计数器上也可直接读出加速度值.

3. 牛顿第二定律的验证

如图 4-4-2 所示，滑块的质量为 m_1（包括挡光片、搭扣等附件的质量），砝码的质量为 m_2，砝码托的质量为 m'，略去滑轮的质量，设细线的张力为 T，根据牛顿第二定律，有

$$(m_2+m')g-T=(m_2+m')a,$$
$$T=m_1a,$$

解得

$$(m_2+m')g=(m_1+m_2+m')a,$$

式中 $(m_2+m')g$ 是滑块与砝码系统所受的合外力，设为 F；m_1+m_2+m' 是系统的质量，设为 M. 上式可写为

$$F=(m_2+m')g=(m_1+m_2+m')a=Ma. \tag{4-4-3}$$

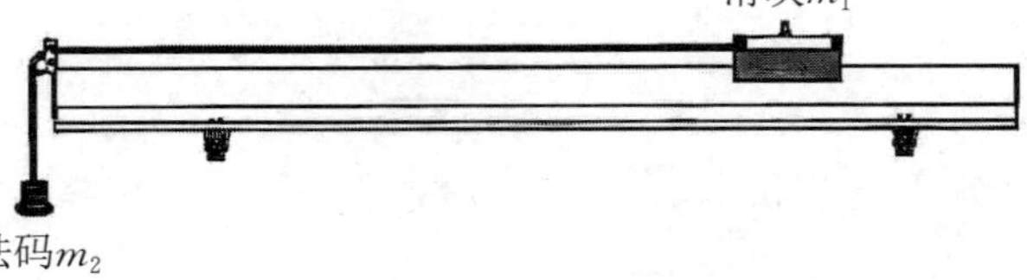

图 4-4-2　气垫导轨示意图

验证这个公式分以下两部分.

(1) 验证当系统的质量一定时，系统所受的合外力与其加速度成正比. 可把加于滑块上的三个砝码分三次移到砝码托里，测出每组的加速度值，然后将实验值与理论值比较，获得结论.

(2) 验证当系统所受的合外力一定时，系统的质量与其加速度成反比. 可固定砝码与砝码托的质量，分三次往滑块上加质量相同的砝码，测出每组的加速度值，然后将实验值与理论值比较，获得结论.

仪器介绍

1. HG-QT 型气垫导轨

气垫导轨装置是进行力学实验的优良实验仪器，它利用气垫作用，使滑块与导轨之间的摩擦力减少到可以忽略的程度，滑块运动时受到的空气阻力也很小，可以忽略不计. 因此，滑块滑动时可视为不受阻力的物体. 如图 4-4-3 所示，HG-QT 型气垫导轨是一条横截面为三角形的铝合金制成的密闭空腔，固定在一平直的钢梁上. 导轨两侧面均匀分布着许多喷气小孔. 当压缩气体连续地充入腔体并由小孔喷出时，在滑块与导轨表面之间形成一层气垫，使滑块与导轨之间几乎无摩擦. 为避免碰坏仪器，导轨两侧与滑块上都装有皮筋. 四只支脚分布于钢梁底

部将整个装置托起，用于调节导轨前后左右水平. 导轨一侧装有毫米刻度的标尺，用于给光电门定位. 滑块由铝材制成，其下表面与轨面严格吻合. 滑块上可固定不同规格的挡光片、弹簧和砝码等附件.

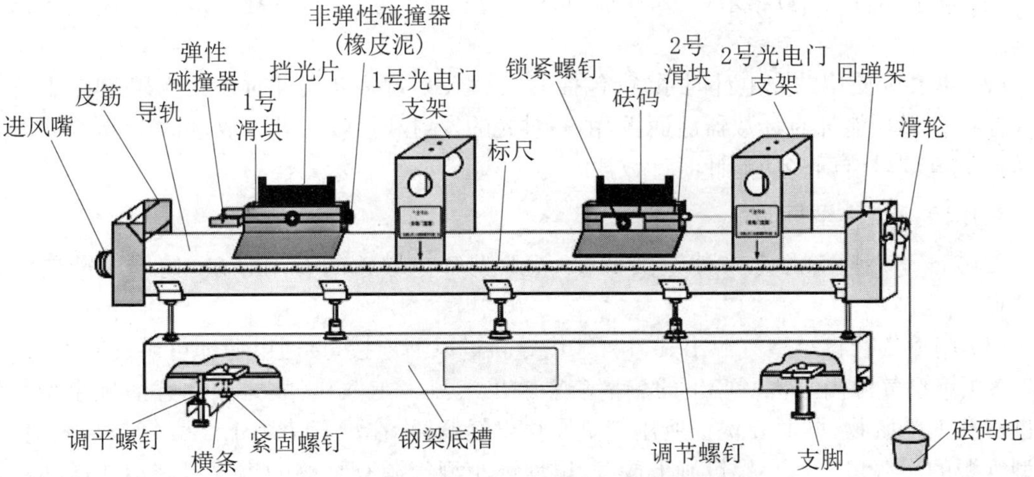

图 4-4-3　HG-QT **型气垫导轨装置示意图**

2. HG-MGC **型多功能计时计数器**

HG-MGC 型多功能计时计数器是一种具有速度测量、加速度测量、周期 / 次数测量、转速 / 角速度测量、角加速度测量、原始信号测量等多功能智能精密数字仪表，它一般与气垫导轨及小型气源配套使用. 仪器也可以与斜槽轨道、自由落体仪等仪器配套使用，完成其他力学方面的相关实验. 图 4-4-4 是 HG-MGC 型多功能计时计数器面板图，其主要参数如下：计时范围为 0.001 ～ 9 999 s；分辨率为 0.000 1 s；测速范围为 0.01 ～ 1 000 cm/s；光电门输入共有四路 / 四个独立通道；计数范围为 1 ～ 10 000；电流(直流) 输出接口共一个.

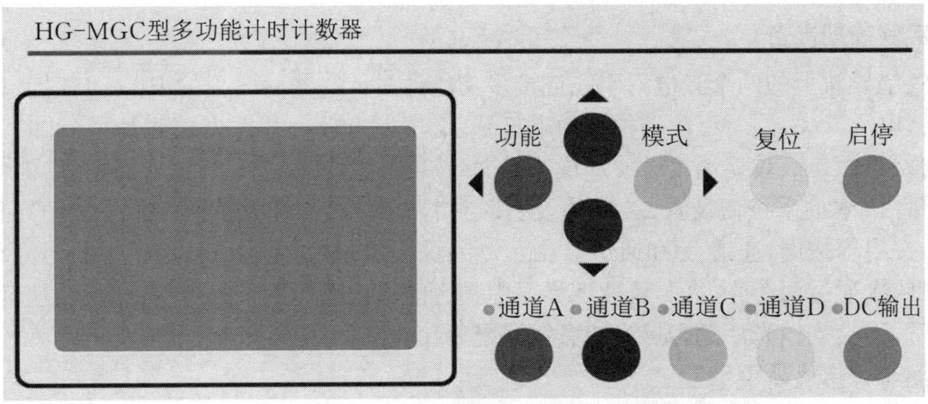

图 4-4-4　HG-MGC **型多功能计时计数器面板图**

在本实验中所使用的面板控制功能说明如下.

(1) 启停：测量时按此键启动测量，测量过程中按此键停止测量.

(2) 复位：屏幕上有数据，按下此键，所有数据清零复位.

(3) 模式：按下此键，在速度 / 加速度 / 周期 / 转速 / 角加速度 / 原始信号的测量模式间进行切换，同时在屏幕最上方会显示当前的测量模式.

(4)▲▼:在速度/加速度模式中选择挡光片宽度 Δx,有 3 cm,5 cm,10 cm 三种选择.

(5)通道A,B,C,D:选择对应测量通道(对应通道有光电门插入,才可选择,可在仪器后面板查看所插入的光电门对应的是哪几个通道).

(6)通道A,B,C,D指示灯:对应通道选中时长亮,测量过程中闪烁,对应通道未选中时熄灭.

(7)本实验使用的光电计时系统,包括HG-MGC型多功能计时计数器和光电门.光电门元件连接在多功能计时计数器后面板,由一对光的发射和接收元件组成,可将挡光和透光的信号转换成电信号传回多功能计时计数器.

3. J21056 型小型气源

J21056型小型气源是一种专供HG-QT型气垫导轨的专用气泵,使用时需要注意以下几点.

(1)用输气管将小型气源出气口与气垫导轨进风嘴连接,接通电源即可供气使用.

(2)小型气源内电机所产生的热量全靠输出气流带走散热,故必须注意清理小型气源上盖进气孔上的脏物,同时要保证所用气垫导轨出气畅通.在配套使用1.2 m气垫导轨时,须将小型气源的出气口一颗小螺钉旋下放气,以保证小型气源有足够的出气量将电机的热量带走散热.

(3)小型气源在与气垫弹簧振子配套使用时,只要将气垫弹簧振子的小气管插入小型气源的出气口,再用小绳子系紧,分流部分气流便可以供气垫弹簧振子使用.

(4)仪器使用完毕,应拔下电源插头,存放在通风干燥处,不可放于高温、潮湿、有腐蚀性气体的环境中.

(5)搬运要小心,切勿重碰.

实验步骤

1. 实验前期准备

将气垫导轨上的两个光电门引线连接多功能计时计数器后面板的P1及P2接口,打开计时计数器电源开关,同时将小型气源通电打开.滑块上方放一片凹形挡光片.将计时计数器打开后,初始界面是液晶显示按键使用说明界面.按"模式"按键进入测量界面,初始测量模式是速度测量.按▼向下按钮设置 Δx 的值,使其与挡光片宽度一样,设置好的 Δx 的值在显示屏上方显示.按启停按键,通道A和通道B指示灯闪烁表示开始测量计时,用适当的力推动滑块一下,使它依次通过两个光电门,看速度界面中是否能出现通过两个光电门的时间、速度等数据,若不正常,请检查挡光片是否挡光或者线路是否接通.

2. 调节气垫导轨水平

气垫导轨置于坚硬且平整的台面上,将小型气源的出气口与气垫导轨进风嘴连接.根据目测,初步调整导轨成水平状态.接通小型气源的电源,将滑块置于导轨工作面上某一位置,如果滑块向左右某端滑动,说明该端低,可调节调平螺钉,使其升高,这时也要注意观察滑块与导轨两侧面的夹缝是否都均匀.如果一边大一边小,说明导轨有前后倾斜的情况.调整调平螺钉时要同时顾及前、后、左、右.直到滑块在导轨任何位置基本都能保持静止状态或仅有微小的滑动(实际上,由于轨面不是绝对的平直面,因此不管在什么情况下,滑块都有可能出现微小的滑动，但这并不影响实验精度），这时导轨处于水平状态. 把导轨调到水平状态是实验前的重要准备工作，必须反复细心调整.

3. 验证牛顿第二定律

(1) 系统的总质量 M 一定，验证系统所受合外力与加速度成正比.

① 用电子天平测量滑块、砝码和砝码托的质量 m_1，m_2 和 m'，得到总质量 M，并记录在表 4－4－1 中.

② 在导轨上固定两个光电门，1 号光电门放于标尺读数 40 cm 处，2 号光电门放于标尺读数 80 cm 处，光电门支架的"⬇"标记对准刻度线. 将 1.2 m 细线的一端系在滑块正前方，使其可以沿导轨水平方向拉动滑块；另一端通过滑轮与砝码托相连.

③ 在滑块上放两个砝码，砝码托上放一个砝码，滑块置于远离滑轮的导轨另一端，计时计数器选择速度测量模式，按启停按键，通道 A 和通道 B 指示灯闪烁，由静止释放滑块，在砝码托及一个砝码的重力作用下，滑块做匀加速直线运动，显示屏上得到时间数据，以及瞬时速度 v_1 和 v_2，由式(4－4－2) 计算出加速度 a，或者直接选择加速度测量模式，按启停按键，直接测量得到滑块经过两个光电门的速度 v_1，v_2 及加速度值 a，记录在表 4－4－1 中.

④ 将一个砝码从滑块上取下，移到砝码托上，重复实验步骤 ③.

⑤ 将滑块上最后一个砝码也移入砝码托上(此时砝码托上砝码总数为三个)，仍然重复实验步骤 ③.

(2) 系统所受合外力一定，验证系统的质量与加速度成反比.

① 在质量为 m' 的砝码托上放入一个质量为 m_2 的砝码，计算系统所受合外力值 F，记录在表 4－4－2 中.

② 在 F 的作用下，计时计数器选择速度测量模式，按启停按键，得到质量为 m_1 的滑块经过两个光电门的速度 v_1，v_2，根据式(4－4－2) 计算出加速度 a，或者直接选择加速度测量模式，按启停按键，直接测量得到滑块经过两个光电门的速度 v_1，v_2 及加速度值 a，记录在表 4－4－2 中.

③ 保持砝码托上的砝码不变(合外力一定)，将另一相同质量的砝码放在滑块上，重复实验步骤 ②.

④ 保持合外力不变，再将另一相同质量的砝码放在滑块上(此时滑块上砝码总数为两个)，重复实验步骤 ②.

注意事项

1. 导轨工作面直线度、光洁度、滑块内夹角及表面平直度要求最为严格，实验时切勿用力下压、剧烈震动或让硬物碰损仪器. 在接通气源前，不得将滑块放在导轨上移动. 在实验时可用软毛巾轻轻擦去导轨两侧面上的灰尘，不得用有腐蚀性的液体清洁导轨两侧面. 发现喷气小孔被堵塞时，可用小竹签通一下，不宜用金属丝大力挑孔，以防产生毛刺. 切勿在导轨上强行拖拉滑块.

2. 两个光电门安放的位置及细线长度应选择合适，防止滑块未通过第二个光电门而砝码托已落地的现象.

3. 细线应系在滑块正中，保证滑块受到的是水平且沿运动方向的拉力. 滑轮可自由转动，保证细线与滑轮无滑动的滚动，且细线在移动时除与滑轮接触外不与其他物体接触.

数据表格

表 4-4-1　系统质量一定时加速度与合外力成正比数据表

$m_1=$ ________ kg, $m_2=$ ________ kg, $m'=$ ________ kg,

$s=40$ cm, $M=m_1+3m_2+m'=$ ________ kg

测量次序	合外力 F/N		经过两个光电门的速度 v/(m/s)		$a/(\mathrm{m/s^2})$	$M'=\dfrac{F}{a}$/kg	$\varepsilon_r(M)=\dfrac{\lvert M-M'\rvert}{M}\times 100\%$
1	$(m_2+m')g$		v_1				
			v_2				
2	$(2m_2+m')g$		v_1				
			v_2				
3	$(3m_2+m')g$		v_1				
			v_2				

表 4-4-2　系统合外力一定时加速度与质量成反比数据表

$m_1=$ ________ kg, $m_2=$ ________ kg, $m'=$ ________ kg,

$s=40$ cm, $F=(m_2+m')g=$ ________ N

测量次序	总质量 M/kg		经过两个光电门的速度 v/(m/s)		$a/(\mathrm{m/s^2})$	$F'=Ma$/N	$\varepsilon_r(F)=\dfrac{\lvert F-F'\rvert}{F}\times 100\%$
1	m_1+m_2+m'		v_1				
			v_2				
2	m_1+2m_2+m'		v_1				
			v_2				
3	m_1+3m_2+m'		v_1				
			v_2				

数据处理

1. 利用表 4-4-1，根据系统所受合外力 F 和实验得到的加速度 a，由式(4-4-3)反推出系统的总质量 M'，并与测量得到的总质量 M 比较，分析相对误差.

2. 利用表 4-4-2，根据系统总质量 M 和实验得到的加速度 a，由式(4-4-3)反推出系统所受的合外力 F'，并与实际所受的合外力 F 比较，分析相对误差.

思考题

1. 实验前判断气垫导轨是否水平的依据是什么？
2. 滑块的初速度是否会影响加速度的测定？

实验 4.5　简谐振动的研究

振动是自然界中最常见的物质运动形式之一，心脏的跳动、钟摆的摆动、活塞的往复运动、晶体中原子的振动等都是振动. 从广义上说，任何一个物理量（如电场强度、磁场强度、电流、电压）在某一数值附近往复变化，都可以称为振动. 振动是声学、地震学、建筑学、机械、电工、无线电技术的基础，因此研究振动是很有必要的. 本实验中，我们将主要研究机械振动.

拓展阅读

虽然振动的具体性质可能不同，但是描述它们的数学规律却有许多共同之处. 简谐振动是最简单、最基本的振动，是物体在线性回复力的作用下离开平衡位置的位移（或者角位移）按余弦（或正弦）的规律随时间变化的一种运动. 可以证明，任何一种复杂的振动都可以分解为两个或者多个不同频率、不同振幅的简谐振动.

实验目的

1. 考察弹簧振子的振动周期与振动系统参量的关系.
2. 学习用图解法求出系统中弹簧的等效劲度系数和有效质量.
3. 测量简谐振动系统的机械能.

实验仪器

气垫导轨装置、弹簧（两根）、滑块、砝码片、计时计数器、电子天平等.

实验原理

1. 弹簧振子的简谐运动方程

在水平的气垫导轨上放置一质量为 m_1 的滑块（大小忽略不计），用两根劲度系数均为k_0、自然长度均为l_0 的弹簧，将滑块与气垫导轨两端连接起来，如图 4-5-1(a) 所示. 选滑块的平衡位置为坐标原点 O，沿水平方向向右建立 x 轴. 此时每根弹簧的伸长量均为x_0，滑块所受的合外力为零.

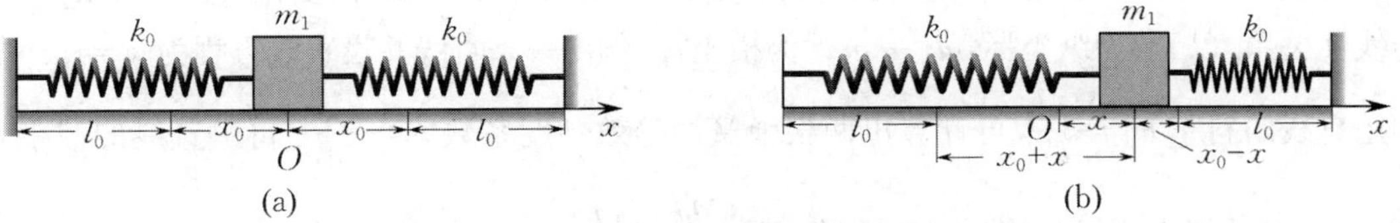

图 4-5-1　实验原理图

当滑块向右偏离平衡位置的距离为 x（$x < x_0$）时，左边的弹簧的伸长量增为$x_0 + x$，右边的弹簧的伸长量减为$x_0 - x$，滑块两侧受力方向相反，如图 4-5-1(b) 所示（当 $x > x_0$，右边弹簧压缩时，滑块两侧受力方向相同，下式成立吗？请思考）. 设滑块与气垫导轨间的摩擦力忽略不计，则滑块所受的合力即为弹性力，其大小为

$$F = -k_0(x_0 + x) + k_0(x_0 - x) = -2k_0 x = -kx, \tag{4-5-1}$$

式中的负号表示力和 x 轴正方向相反，$k = 2k_0$ 是系统中弹簧的等效劲度系数.

在忽略滑块和气垫导轨间的摩擦力时，滑块在 x 轴方向上仅受弹簧弹性力 F 的作用，由于 F 是线性回复力，因此将滑块放开后滑块与弹簧构成的系统做简谐振动. 当考虑两根弹簧的质量时，若设两根弹簧的有效质量为 m_0，则振动系统的有效质量 $m = m_0 + m_1$，由式(4-5-1)可得振动系统的运动学方程为

$$-kx = m\frac{d^2x}{dt^2}. \tag{4-5-2}$$

令 $\omega^2 = \frac{k}{m}$，则式(4-5-2)可改写为

$$\frac{d^2x}{dt^2} + \omega^2 x = 0, \tag{4-5-3}$$

此二阶常微分方程的解为

$$x = A\cos(\omega t + \varphi_0), \tag{4-5-4}$$

也可看出滑块做简谐振动. 式(4-5-4)中 A 是振幅，φ_0 是初相位，A 和 φ_0 取决于开始振动时的初始条件，ω 是固有角频率，也称圆频率，且

$$\omega = \sqrt{\frac{k}{m}}. \tag{4-5-5}$$

简谐振动的周期为

$$T = \frac{2\pi}{\omega} = 2\pi\sqrt{\frac{m}{k}}. \tag{4-5-6}$$

严格地说，简谐振动的周期与振幅无关，与弹簧振子的有效质量 m 和弹簧的等效劲度系数 k 有关. 若在滑块上放 n 片质量为 m' 的砝码，砝码总质量为 nm'，则弹簧振子的有效质量变为 $m = m_0 + m_1 + nm'$，此时简谐振动的周期为

$$T_n = 2\pi\sqrt{\frac{m_0 + m_1 + nm'}{k}},$$

即

$$T_n^2 = \frac{4\pi^2}{k}(m_1 + nm') + \frac{4\pi^2}{k}m_0. \tag{4-5-7}$$

由式(4-5-7)可以看出，简谐振动的周期 T_n 随砝码片数 n 不同而变化，且 T_n^2 与 $m_1 + nm'$ 为线性关系. 以 T_n^2 为纵坐标，$m_1 + nm'$ 为横坐标，作出一条直线并设直线方程为 $y = ax + b$，利用直线的斜率 $a = \frac{4\pi^2}{k}$，可计算出两根弹簧的等效劲度系数 $k = \frac{4\pi^2}{a}$. 再由直线的截距 $b = \frac{4\pi^2}{k}m_0$，可计算出两根弹簧的有效质量 $m_0 = \frac{bk}{4\pi^2} = \frac{b}{a}$.

2. 简谐振动的运动学特征

式(4-5-4)对时间求导数，有

$$v = \frac{dx}{dt} = -\omega A\sin(\omega t + \varphi_0). \tag{4-5-8}$$

可见，速度 v 随时间的变化关系也是一个简谐振动，联立式(4-5-4)和式(4-5-8)，消去 t，有

$$v^2=\omega^2(A^2-x^2). \tag{4-5-9}$$

由式(4-5-9)可以看出，当 $x=A$ 时 $v=0$，当 $x=0$ 时 $v=\pm\omega A$，这时 v 的数值最大，即 $v_{max}=\omega A$.

3. 简谐振动系统的机械能

由式(4-5-8)可得任意时刻简谐振动系统的振动动能为

$$E_k=\frac{1}{2}mv^2=\frac{1}{2}m\omega^2A^2\sin^2(\omega t+\varphi_0). \tag{4-5-10}$$

设在初始位置，弹簧的弹性势能为零，则简谐振动系统的弹性势能由式(4-5-4)可写为

$$E_p=\frac{1}{2}kx^2=\frac{1}{2}kA^2\cos^2(\omega t+\varphi_0). \tag{4-5-11}$$

由 $\omega^2=\dfrac{k}{m}$，简谐振动系统的机械能为

$$E=E_k+E_p=\frac{1}{2}m\omega^2A^2=\frac{1}{2}kA^2, \tag{4-5-12}$$

式中 k 和 A 均不随时间变化，说明物体做简谐振动时机械能守恒.

实验步骤

1. 测量并观察弹簧振子的振动周期与振幅的关系

(1) 打开气源开关，给导轨通气后，调节支脚螺钉，利用滑块调节导轨水平.

(2) 在滑块中心处装上凸形挡光片，取两根劲度系数相同的弹簧分别挂在滑块两侧的安装架上，弹簧的另一端分别挂在气垫导轨两端堵板的小孔上，在导轨上组成做简谐振动的弹簧振子，如图 4-5-2 所示.

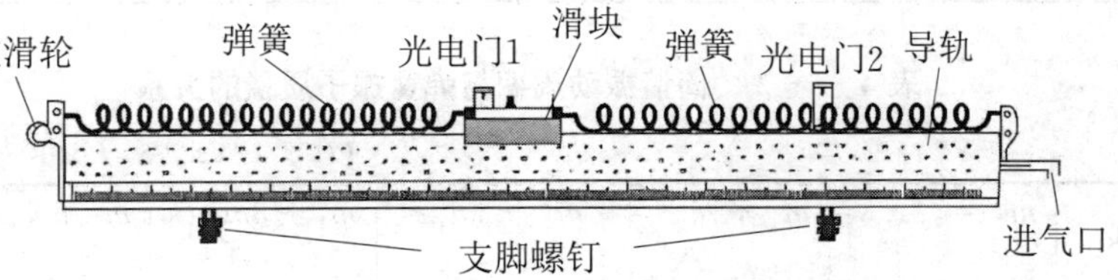

图 4-5-2　实验装置示意图

(3) 将光电门 1 移至导轨中部，但不能与静止在中部的滑块上的挡光片重合，避免挡光片挡光. 光电门 2 放置于导轨的一端暂时不用. 注意保持光照状态，不能有其他物体挡光.

(4) 打开计时计数器，按功能键，选择周期测量模式. 清零，设定计时周期为 $n=10$. 用手将滑块拉至距平衡位置 30.00 cm 处自然释放，滑块开始做简谐振动. 将 10 个周期的时间 $10T$ 记录在表 4-5-1 中.

(5) 依次将滑块拉至距平衡位置 27.00 cm，24.00 cm，21.00 cm，18.00 cm，15.00 cm 处自然释放，测出其相应的振动周期，记录在表 4-5-1 中. 观察振动周期 T 是否随振幅的变化而变化.

2. 测量并观察振动周期和弹簧振子质量的关系

(1) 用电子天平称量滑块的质量 m_1.

(2) 将滑块拉至距平衡位置 30.00 cm 处自然释放，测出相应振动 10 个周期的时间 $10T_n$，计算出振动周期 T_n，记录在表 4-5-2 中.

(3) 改变弹簧振子的质量，即在滑块上依次增加砝码，每片砝码的质量均为 m'. 使弹簧振子的质量分别为 m_1+m'，m_1+2m'，m_1+3m'，m_1+4m'，m_1+5m'，重复步骤(2)，将结果记录在表 4-5-2 中.

3. 研究简谐振动系统的机械能守恒关系

(1) 将计时计数器功能调整为速度测量模式，设定挡光片宽度，选定速度单位.

(2) 将光电门 1 置于平衡位置处，并将滑块拉至距平衡位置 30.00 cm 处自然释放，让滑块做简谐振动. 读出滑块经过光电门 1 的速度，重复测量 3 次，数据记入表 4-5-3 中.

(3) 固定振幅 $A=30.00$ cm，逐次将光电门沿 x 轴正方向移动，光电门偏离平衡位置的长度分别为 4.00 cm，8.00 cm，12.00 cm，在每一位置重复测量 3 次，将数据记录在表 4-5-3 中. 计算出不同位置滑块速度的平均值 $\bar{v}$.

注意事项

1. 测量过程中，弹簧振幅不可太大，以免超出其弹性限度.
2. 测量简谐振动系统的能量验证机械能守恒时，每次测试要严格保持振幅不变.

数据表格

表 4-5-1　简谐振动振幅与周期的关系

振幅 /cm	30.00	27.00	24.00	21.00	18.00	15.00
$10T$/s						
周期 T/s						

表 4-5-2　简谐振动周期与弹簧振子质量的关系

$m_1=$ ________ kg，$m'=$ ________ kg

(m_1+nm')/kg	$m_1=$	$m_1+m'=$	$m_1+2m'=$	$m_1+3m'=$	$m_1+4m'=$	$m_1+5m'=$
$10T_n$/s						
周期 T_n/s						
T_n^2/s^2						

表 4-5-3　验证简谐振动系统的机械能守恒

$A=$ ________ cm，$E_0=\frac{1}{2}kA^2=$ ________ J，$m=m_0+m_1=$ ________ kg

x/cm	v_1/(m/s)	v_2/(m/s)	v_3/(m/s)	$\bar{v}$/(m/s)
$x_0=0.00$				
$x_1=4.00$				

续表

x/cm	v_1/(m/s)	v_2/(m/s)	v_3/(m/s)	$\overline{v}$/(m/s)
$x_2=8.00$				
$x_3=12.00$				

x/cm	$E_k=\frac{1}{2}m\overline{v}^2$/J	$E_p=\frac{1}{2}kx^2$/J	$E(=E_k+E_p)$/J	$\varepsilon_r(E)=\frac{\lvert E-E_0\rvert}{E_0}\times 100\%$
$x_0=0.00$				
$x_1=4.00$				
$x_2=8.00$				
$x_3=12.00$				

数据处理

(1) 计算滑块振幅不同时的周期 T，利用 $T=\frac{2\pi}{\omega}=2\pi\sqrt{\frac{m}{k}}$，说明 T 和 A 的关系.

(2) 根据式(4-5-7)，以 T_n^2 为纵坐标，m_1+nm' 为横坐标，用作图法作出 T_n^2-(m_1+nm') 图形，其图形应为一直线，该直线的斜率 $a=\frac{4\pi^2}{k}$，截距 $b=\frac{4\pi^2}{k}m_0$. 由此计算出两根弹簧的等效劲度系数和有效质量：

$$k=\frac{4\pi^2}{a}=\underline{\qquad\qquad},$$

$$m_0=\frac{bk}{4\pi^2}=\frac{b}{a}=\underline{\qquad\qquad}.$$

(3) 利用(2) 得到的两根弹簧的等效劲度系数 k 和有效质量 m_0，令弹簧振子的有效质量为 $m=m_0+m_1$，计算不同位置弹簧振子的动能 E_k、势能 E_p 和机械能 E，并与理论值 $E_0=\frac{1}{2}kA^2$ 比较，计算相对误差.

思考题

1. 如果两根弹簧的劲度系数分别为 k_1 和 k_2，且 $k_1\neq k_2$，这样的振动是否为简谐振动？

2. 用电子天平称量两根弹簧的实际质量为 m_0'，与测得的有效质量 m_0 相比较，会发现它们不相等，试解释之.

实验 4.6　用三线摆测量转动惯量

转动惯量是物体转动惯性的量度. 物体对某轴的转动惯量的大小，除了与物体的质量大小有关外，还与转轴的位置和质量的分布有关. 正确测量物体的转动惯量，在工程技术中有着十分重要的意义. 人们在科学研究和社会生产中经常会遇到与转动相关的问题，如飞轮、叶片、电机的转子、钻机等的转动. 所有转动的物体都具有转动惯量，转动惯量的测量和研究具有重要意义. 规则物体的转动惯量可以通过计算求得，但对于几何形状复杂的刚体，转动惯量的计算则相当复杂，而用实验方法测定就简便得多. 三线摆就是通过扭转运动测量刚体转动惯量的常用装置之一.

实验目的

1. 掌握三线摆测量刚体的转动惯量的方法.
2. 学会使用计时计数器测量周期.
3. 加深对转动惯量的理解.

实验仪器

三线摆装置、计时计数器、水准仪、游标卡尺、米尺、待测圆盘、待测圆环等.

实验原理

1. 测悬盘绕中心轴转动时的转动惯量 J_0

图 4-6-1 是三线摆实验装置图. 三线摆是将一个匀质圆盘(悬盘)以等长的三条细线对称地悬挂在一个水平的小圆盘(启动盘)下面构成的. 两个圆盘的三个悬点分别构成等边三角形. 用手拧动启动盘，可以带动悬盘绕中心轴做扭转摆动，扭转的周期与悬盘的转动惯量有关. 当悬盘上放置其他物体时，转动惯量不同，则相应的周期也不同.

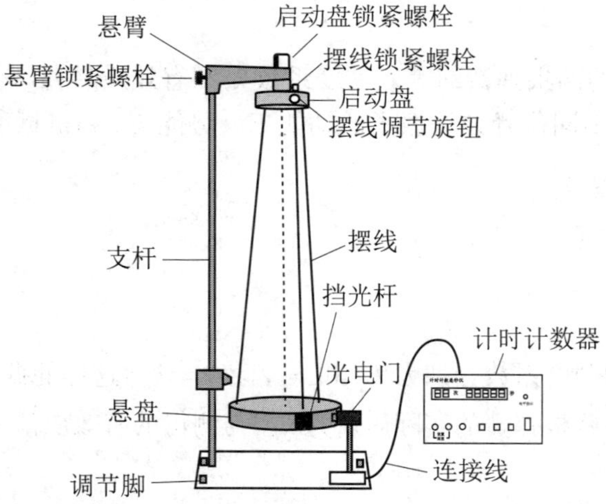

图 4-6-1　三线摆实验装置图

当最大摆角 θ_0 很小时，可以证明悬盘的转动可近似看作简谐运动. 根据简谐运动的规律，悬盘在任一时刻 t，相对于平衡位置的角位移为

$$\theta = \theta_0 \cos \frac{2\pi}{T_0} t, \tag{4-6-1}$$

式中 T_0 为简谐运动的周期.

如图 4-6-2 所示，当悬盘离开平衡位置最远，即达到最大摆角 θ_0 时，其重心由 C 点变为 C' 点，升高 h，角速度由 ω_0 减小到 0. 根据机械能守恒定律有

$$\frac{1}{2}J_0\omega_0^2=m_0gh, \tag{4-6-2}$$

即

$$J_0=\frac{2m_0gh}{\omega_0^2}, \tag{4-6-3}$$

式中 m_0 为悬盘的质量，J_0 为悬盘的转动惯量. 由悬盘的运动方程(4-6-1) 可得振动的角速度为

$$\omega=\frac{\mathrm{d}\theta}{\mathrm{d}t}=-\frac{2\pi\theta_0}{T_0}\sin\frac{2\pi}{T_0}t, \tag{4-6-4}$$

最大角速度为

$$\omega_0=\frac{2\pi\theta_0}{T_0}. \tag{4-6-5}$$

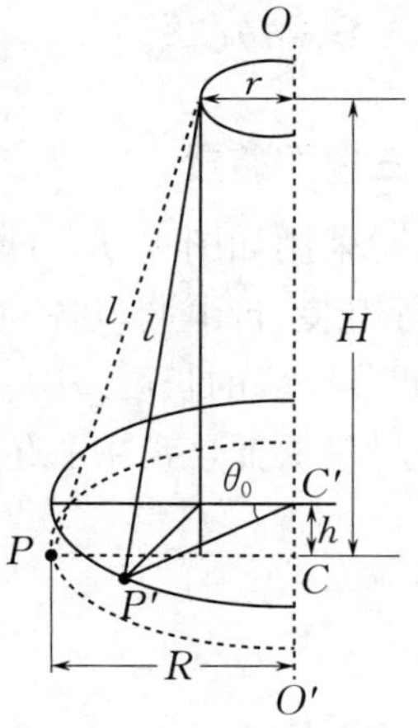

图 4-6-2 三线摆原理示意图

将式(4-6-5) 代入式(4-6-3) 中得

$$J_0=\frac{m_0gT_0^2}{2\pi^2\theta_0^2}h. \tag{4-6-6}$$

由图 4-6-2 的几何关系得

$$l^2=H^2+(R-r)^2=(H-h)^2+(R^2+r^2-2Rr\cos\theta_0), \tag{4-6-7}$$

化简得

$$Hh-\frac{h^2}{2}=Rr(1-\cos\theta_0).$$

因为 θ_0 很小，所以 h^2 是一个二阶无穷小量，可略去，取 $1-\cos\theta_0\approx\frac{\theta_0^2}{2}$，则上式整理为

$$h=\frac{Rr\theta_0^2}{2H}. \tag{4-6-8}$$

将式(4-6-8) 代入式(4-6-6)，得

$$J_0=\frac{m_0gRr}{4\pi^2H}T_0^2. \tag{4-6-9}$$

2. 测圆环(或圆盘) 绕中心轴转动的转动惯量 $J_{环(盘)}$

把质量为 m 的待测圆环(或圆盘) 放在悬盘上，组成一个系统. 测得系统绕轴 OO' 转动的周期为 T，由式(4-6-9) 得系统的转动惯量为

$$J=\frac{(m_0+m)gRr}{4\pi^2H}T^2. \tag{4-6-10}$$

由转动惯量的定义可得待测圆环(或圆盘) 绕轴 OO' 的转动惯量为

$$J_{环(盘)} = J - J_0. \quad (4-6-11)$$

仪器介绍

1. 三线摆装置

实验采用如图 4-6-3 所示的基于多孔底板的综合力学实验装置，学生根据教师提供的样机，自行组装，自由调节各种实验参数，可有效锻炼实验操作和设计能力. 启动盘摆线索头可以放松，调节摆线的长度. 注意三根摆线的长度必须一致，保证悬盘在水平方向做扭转摆动. 释放悬盘时尽量保证悬盘中心位置在水平面上的投影位置不变，减小摆动过程中的单摆运动.

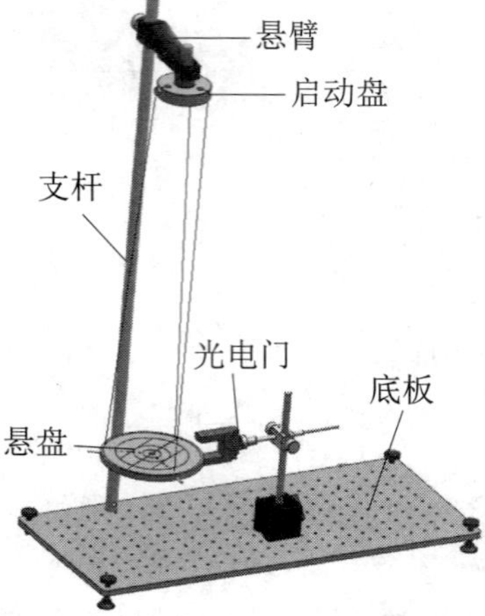

图 4-6-3　三线摆装置的组装图

2. 计时计数器

COC-JS 型通用计时计数器的前面板如图 4-6-4 所示，将其连接电源和光电门，通过切换开关可设置光电门被遮挡单次或双次（仪器接收一个或两个信号）为一个周期，选择好计数模式后再开启电源（开启电源后不能再切换计数模式），将显示屏上的光标移至"总周期"位置，按下"确定"键，可通过上下按钮对测量的总周期数进行设置，设置完成后按下"确定"键进行保存.

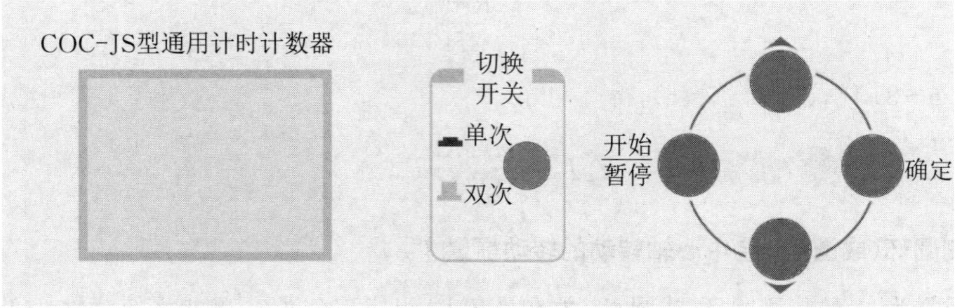

图 4-6-4　COC-JS 型通用计时计数器

按下"开始 / 暂停"键后，仪器进入计时准备状态，当接收到光电门发来的第一个信号时开始计时，每接收两个信号为一个周期，当接收的信号数达到设定的总周期数后，计时自动停止.

移动光标至"第 周期"，按下"确定"键后，可使用上下键对记录的各周期数的总时间进行回查.

查看结束后，按下“确定”键使光标回到上一级位置，此时按下“开始 / 暂停”键，上一次记录的数据清零，仪器重新进入计时准备状态.

实验步骤

1. 调整三线摆装置

(1) 将水准仪放在多孔底板上，并调节底板上的调节螺钉，使底板水平.

(2) 将水准仪放在悬盘上，利用启动盘上的摆线调节旋钮，调节三摆线等长，使悬盘水平. 固定摆线锁紧螺栓，用米尺测量摆线的长度，确定三摆线等长.

注　松开摆线锁紧螺栓时，应同时控制摆线调节旋钮，以免摆线松脱滑下.

2. 调整计时计数器

(1) 将计时计数器的切换开关设置为双次计数，调整光电门位置，使悬盘边上的挡光杆能自由往返通过光电门槽口.

(2) 设置计时计数器的总周期数为 20.

3. 测量周期 T_0，T_1 与 T_2

(1) 测量悬盘摆动周期时，为了尽可能消除悬盘扭转摆动之外的运动，三线摆仪启动盘可方便地绕轴 OO' 做水平转动. 测量时，先使悬盘静止，然后轻轻旋转启动盘，通过三条等长摆线的张力使悬盘随之做单纯的扭转摆动（摆角应小于 5°）. 记录 20 个周期的时间 $20T_0$. 将计时计数器复位，连续测量 3 次，将数据记录到表 4－6－1 中，并算出 T_0.

(2) 将圆环放在悬盘上，使两者的中心轴重合（圆环的外缘恰好与悬盘上的圆刻线重合），按步骤(1) 测定悬盘加圆环摆动的 20 个周期的时间 $20T_1$. 将数据记录到表 4－6－1 中，计算摆动周期 T_1.

(3) 另取圆盘放在悬盘上，利用悬盘的圆刻线使中心轴重合，按步骤(1) 测量该系统 20 个周期的时间 20 T_2. 将数据记录到表 4－6－1 中，计算摆动周期 T_2.

4. 长度和质量的测量与记录

(1) 用米尺分别测出启动盘两悬点之间的距离 a 和悬盘两悬点之间的距离 b，各测量 5 次，将数据记录到表 4－6－2 中. 根据等边三角形边长与外接圆半径的几何关系，如图 4－6－5 所示，计算出启动盘与悬盘悬点分别到各自圆心的距离 r 和 R.

(2) 用米尺分别测出静止时上下圆盘之间的距离 H 和悬盘的直径 $2R_0$. 记录标记在悬盘、圆环和圆盘上的质量.

(3) 用游标卡尺测量圆环的外、内径 $2R_1$ 和 $2R_2$，以及圆盘的直径 $2R_3$ 各 5 次，数据记录在表 4－6－2 中.

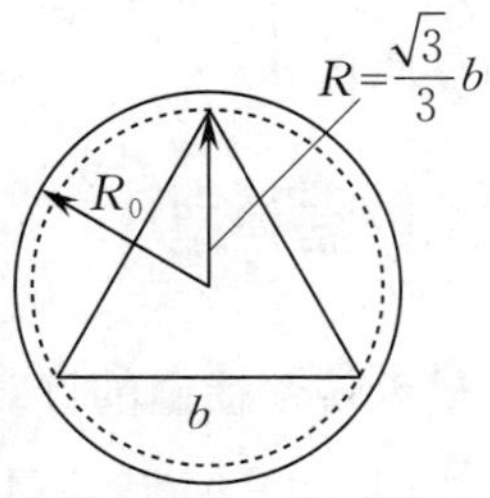

图 4－6－5　悬盘平面

注意事项

1. 在测量上下圆盘之间的距离时，不要将米尺压在悬盘上，否则测出的距离会偏大.

2. 转动角度不可太大，不得有扭转摆动外的其他运动.

数据表格

表 4-6-1　周期测量数据

单位：s

	悬盘		悬盘＋圆环		悬盘＋圆盘	
$20T$	1		1		1	
	2		2		2	
	3		3		3	
	$20\overline{T}_0$		$20\overline{T}_1$		$20\overline{T}_2$	
周期	$\overline{T}_0$		$\overline{T}_1$		$\overline{T}_2$	

表 4-6-2　用游标卡尺和米尺测得的数据

单位：cm

测量次序	启动盘悬点间距 a	悬盘悬点间距 b	圆环直径		圆盘直径 $2R_3$
			外径 $2R_1$	内径 $2R_2$	
1					
2					
3					
4					
5					
平均值	$\overline{a}=$	$\overline{b}=$	$2\overline{R}_1=$	$2\overline{R}_2=$	$2\overline{R}_3=$
计算结果	$\overline{r}=\frac{\sqrt{3}}{3}\overline{a}=$	$\overline{R}=\frac{\sqrt{3}}{3}\overline{b}=$	$\overline{R}_1=$	$\overline{R}_2=$	$\overline{R}_3=$

其余长度与质量数据记录如下：

上下盘间距 $H=$__________ m，悬盘直径 $2R_0=$__________ cm，

悬盘质量 $m_0=$__________ kg，圆环质量 $m_1=$__________ kg，

圆盘质量 $m_2=$__________ kg.

数据处理

1. 悬盘转动惯量的计算

用式(4-6-9)计算悬盘的转动惯量 $J_0=$__________.

2. 圆环转动惯量的计算

(1) 用式(4-6-10)计算圆环加悬盘的转动惯量 $J_1=$__________.

(2) 圆环的转动惯量 $J_{环}=J_1-J_0=$__________.

(3) 圆环转动惯量的理论值 $J'_{环}=\frac{m_1}{2}(\overline{R}_1^2+\overline{R}_2^2)=$__________.

(4) 圆环转动惯量的相对误差 $\varepsilon_r(J_{环}) = \frac{|J'_{环} - J_{环}|}{J'_{环}} \times 100\% =$ ________.

3. 圆盘转动惯量的计算

(1) 用式(4-6-10)计算圆盘加悬盘的转动惯量 $J_2 =$ ________.

(2) 圆盘的转动惯量 $J_{盘} = J_2 - J_0 =$ ________.

(3) 圆盘转动惯量的理论值 $J'_{盘} = \frac{m_2 \overline{R}_3^2}{2} =$ ________.

(4) 圆盘转动惯量的相对误差 $\varepsilon_r(J_{盘}) = \frac{|J'_{盘} - J_{盘}|}{J'_{盘}} \times 100\% =$ ________.

思考题

1. 如何利用三线摆测定任意形状的物体绕特定轴转动时的转动惯量?
2. 如果悬盘不在水平面内,三线摆启动后会发生什么现象?对周期的测量有何影响?
3. 加上待测物体后三线摆的周期是否一定比仅有悬盘时的周期大?为什么?

实验 4.7　弦振动的研究

广义地说,凡是描述物质运动状态的物理量,在某一数值附近做周期性的变化,都叫作振动.狭义上,物体在一定位置附近所做的周期性往复运动,叫作机械振动.振动是产生波动的根源,振动在空间中的传播过程形成波动.均匀弦振动的传播,实际上是两个振幅相同的相干波在同一直线上沿相反方向传播时的叠加,在一定条件下形成了驻波.

拓展阅读

本实验将验证弦线上横波的传播规律:横波的波长与弦线中的张力的平方根成正比,而与波源的振动频率成反比.

实验目的

1. 观察弦振动驻波的形成.
2. 了解弦线波速相关量.
3. 研究弦振动的规律:确定驻波波长与波源振动频率和弦线张力的关系.

实验仪器

可调频率的数显机械振动源、带刻度的试验台、金属细弦线、张力测量仪等.

实验原理

1. 利用驻波原理测量弦线波长

弦线上各质点在弹性力的作用下,沿垂直于弦线的方向发生振动,以波的形式沿弦线传播，经固定点反射后相干叠加会形成驻波. 如图 4-7-1 所示，一根金属细弦线一端系在机械振动源的振动簧片上，另一端系一张力测量仪，使弦线拉紧，并且弦线架在有小孔的滑动支架 2 上，阻挡了弦线在水平方向的振动，使弦线在滑动支架 2 处的点成为始终静止的点.

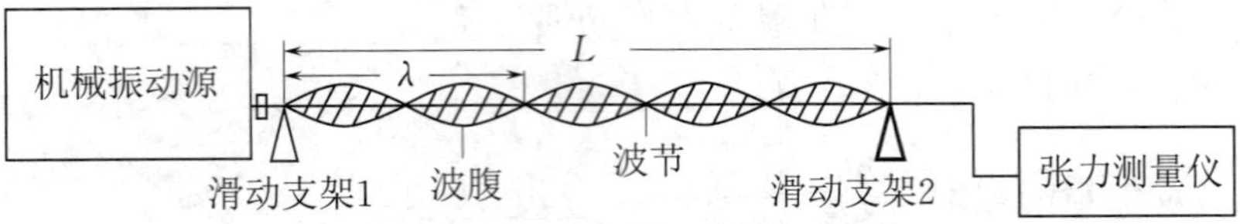

图 4-7-1　驻波的产生的原理图

接通电源，调节机械振动源的频率驱动振动簧片振动，由此带动弦线振动，由振动簧片振动引起的波沿弦线向右传播形成一列向右传播的横波，称为入射波. 入射波的波函数为

$$y_1 = A\cos 2\pi\left(\nu t - \frac{x}{\lambda}\right), \tag{4-7-1}$$

式中 A 为波的振幅，ν 为波源振动频率，λ 为波长，x 为弦线上质点的位置坐标. 而在滑动支架 2 处，因小孔限制了波的传播，波被反射并沿弦线向左传播，称为反射波. 反射波的波函数为

$$y_2 = A\cos 2\pi\left(\nu t + \frac{x}{\lambda}\right), \tag{4-7-2}$$

两波叠加后的波动方程为

$$\begin{aligned} y &= y_1 + y_2 = A\cos 2\pi\left(\nu t - \frac{x}{\lambda}\right) + A\cos 2\pi\left(\nu t + \frac{x}{\lambda}\right) \\ &= 2A\cos 2\pi\frac{x}{\lambda}\cos 2\pi\nu t, \end{aligned} \tag{4-7-3}$$

式中 $2A\cos 2\pi\frac{x}{\lambda}$ 是各点的振幅，它只与 x 有关，表明弦线上不同点的振幅不同，但振动频率均为 ν. 这是驻波的波函数，称为**驻波方程**.

由式(4-7-3) 可知，令 $\left|2A\cos 2\pi\frac{x}{\lambda}\right| = 0$，可得振幅为零处(称为**波节**) 的位置坐标为

$$x = \pm(2k+1)\frac{\lambda}{4}, \quad k = 0,1,2,\cdots; \tag{4-7-4}$$

令 $\left|2A\cos 2\pi\frac{x}{\lambda}\right| = 1$，可得振幅最大处(称为**波腹**) 的位置坐标为

$$x = \pm k\frac{\lambda}{2}, \quad k = 0,1,2,\cdots. \tag{4-7-5}$$

由式(4-7-4) 和式(4-7-5) 可得相邻两波腹(或波节) 间的距离为半个波长，由此可见，只要从实验中测得相邻两波腹(或波节) 间的距离，就可以确定波长.

如果将滑动支架 1 也调至波节的位置，当两个支架的距离 L 等于半波长的整数倍时，就可得到振幅较明显，比较稳定的驻波. 此时

$$L = n\frac{\lambda}{2} \quad 或 \quad \lambda = 2\frac{L}{n}, \quad n = 0,1,2,\cdots, \tag{4-7-6}$$

式中 λ 为驻波波长，n 为两支架间的半波数(也就是波腹的数量).

2. 波长与张力及频率的关系

若一根拉紧的弦线中的张力为 T，线密度为 μ，则沿弦线传播的横波满足下述动力学方程：

$$\frac{\partial^2 y}{\partial t^2}=\frac{T\partial^2 y}{\mu\partial x^2}, \tag{4-7-7}$$

式中 x 为波在传播方向(沿弦线方向)的空间坐标，y 为弦线上各质点的振动位移. 将式(4－7－7)与典型的波动方程 $\frac{\partial^2 y}{\partial t^2}=v^2\frac{\partial^2 y}{\partial x^2}$ 相比较，即可得到弦线上横波的传播速度

$$v=\sqrt{\frac{T}{\mu}}. \tag{4-7-8}$$

设波源的振动频率为 ν，横波波长为 λ，由于 $v=\lambda\nu$，因此波长与张力及线密度之间的关系为

$$\lambda=\frac{1}{\nu}\sqrt{\frac{T}{\mu}}. \tag{4-7-9}$$

实验中，弦线中的张力 T 由张力测量仪读出，振动频率 ν 由机械振动源读出，波长 λ 用驻波法测出，波速 $v=\lambda\nu$，线密度 μ 由实验室给出. 为了证明式(4－7－9)的成立，采用以下两种方式：

(1) 保持振动频率 ν 不变，通过改变张力 T，观察波长 λ 的变化；

(2) 保持张力 T 不变，通过改变振动频率 ν，观察波长 λ 的变化.

仪器介绍

本实验仪由信号源(与机械振动器一起构成机械振动源)、张力测量仪和实验装置三部分构成.

信号源为一台频率、幅度可调的，具有一定功率输出的正弦波信号源，其面板如图 4－7－2 所示.

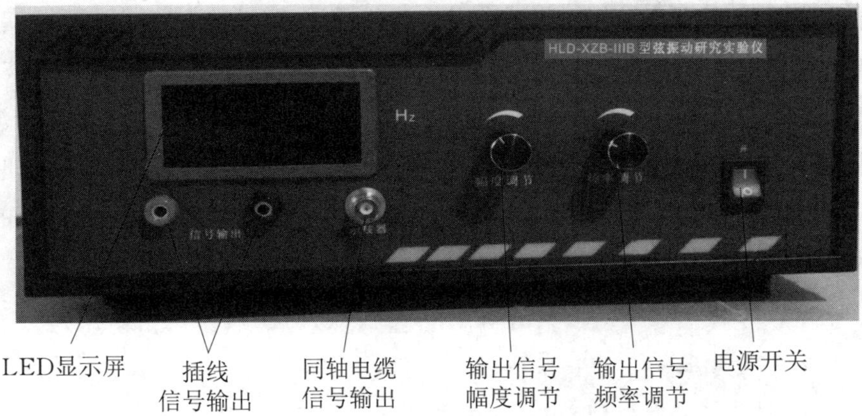

图 4－7－2　信号源面板图

张力测量仪须配合安装在实验装置上的张力传感器使用，其面板如图 4－7－3 所示.

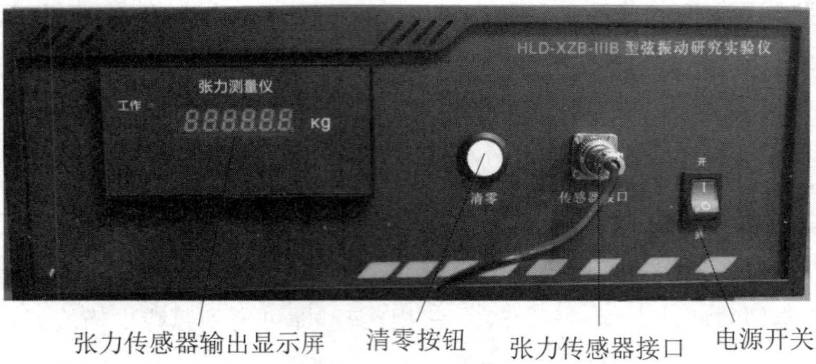

图 4-7-3　张力测量仪面板图

实验装置如图 4-7-4 所示，弦线的一端作为波源，系在能做水平方向振动的机械振动器的振动簧片上（振动簧片中间有小孔），弦线的另一端通过夹具（方便拆装弦线）固定在张力传感器上，通过旋转张力调节手轮可以改变弦线张力并实时在张力测量仪上显示出来. 在弦线下方的导轨上有两个可沿弦线方向左右移动的可动支架. 靠近机械振动器的可动支架上的刀口不接触弦线，用于对准某个波节以便读出其位置. 靠近张力传感器的可动支架上中部有一小孔，弦线从小孔中穿过. 小孔对弦线的摩擦力很小，可以忽略其对张力的影响.

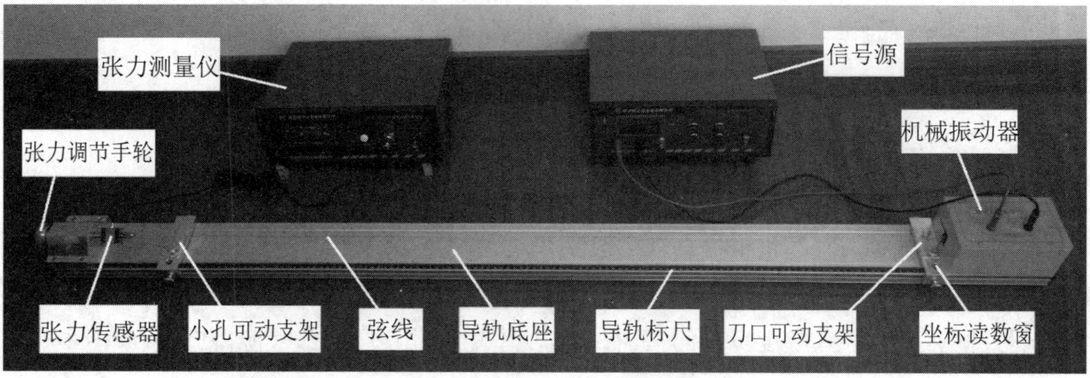

图 4-7-4　实验装置图

机械振动器振动时，可在弦线上形成向左传播的横波. 当波传播到小孔可动支架时，由于弦线在该点受到约束而不能振动，此处即为波的反射点，也是驻波的左边第一个波节. 弦线的右端点因随振动器的簧片振动故不会是波节，从而形成稳定驻波后，右边的第一个波节与振动簧片有一小段距离. 仔细调整信号源频率，即可得到振幅较明显而稳定的驻波，这时弦线处于共振状态. 此时最左端波节（小孔可动支架处）与最右端波节（靠近振动簧片）之间的长度 L 等于半波长的整数倍，即

$$L = n\frac{\lambda}{2}, \tag{4-7-10}$$

于是

$$\lambda = 2\frac{L}{n}, \tag{4-7-11}$$

式中 n 为两个可动支架之间波腹的数量，为正整数. 实验中 n 通常在 1 到 6 之间. 利用式(4-7-11)，即可测出弦线上横波的波长. 实验中可将刀口可动支架的刀口对准最右端的波节，两个可动支架的坐标可从坐标读数窗中读出，它们的差值即为 L.

仪器规格参数如下.

(1) 信号源：输出正弦波，幅度调节范围为 0 ～ 16 V，频率调节范围为 0 ～ 500.00 Hz.

(2) 张力测量仪：测量范围为 0 ～ 20.000 kg，建议加力范围为 0.500 ～ 2.000 kg. 本实验记录数据时，应将张力测量仪的读数 M 转化为张力 $T = Mg$ 后记录.

(3) 导轨标尺：测量范围为 0 ～ 120.00 cm.

实验步骤

1. 定性地观察弦的振动

在弦线长度一定的情况下加一定张力，用信号源和机械振动器对弦线进行驱动，观察频率变化时，形成一个波腹、两个波腹及更多波腹的驻波情况. 注意频率调节过程不能太快，因为弦线形成驻波需要一定的时间，太快则来不及形成驻波. 还可在一定的频率下改变张力，观察其对波长有何影响.

2. 频率一定时，验证波长与弦线中的张力关系

(1) 将刀口可动支架靠近振动簧片与弦线固定点，小孔可动支架放在靠近张力传感器的一端，两者相距导轨长度的 $\frac{2}{3}$ 以上. 在 60 ～ 100 Hz 范围选定一个频率 ν_0，缓慢移动小孔可动支架，使弦线出现稳定的、振动幅度大的驻波. 由于振动簧片与弦线固定点在振动，其位置不易测准，可将最靠近振动端的波节作为弦线的起始点，并用刀口可动支架指示读数，将刀口可动支架与小孔可动支架间的距离 $x_2 - x_1$ 作为 L. 将相关数据记录在表 4-7-1 中.

(2) 转动张力调节手轮，依次调节张力 T 的值，共调节 5 次，每次调节手轮，须按上面步骤仔细移动可动支架，使弦线出现振幅较大且稳定的驻波. 将数据记录在表 4-7-1 中.

3. 张力一定时，验证波长与波源振动频率的关系

固定张力调节手轮，读取此时张力测量仪上的读数 T. 由小到大取三个不同的振动频率 ν，记录振动频率 ν、两可动支架的位置 x_1，x_2 及半波数 n，将数据记录在表 4-7-2 中.

注意事项

1. 须在弦线上出现振幅较大且稳定的驻波时，再测量驻波波长.

2. 当发生机械共振时，应减小振幅或改变波源频率，便于调节出振幅较大且稳定的驻波.

数据表格

表 4-7-1　频率一定时，验证波长与弦线张力的关系

$\mu=$ ________ kg/m，$\nu_0=$ ________ Hz

张力 T/N	$\sqrt{T}$	刀口可动支架位置 x_1/m	小孔可动支架位置 x_2/m	$L(=x_2-x_1)$/m	半波数 n	波长 λ/m

注：弦线张力 $T=Mg$，式中 $g=9.8015\ m/s^2$.

表 4-7-2　张力一定时，验证波长与振动频率的关系

$\mu=$ ________ kg/m，$T_0=Mg=$ ________ N

频率 ν/Hz	刀口可动支架位置 x_1/m	小孔可动支架位置 x_2/m	$L(=x_2-x_1)$/m	半波数 n	波长 λ/m	实验张力计算值 T/N

数据处理

(1) 根据表 4-7-1 中的数据，以 $\sqrt{T}$ 为纵坐标，λ 为横坐标，利用计算机表格软件(WPS或Excel)，拟合出 $\sqrt{T}$-λ 直线，标注出直线的方程(形式为 $y=kx+b$)及相关系数 R. 再根据直线方程中的斜率 k，利用公式 $\nu=\frac{k}{\sqrt{\mu}}$ 求出频率 ν，并与固定频率 ν_0 做比较，计算相对误差 $\varepsilon_r(\nu)=\frac{|\nu_0-\nu|}{\nu_0}\times100\%$.

(2) 根据表 4-7-2 中的数据，由公式 $T=\mu(\lambda\nu)^2$ 算出实验张力计算值并求其平均值 $\overline{T}$，与固定张力 T_0 做比较，计算相对误差 $\varepsilon_r(T)=\frac{|T_0-\overline{T}|}{T_0}\times100\%$.

思考题

1. 本实验中，求波长 λ 时为何要测多个半波长的总长？
2. 弦线的粗细和弹性对实验结果有什么影响？

3. 为何信号源的信号频率要尽可能避开振动源的机械共振频率？

4. 为了使$\sqrt{T}-\lambda$ 直线图上的数据点分布比较均匀，张力 T 应如何改变？

实验 4.8　静态拉伸法测定金属丝的杨氏模量

杨氏模量（又称弹性模量）是表征固体材料性质的一个重要的物理量，它描述了固体材料抗形变的能力，是工程设计中选用材料时需要考虑的重要参数之一. 杨氏模量一般只与材料的性质和温度有关，与其几何形状无关. 实验测定杨氏模量的方法很多，如拉伸法、梁弯曲法、百分表法、干涉条纹法、共振法等，本实验采用静态拉伸法测定金属丝的杨氏模量. 本实验提供了一种测量微小长度变化量的方法，即光杠杆法. 光杠杆是一种应用光学转换放大原理测量微小长度变化的装置，它的特点是直观、简便、精度高，所以常被采用. 常用金属材料的杨氏模量的数量级为 10^{11} N/m^2. 在实验数据的处理方面，本实验主要采用了逐差法.

拓展阅读

实验目的

1. 学习用静态拉伸法测定金属丝的杨氏模量.
2. 掌握用光杠杆法测量微小长度变化量的原理和方法.
3. 学会用逐差法处理实验数据.

实验仪器

近距转镜杨氏模量仪、卷尺、游标卡尺、螺旋测微器等.

实验原理

1. 杨氏模量的概念

设长度为 L、横截面积为 S 的均匀金属丝在受到沿长度方向的外力 F 作用下伸长 ΔL，根据胡克定律，有

$$F=k\Delta L, \tag{4-8-1}$$

即在弹性限度内，物体的形变与引起形变的外力成正比. 劲度系数 k 与金属丝的长度和横截面积有关，且有

$$k=E\frac{S}{L}, \tag{4-8-2}$$

式中比例系数 E 在材料的弹性限度内是一个常量，称为**杨氏模量**. 杨氏模量 E 的单位为 N/m^2，它是表征材料抗应变能力的特征参数，其大小由材料的性质决定，与温度也有关，但与材料的几何形状无关，典型值在 $10^{10}\sim10^{11}$ N/m^2 范围内.

将式(4-8-2) 代入式(4-8-1) 中，得

$$F=E\frac{S}{L}\Delta L.$$

在材料学中，一般将上式写为

$$\frac{F}{S}=E\frac{\Delta L}{L},\tag{4-8-3}$$

式中$\frac{F}{S}$称为**应力**，$\frac{\Delta L}{L}$称为**应变**. 式(4-8-3)表明在材料的弹性限度内，弹性物体的应力与应变成正比.

本实验中，金属丝横截面为圆形，其直径为d，相应的横截面积$S=\frac{\pi d^2}{4}$，代入式(4-8-3)得材料的杨氏模量为

$$E=\frac{F/S}{\Delta L/L}=\frac{4FL}{\pi d^2\Delta L}=\frac{4mgL}{\pi d^2\Delta L},\tag{4-8-4}$$

式中$F=mg$(g为重力加速度)可由实验中砝码的质量m求出，L(金属丝原长)可由卷尺测量，d(金属丝直径)可由螺旋测微器测量，而ΔL由于数值非常微小，用常规方法很难精确测量. 本实验将用放大法，即光杠杆法来测量这一微小长度变化量.

2. 光杠杆法测量原理

光杠杆法主要原理是利用平面镜转动，将微小角位移放大成较大的线位移后进行测量. 仪器利用光杠杆组件实现放大测量功能. 光杠杆组件包括光杠杆(含反射镜及与其连动的动足)、望远镜、标尺等. 其放大原理图如图4-8-1所示.

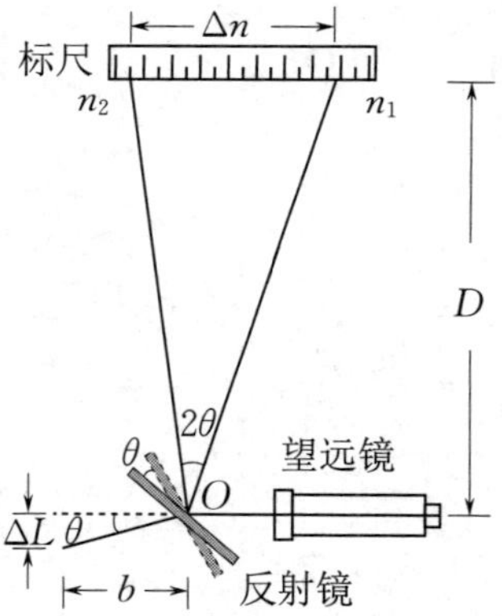

图4-8-1　光杠杆放大原理图

开始不加砝码时，望远镜对齐反射镜中心位置，反射镜与水平方向成一夹角，在望远镜中恰能看到标尺刻度n_1的像，动足足尖放置在夹紧金属丝的下夹头的表面上. 当金属丝受力后，产生微小长度变化量ΔL，与反射镜连动的动足足尖下降，从而带动反射镜转动相应的角度θ，根据光的反射定律可知，在出射光线(进入望远镜的光线)不变的情况下，入射光线转动了2θ，此时望远镜中看到标尺刻度为n_2.

实验中因为b(见仪器介绍)远大于ΔL，所以2θ很小. 从图4-8-1所示的几何关系中我们可以看出，当2θ很小时，有

$$\Delta L\approx b\theta,\quad \Delta n\approx D\cdot 2\theta,$$

故有

$$\Delta n=\frac{2D}{b}\Delta L.\tag{4-8-5}$$

从式(4-8-5)可以看出，ΔL原是难测的微小长度变化量，但由于$D\gg b$，因此经光杠杆转换后的线位移Δn变为较大的量，易于测量. 如果以$\frac{\Delta n}{\Delta L}$为放大率，那么光杠杆系统的放大倍数为$\frac{2D}{b}$. 将式(4-8-5)代入式(4-8-4)，得到

$$E=\frac{8mgLD}{\pi d^2 b\Delta n}. \tag{4-8-6}$$

如此，通过测量式(4－8－6)右边的各参量，就可计算得到被测金属丝的杨氏模量，式(4－8－6)中各物理量的单位取国际单位.

考虑到金属丝受外力作用时存在着**弹性滞后效应**，也就是说，金属丝受到拉伸力作用时，并不能立即伸长到应有的长度 $L_i=L+\Delta L$，而只能伸长到 $L_i-\delta L_i$. 同样，当金属丝受力减小时，也不能马上缩短到应有的长度 L_i，而只能缩短到 $L_i+\delta L$. 因此，实验时测出的并不是金属丝应有的长度变化量. 为了消除弹性滞后效应引起的系统误差，测量时应包括增加拉伸力及减少拉伸力这一对称测量过程，实验中可以采用增加和减少砝码的办法实现. 只要在增、减相应砝码时，将金属丝的长度变化量取平均值，就可以消除滞后量 δL_i 的影响，即

$$L'=\frac{1}{2}(L_{增}+L_{减})=\frac{1}{2}[(L_i-\delta L_i)+(L_i+\delta L_i)]=L_i.$$

仪器介绍

如图 4－8－2 所示，本实验的仪器主要由近距转镜杨氏模量仪(包括实验架、金属丝、光杠杆组件等)、砝码、长度测量工具(包括卷尺、游标卡尺、螺旋测微器)组成.

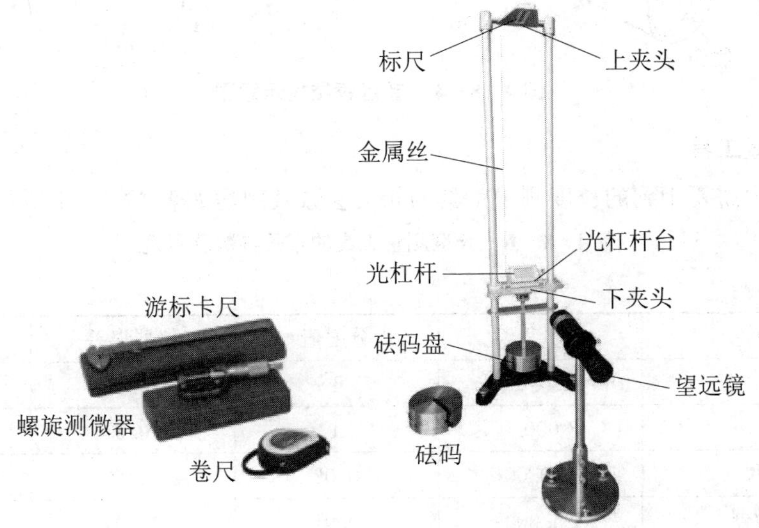

图 4－8－2　实验仪器实物图

1. 实验架

实验架是对待测金属丝进行杨氏模量测量的主要平台. 金属丝一端穿过横梁被上夹头夹紧，另一端被下夹头夹紧，下夹头下方悬挂一质量为 3 kg 的砝码盘，砝码盘上可放置 1～6 块质量 $m=1$ kg 的砝码.

2. 光杠杆组件

光杠杆组件包括光杠杆、望远镜、标尺，光杠杆上有反射镜和与反射镜连动的动足. 光杠杆结构示意图如图 4－8－3 所示.

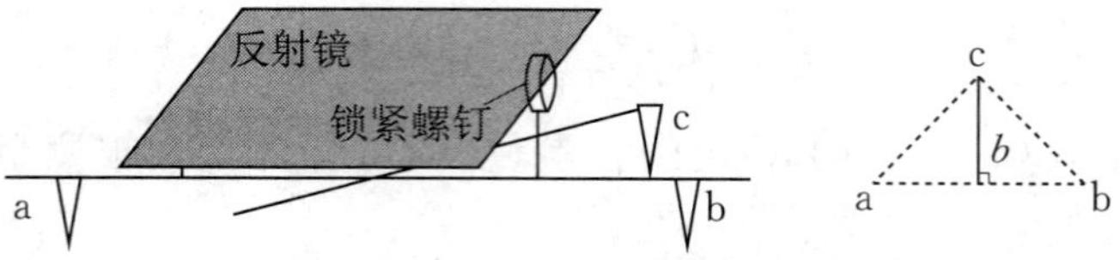

图 4－8－3　光杠杆结构示意图

图 4－8－3 中，a，b，c 分别为三个尖状足，a，b 为前足，c 为后足（或称动足），实验中 a，b 不动，c 随着金属丝伸长或缩短而向下或向上移动，锁紧螺钉用于固定反射镜的角度．三个足构成一个三角形，动足 c 到两前足连线的距离（高）b 称为光杠杆常数（与图 4－8－1 中的 b 相同），可根据需求改变 b 的大小．

望远镜放大倍数为 12 倍，最近视距为 0.3 m，含有目镜十字分划线（纵线和横线），镜身可 360° 水平转动．通过望远镜架可调高度、水平转角及俯仰倾角．望远镜结构示意图如图 4－8－4 所示．

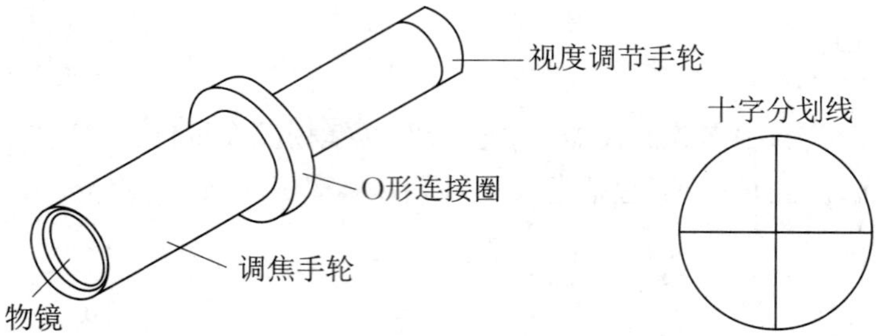

图 4－8－4　望远镜结构示意图

3. 长度测量工具

实验过程中需要用到的长度测量工具的相关参数及用途如表 4－8－1 所示．

表 4－8－1　长度测量工具的相关参数及用途

单位：mm

量具名称	量程	分度值	仪器误差	测量物理量
标尺	80.0	1	0.5	Δn
卷尺	3 000.0	1	0.8	D，L
游标卡尺	150.00	0.02	0.02	b
螺旋测微器	25.000	0.01	0.004	d

实验步骤

（1）将杨氏模量仪的实验架放置于台面上，调节三角底座使光杠杆台面水平．

（2）将金属丝上端用上夹头固定并锁死，下端穿过光杠杆台的孔，与下夹头连接并锁死，保证下夹头顶部与光杠杆台面在同一水平面．

注　应保证上、下夹头均夹紧金属丝，防止金属丝在受力过程中与上、下夹头发生相对滑移．

（3）旋松光杠杆动足上的锁紧螺钉，调节光杠杆动足至适当长度（以动足足尖能尽量贴近但不贴靠到金属丝，同时两前足能置于光杠杆台面上的同一凹槽中为宜)，用三足尖在平板纸上压三个浅浅的痕迹，通过画细线的方式画出两前足连线的高(光杠杆常数)，然后用游标卡尺测量光杠杆常数 b，并将实验数据记录在表 4-8-2 中. 将光杠杆置于光杠杆台面上，并使动足足尖贴近金属丝，且动足足尖应在金属丝正前方.

(4) 接通标尺背光源电源，使背光源发光，确保标尺刻度清晰可见.

(5) 用卷尺测量金属丝的原长 L，卷尺的始端放在金属丝上夹头的下表面，另一端对齐下夹头的上表面，将实验数据记录在表 4-8-2 中.

(6) 用卷尺测量反射镜中心到标尺的垂直距离 D，卷尺的始端放在标尺的表面，另一端对齐反射镜中心，将实验数据记录在表 4-8-2 中.

(7) 用螺旋测微器测量不同位置、不同方向的金属丝直径视值 d_i'，共6次，注意测量前记下螺旋测微器的零点读数 d_0. 将实验数据记录在表 4-8-3 中，计算直径视值的平均值 $\overline{d}'$，并根据 $\overline{d}=\overline{d}'-d_0$ 计算金属丝的直径的测量结果.

(8) 将望远镜移近并正对实验架光杠杆平面(望远镜前沿与台板边缘的距离在 0 ～ 30 cm 范围内均可). 调节望远镜使其正对反射镜中心，然后仔细调节反射镜的角度，直到从望远镜中能看到标尺背光源发出的明亮的光.

(9) 调节视度调节手轮，使得十字分划线清晰可见. 调节调焦手轮，使得视野中标尺的像清晰可见. 转动望远镜镜身，使十字分划线横线与标尺刻度线平行后再次调节调焦手轮，使得视野中标尺的像清晰可见.

(10) 再次仔细调节反射镜的角度，使十字分划线横线对齐的刻度线小于等于 2.0 cm(避免实验做到最后超出标尺量程). 水平移动望远镜的支架，使十字分划线纵线对齐标尺中心.

注意：下面步骤中不能再调整望远镜，并尽量保证实验桌不要有震动，以保证望远镜稳定.

(11) 通过光杠杆组件读取此时对齐十字分划线横线的刻度值 n_1^+，依次取一、二、三、四、五块 1 kg 的砝码，小心地放到砝码盘上，读取对齐十字分划线横线的刻度值 n_i^+ $(i=2,3,4,5,6)$，将数据记录在表 4-8-4 中. 重复五次后，将第六块砝码放到砝码盘上.

(12) 稍待一段时间后，将第六块砝码小心地从砝码盘上取下，读取此时对齐十字分划线横线的刻度值 n_6^-，继续依次取下第五、四、三、二、一块砝码，读取对齐十字分划线横线的刻度值 n_i^- $(i=5,4,3,2,1)$，至全部取下，将数据记录在表 4-8-4 中.

(13) 实验完成后，取下砝码盘和金属丝，并妥善保存.

注意事项

1. 严禁将手放到悬挂的砝码盘下方，以免出现意外.
2. 螺旋测微器和游标卡尺的使用说明请参见对应的说明书.
3. 该实验需要测量微小量，实验时应避免实验台震动.
4. 严禁改变限位螺母位置，避免最大拉力限制功能失效.
5. 光学零件表面应使用软毛刷、镜头纸擦拭，切勿用手指触摸.
6. 光学零件属易碎件，请勿用硬物触碰或使其从高处跌落.
7. 严禁使用望远镜观察强光源，如太阳等，避免灼伤人眼.
8. 实验完毕后，若长时间不再使用，应取下砝码盘和金属丝，并妥善保存.
9. 仪器应储存于干燥、清洁、通风良好的地方.

10. 金属丝不用时应涂上防锈油，避免生锈.

11. 调节完成开始测量后，不能变动光杠杆、望远镜和标尺所构成的光路系统，否则须重新调节、测量.

12. 加、减砝码时，要轻拿轻放，待系统稳定后才能读取标尺读数.

数据表格

表 4-8-2　一次性测量数据

单位：mm

L	D	b

表 4-8-3　金属丝直径测量数据

零点读数 $d_0=$ ________

测量次序 i	1	2	3	4	5	6	平均值
直径视值 d_i'/mm							

表 4-8-4　加、减力时，标尺刻度与对应拉力数据

测量次序 i	1	2	3	4	5	6
放置砝码质量 m/kg	0	1	2	3	4	5
加力时标尺刻度 n_i^+/mm						
减力时标尺刻度 n_i^-/mm						
平均标尺刻度 $n_i=\dfrac{n_i^+ + n_i^-}{2}\Big/\text{mm}$						
逐差法中标尺刻度改变量 $\Delta n_i(=n_{i+3}-n_i)$/mm	$n_4-n_1=$		$n_5-n_2=$		$n_6-n_3=$	
平均值 $\overline{\Delta n}=\dfrac{1}{3\times3}\sum_{i=1}^{3}\Delta n_i\Big/\text{mm}$						

数据处理

(1) 计算 L，D 和 b 的合成标准不确定度.

这三个直接测量量的不确定度主要为 B 类不确定度. 由于卷尺的仪器误差为 $\Delta_m=0.8\ \text{mm}$，因此 D 与 L 的合成标准不确定度为

$$u(D)=u(L)=\frac{\Delta_m}{\sqrt{3}}=\frac{0.8}{\sqrt{3}}\ \text{mm}\approx0.462\ \text{mm}.$$

而游标卡尺的仪器误差为 $\Delta_m = 0.02\ \text{mm}$，因此 b 的合成标准不确定度为 $u(b) = \frac{\Delta_m}{\sqrt{3}} = \frac{0.02}{\sqrt{3}}\ \text{mm} \approx 0.012\ \text{mm}$.

(2) 计算 d 和 Δn 的合成标准不确定度.

先计算 d 和 Δn 的B类不确定度.

螺旋测微器的仪器误差 $\Delta_m = 0.004\ \text{mm}$，标尺的仪器误差 $\Delta_m = 0.5\ \text{mm}$，相应的B类不确定度分别为

$$u_B(d) = \frac{0.004}{\sqrt{3}}\ \text{mm} \approx 0.002\,3\ \text{mm},\quad u_B(\Delta n) = \frac{0.5}{\sqrt{3}}\ \text{mm} \approx 0.29\ \text{mm}.$$

再计算 d 和 Δn 的A类不确定度：

$$u_A(d) = \sqrt{\frac{1}{6\times 5}\sum_{i=1}^{6}(\overline{d}' - d'_i)^2} = \underline{\qquad\qquad},$$

$$u_A(\Delta n) = \sqrt{\frac{1}{3\times 2}\sum_{i=1}^{3}\left(\overline{\Delta n} - \frac{\Delta n_i}{3}\right)^2} = \underline{\qquad\qquad}.$$

因此，d 和 Δn 的合成标准不确定度分别为

$$u(d) = \sqrt{[u_A(d)]^2 + [u_B(d)]^2} = \underline{\qquad\qquad},$$

$$u(\Delta n) = \sqrt{[u_A(\Delta n)]^2 + [u_B(\Delta n)]^2} = \underline{\qquad\qquad}.$$

(3) 计算金属丝的杨氏模量、相对不确定度和合成标准不确定度.

计算金属丝的杨氏模量最佳估计值：

$$\overline{E} = \frac{8mgLD}{\pi \overline{d}^2 b \overline{\Delta n}} = \underline{\qquad\qquad},$$

计算杨氏模量的相对不确定度与合成标准不确定度：

$$E_r(E) = \sqrt{\left[\frac{u(L)}{L}\right]^2 + \left[\frac{u(D)}{D}\right]^2 + \left[2\frac{u(d)}{\overline{d}}\right]^2 + \left[\frac{u(b)}{b}\right]^2 + \left[\frac{u(\Delta n)}{\overline{\Delta n}}\right]^2} = \underline{\qquad\qquad},$$

$u(E) = E_r(E)\overline{E} = \underline{\qquad\qquad}$.

(4) 写出金属丝的杨氏模量测量结果：

$$E = \overline{E} \pm u(E) = \underline{\qquad\qquad}.$$

(5) 根据测量结果，参照附录，分析测量的误差来源.

思考题

1. 本实验中应用了光杠杆法，它与力学中杠杆原理有什么异同？

2. 本实验中使用了哪些长度测量仪器？选择它们的依据是什么？

3. 根据实际测量结果，相对不确定度 $E_r(E)$ 中哪个分量对结果影响最大？如何降低其影响？

附录

附表　室温下常见金属的杨氏模量

金属	杨氏模量 $E/(10^{11}\ N/m^2)$	金属	杨氏模量 $E/(10^{11}\ N/m^2)$
铝	0.60～0.70	镍	2.03
钨	4.07	铬	2.35～2.45
铁	1.82～2.06	合金钢	2.06～2.16
钢	1.03～1.27	碳钢	1.96～2.06
银	0.69～0.80	康铜	1.60
金	0.77	铸钢	1.72
锌	0.78	硬铝合金	0.71

实验 4.9　液体表面张力系数的测定

表面张力是液体的一个重要特性，它类似于固体内部的拉伸应力，这种应力存在于极薄的表面层内，是液体表面层分子力作用的结果. 从宏观上来看，液体表面好像是一张拉紧的橡皮薄膜，存在沿表面并使表面趋于收缩的力，这种力称为**表面张力**. 液体的许多现象与表面张力有关，如润湿现象、毛细现象、水面上波的传播等. 这些现象在工业、农业和日常生活中有很多应用，因此研究液体的表面张力可为工农业生产、生活及科学研究中有关液体分子和液体表面结构的研究提供有用的线索.

测定液体表面张力系数的方法很多，拉脱法是常用的方法之一. 由于用拉脱法测量时液体表面张力在 $1\times10^{-3}\sim1\times10^{-2}$ N之间，因此需要有一种量程小、灵敏度高且稳定性好的测力仪器，本实验使用的硅压阻式力敏传感器能很好地满足测量液体表面张力的需要.

实验目的

1. 了解硅压阻式力敏传感器测量的原理，以及用传感器将非电学量转化为电学量的方法.
2. 了解液体表面的性质，理解液体表面张力系数的概念.
3. 掌握用拉脱法测定液体表面张力系数.

实验仪器

液体表面张力测定装置、水准仪、游标卡尺、酒精棉、水(蒸馏水或纯净水).

实验原理

1. 液体表面张力系数

设想在液面上有一条直线，表面张力可表现为直线两旁的液面以一定的拉力 F 相互作用. F 存在于表面层，方向恒与直线垂直，大小与直线的长度 L 成正比，即

$$F=\alpha L, \tag{4-9-1}$$

式中比例系数 α 称为**液体表面张力系数**，单位为 N/m，表示作用在液体表面单位长度上的力.

本实验中将质量为 m 的钢圆环浸入液体中，使圆环的底面与液面保持水平. 当将圆环轻轻地提起时，圆环与液面的接触线上由于液面收缩将产生沿液面的切线方向的表面张力，如图 4-9-1 所示，它与圆环侧面的夹角为 φ. 当用外力 T 缓缓向上拉圆环时，夹角 α 逐渐减小直至趋于零. 在液膜刚好被拉断前，外力 T 满足

$$T=F+mg, \tag{4-9-2}$$

在液膜被拉断后的瞬间，外力 T' 满足

$$T'=mg. \tag{4-9-3}$$

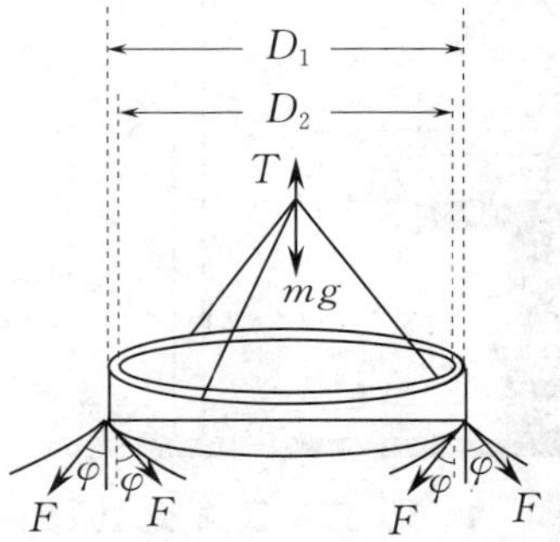

图 4-9-1　拉伸过程钢圆环受力分析图

根据式(4-9-1)，式(4-9-2) 中圆环表面张力为

$$F=\alpha\pi(D_1+D_2). \tag{4-9-4}$$

将以上各式整理后得液体表面张力系数为

$$\alpha=\frac{F}{\pi(D_1+D_2)}=\frac{T-T'}{\pi(D_1+D_2)}=\frac{\Delta T}{\pi(D_1+D_2)}. \tag{4-9-5}$$

2. 硅压阻式力敏传感器测量拉力

硅压阻式力敏传感器由弹性梁和贴在梁上的传感器芯片组成，其中芯片由四个硅扩散电阻集成一个电桥. 当外界压力作用在弹性梁上时，电桥失去平衡，此时将有电压信号输出，输出电压 U 的大小与外界压力(本实验中为所受拉力)T 成正比，有

$$U=KT, \tag{4-9-6}$$

式中 K 称为力敏传感器灵敏度，单位为 V/N.

本实验中，环形液膜即将拉断前瞬间电压为 $U=KT$，液膜拉断后瞬间电压为 $U'=KT'$，则两电压的差值

$$\Delta U=K\Delta T. \tag{4-9-7}$$

将式(4-9-7) 代入式(4-9-5) 中，得液体表面张力系数为

$$\alpha=\frac{\Delta U}{K\pi(D_1+D_2)}. \tag{4-9-8}$$

仪器介绍

图 4-9-2 所示为实验装置图. 在液体表面张力测定装置中，由硅压阻式力敏传感器将压力的大小转换为电信号输出，利用测量电桥失去平衡时的输出电压来指示力的大小，此电压由数字电压表显示. 其他装置包括铁架台、升降台调节螺母、可微调升降台、水平调节螺钉、装有力敏传感器的固定架、盛液体的玻璃皿和钢圆环.

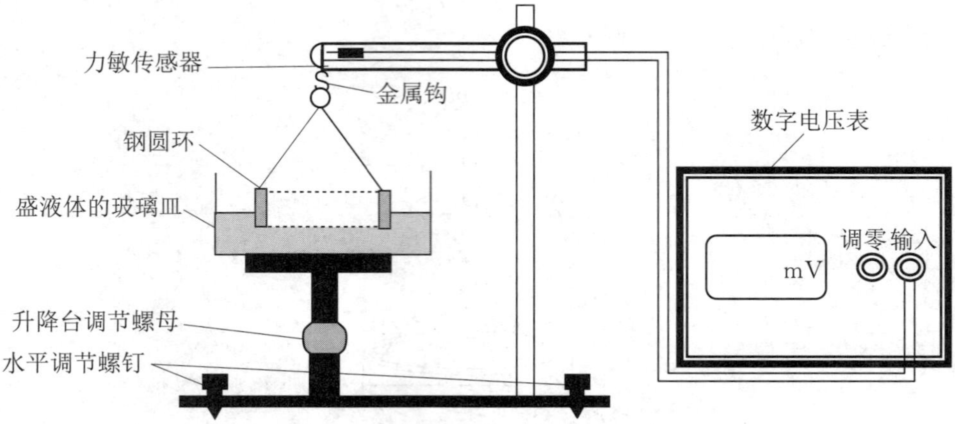

图 4-9-2　液体表面张力测定装置

实验步骤

1. 力敏传感器的定标

(1) 开机预热 15 min 后，将砝码盘轻轻挂在硅压阻式力敏传感器上，将数字电压表调零. 注意：力敏传感器受力不能大于 0.098 N，切记取放砝码盘时不能用力.

(2) 砝码盘中未放入砝码时，记录对应的电压值 U_0. 依次将质量 $m_0=0.500$ g 的七个砝码放入砝码盘，分别记录对应的电压值 $U_i(i=1,2,\cdots,7)$. 将以上数据记录在表 4-9-1 中.

2. 钢圆环的测量与清洁

(1) 用游标卡尺在不同方位测量钢圆环的内径 D_1 和外径 D_2 至少 4 次，将数据记录在表 4-9-2 中.

(2) 钢圆环的表面状况与测量结果有很大关系，实验前须用酒精棉球擦拭.

3. 测定水的表面张力系数

(1) 钢圆环的水平调节直接影响测量误差，但在进行钢圆环水平调节前，应先利用水准仪调节升降台使其与操作台平行. 升降台与操作台平行后，调试升降台，观察钢圆环下沿与升降台面是否平行，若不平行，则应调节系住钢圆环的细丝，使钢圆环与升降台面平行. 注意：钢圆环调节时，应挂上观察，取下调节.

(2) 使升降台下降，从金属钩上取下钢圆环，调整力敏传感器在固定架的位置，将钢圆环轻挂在力敏传感器上，同时将装有水的玻璃皿放在升降台上，渐渐升起升降台，将钢圆环的下沿全部浸没于水中.

(3) 反向旋转升降台调节螺母，使液面下降. 这时，钢圆环和液面间形成一环形液膜. 观察液面下降时，电压的变化. 记录液膜拉断前数字电压表的最大示值U和液膜拉断后瞬间的电压值U'. 重复该步骤6次，将数据记录在表4－9－3中.

(4) 实验结束将钢圆环用洁净纸擦干，放入盒内，并将玻璃皿内的水倒入收集缸内，用纸擦干净.

注意事项

1. 硅压阻式力敏传感器受力不能大于0.098 N，实验时一定要轻挂轻取砝码盘，严禁手上施力.

2. 钢圆环应尽可能调整水平，当偏差达到1°时，测量结果引入的系统误差为0.5%；当偏差达到2°时，引入的系统误差达到1.6%.

3. 液膜被拉断前的操作应仔细，但不能过于缓慢. 既要避免因为振动和气流干扰造成液膜过早破裂，又要注意由于操作缓慢导致液膜在重力作用下的部分拉脱，这是造成实验误差的主要因素.

4. 蒸馏水中如果混入杂质，表面张力系数将显著减小，且钢圆环表面的清洁状况与测量结果也有关. 因此，实验前应用酒精棉球对钢圆环进行清洁处理，实验中不能用手触及钢圆环和水，保持清洁.

数据表格

表4－9－1　力敏传感器的定标

数字电压表准确度等级 $c=0.2$，砝码片质量 $m_0=$ ________

质量 m	0	m_0	$2m_0$	$3m_0$	$4m_0$	$5m_0$	$6m_0$	$7m_0$
电压U/mV	$U_0=$	$U_1=$	$U_2=$	$U_3=$	$U_4=$	$U_5=$	$U_6=$	$U_7=$
ΔU/mV	$U_4-U_0=$		$U_5-U_1=$		$U_6-U_2=$		$U_7-U_3=$	
$K=\dfrac{\Delta U}{4m_0g}\Big/$(V/N)	$K_1=$		$K_2=$		$K_3=$		$K_4=$	

表4－9－2　钢圆环的内、外径

零点读数 $D_0=$ ________

测量次序	1	2	3	4
内径 D_1				
修正内径 D_1'				
外径 D_2				
修正外径 D_2'				

表 4-9-3　水表面张力的测定

单位:mV

测量次序	1	2	3	4	5	6
U						
U'						
ΔU						

数据处理

(1) 用逐差法计算力敏传感器灵敏度的平均值和合成标准不确定度:

$\overline{K}=$__________, $\Delta_{\mathrm{m}}(K)=\overline{K}\times 0.2\%=$__________, $u_{\mathrm{B}}(K)=\dfrac{\Delta_{\mathrm{m}}(K)}{\sqrt{3}}=$__________,

$u_{\mathrm{A}}(K)=\sqrt{\dfrac{1}{4\times 3}\sum_{i=1}^{4}(K_i-\overline{K})^2}=$__________,

$u(K)=\sqrt{[u_{\mathrm{A}}(K)]^2+[u_{\mathrm{B}}(K)]^2}=$__________.

(2) 计算钢圆环修正后的内、外径测量平均值,以及它们的合成标准不确定度:

$\overline{D}'_1=$__________, $\overline{D}'_2=$__________,

$u_{\mathrm{B}}(D_1)=u_{\mathrm{B}}(D_2)=\dfrac{\Delta_{\mathrm{m}}(D)}{\sqrt{3}}=\dfrac{0.02}{\sqrt{3}}\ \mathrm{mm}\approx 0.012\ \mathrm{mm}$,

$u_{\mathrm{A}}(D_1)=\sqrt{\dfrac{\sum_{i=1}^{4}(D'_{1i}-\overline{D}'_1)^2}{4\times 3}}=$__________,

$u(D_1)=\sqrt{[u_{\mathrm{A}}(D_1)]^2+[u_{\mathrm{B}}(D_1)]^2}=$__________,

$u_{\mathrm{A}}(D_2)=\sqrt{\dfrac{\sum_{i=1}^{4}(D'_{2i}-\overline{D}'_2)^2}{4\times 3}}=$__________,

$u(D_2)=\sqrt{[u_{\mathrm{A}}(D_2)]^2+[u_{\mathrm{B}}(D_2)]^2}=$__________.

(3) 计算液面拉断前后瞬间输出电压差的平均值和合成标准不确定度:

$\overline{\Delta U}=$__________,

$\Delta_{\mathrm{m}}(\Delta U)=\overline{\Delta U}\times 0.2\%=$__________, $u_{\mathrm{B}}(\Delta U)=\dfrac{\Delta_{\mathrm{m}}(\Delta U)}{\sqrt{3}}=$__________,

$u_{\mathrm{A}}(\Delta U)=\sqrt{\dfrac{\sum_{i=1}^{6}(\Delta U_i-\overline{\Delta U})^2}{6\times 5}}=$__________,

$u(\Delta U)=\sqrt{[u_{\mathrm{A}}(\Delta U)]^2+[u_{\mathrm{B}}(\Delta U)]^2}=$__________.

(4) 计算表面张力系数的最佳估计值:

$$\bar{\alpha}=\frac{\overline{\Delta U}}{\bar{K}\pi(\bar{D}'_1+\bar{D}'_2)}=\underline{\qquad\qquad}.$$

(5) 计算表面张力系数的相对不确定度与合成标准不确定度：

$$E_r(\alpha)=\sqrt{\frac{[u(\Delta U)]^2}{\overline{\Delta U}^2}+\frac{[u(K)]^2}{\bar{K}^2}+\left[\frac{u(D_1)}{\bar{D}'_1+\bar{D}'_2}\right]^2+\left[\frac{u(D_2)}{\bar{D}'_1+\bar{D}'_2}\right]^2}=\underline{\qquad\qquad},$$

$$u(\alpha)=\bar{\alpha}E_r(\alpha)=\underline{\qquad\qquad}.$$

(6) 写出本实验表面张力系数的测定结果：

$$\alpha=\bar{\alpha}\pm u(\alpha)=\underline{\qquad\qquad}.$$

思考题

思政案例

1. 分析钢圆环拉断液面前的一瞬间数字电压由大变小的原因.

2. 表4-9-3中的ΔU包含了被钢圆环所提起的液体质量对力敏传感器作用力所产生的电压输出部分，如果不考虑所提起的液体质量影响，该如何做呢？

实验4.10　测定冰的熔化热

根据热平衡原理用混合量热法测定物体间的热交换，是量热学中一种常用的方法，所使用的基本仪器是量热器. 本实验采用混合量热法测定冰的熔化热. 由于实验过程中量热器不可避免地要与外界进行热交换，因此本实验介绍了散热修正的方法 —— 抵偿法，该方法能将热交换因素分离出去，减小实验误差.

实验目的

1. 学习用混合量热法测定冰的熔化热.

2. 学会一种粗略修正散热的方法 —— 抵偿法.

实验仪器

HLD-RXD-Ⅲ 型冰的熔化热测定仪、量热器、电子天平、温度传感器、冰块等.

实验原理

1. 用混合量热法测定冰的熔化热

在一定压强下，晶体熔化时的温度称为熔点. 单位质量的晶体熔化为同温度的液体时所吸收的热量，称为**熔化热**，记作L. 不同的晶体有不同的熔化热.

本实验是量热学实验中的一个基本实验，采用了量热学实验的基本方法 —— 混合量热法. 它所依据的原理是，在绝热系统中，某一部分所放出的热量等于其余部分所吸收的热量.

将质量为M的0 ℃的冰投入盛有质量为m、温度为T_1的水的量热器内筒中. 设冰全部熔化为水后平衡温度为 T_2，若量热器内筒、搅拌器和温度传感器探头的质量分别为 m_1，m_2 和 m_3，其比热容分别为 c_1，c_2 和 c_3，水的比热容为 c_0，则根据混合量热法所依据的原理，冰全部熔化为同温度（0 ℃）的水及其从 0 ℃ 升到 T_2 过程中所吸收的热量等于其余部分从温度 T_1 降到 T_2 过程中所放出的热量，即

$$ML+M(T_2-0)c_0=(mc_0+m_1c_1+m_2c_2+m_3c_3)(T_1-T_2). \quad (4-10-1)$$

由此可得，冰的熔化热为

$$L=\frac{1}{M}(mc_0+m_1c_1+m_2c_2+m_3c_3)(T_1-T_2)-T_2c_0. \quad (4-10-2)$$

实验中，水的比热容为 $c_0=4.18\times10^3\ \mathrm{J/(kg\cdot ℃)}$，量热器内筒、搅拌器和温度传感器探头都是铝制的，其比热容为 $c_1=c_2=c_3=8.8\times10^2\ \mathrm{J/(kg\cdot ℃)}$.

2. 根据牛顿冷却定律补偿散热

由于量热器的绝热条件并不十分完善，实际中实验系统并非严格的孤立系统，因此在做精密测量时，就须设法求出实验过程中系统与外界交换的热量，以做适当的散热修正.

设图 4-10-1 所示的温度-时间（T-t）曲线是在进行冰的熔化热实验过程中绘制的，T_1' 为水最开始的温度，它比环境温度 T_0 高，因此在放入冰块之前，由于向外界散热，水的温度也随时间而缓慢降低，如 AB 段所示. 与 B 点对应的温度为 T_1，它是放入冰块时水的初温. 在刚放入冰块时，水的温度高，冰块的有效面积大，熔化快，因此系统温度 T 降低较快，如 BC 段所示. 随着冰块的不断熔化，冰块逐渐变小，水的温度逐渐降低，冰块熔化就慢了，水的温度的降低也变缓慢了，如 CD 段所示. D 点对应的温度为 T_2，它是冰块和水混合后的最低平衡温度. 此后，由于系统从外界吸热，水的温度缓慢升高，如 DE 段所示.

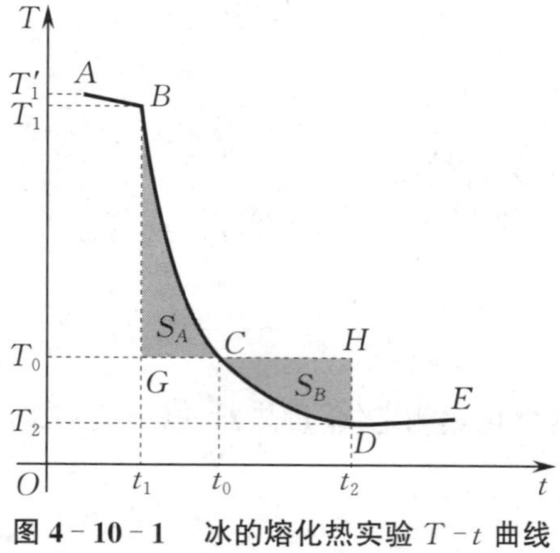

图 4-10-1　冰的熔化热实验 T-t 曲线

牛顿冷却定律指出，当系统与外界的温度相差不大（不超过 15 ℃）时，系统向外散热的变化率与它和外界的温度差成正比，其数学式为

$$\frac{\mathrm{d}Q}{\mathrm{d}t}=k(T-T_0), \quad (4-10-3)$$

式中 k 是常数.

根据式（4-10-3），实验测量过程中（$t_1\sim t_2$），系统温度从 T_1 变为 T_2，系统与外界交换的热量为

$$Q=\int_{t_1}^{t_2}k(T-T_0)\mathrm{d}t=k\int_{t_1}^{t_0}(T-T_0)\mathrm{d}t+k\int_{t_0}^{t_2}(T-T_0)\mathrm{d}t, \qquad (4-10-4)$$

式中前一项为正值，表示系统向外界散热 $Q_{散}$，后一项为负值，表示系统从外界吸热 $Q_{吸}$，两积分分别对应图 4－10－1 中面积

$$S_A=\int_{t_1}^{t_0}(T-T_0)\mathrm{d}t, \qquad (4-10-5)$$

$$S_B=-\int_{t_0}^{t_2}(T-T_0)\mathrm{d}t. \qquad (4-10-6)$$

由此可见，S_A 与系统向外界散失的热量成正比，即有 $Q_{散}=kS_A$；S_B 与系统从外界吸收的热量成正比，即有 $Q_{吸}=kS_B$. 因此，只要 $S_A\approx S_B$，系统与外界交换的热量 $Q=Q_{散}-Q_{吸}=k(S_A-S_B)=0$，即对外界的吸热和散热就可以相互抵消.

要使 $S_A\approx S_B$，就必须使 $T_1-T_0>T_0-T_2$，究竟 T_1 和 T_2 应取多少，或 $(T_1-T_0):(T_0-T_2)$ 应取多少，要在实验中根据具体情况调整选择. 具体做法是进行多次实验，而且每次做完实验并绘制出 T-t 曲线后，都要根据 S_A 和 S_B 的面积判断出下一次实验应如何改变 T_1 和 T_2. 如此反复多次，就能找出最佳的初温 T_1 和终温 T_2.

上述使散热与吸热相互抵消的方法，往往要经过若干次实验，才能获得比较好的效果.

仪器介绍

1. 量热器

本实验用量热器组成一个近似绝热的孤立系统，以满足实验所要求的基本条件. 量热器的种类很多，因测量的目的、要求、测量精度的不同而异，本实验采用结构较简单的一种. 如图 4－10－2 所示，量热器由两个用导热良好的金属（如铝）做成的内筒和外筒相套而成. 内筒放在外筒内的绝热支架上，外筒用绝热盖盖住，因此空气与外界对流很小，又因空气是热的不良导体，故内、外筒间以热传导方式传递的热量便可以减至很小. 又由于金属筒壁表面镀亮，使得它们不易发射或吸收辐射热，于是实验系统和外界之间因辐射而产生的热传递也得以减小. 这样的量热器已经可以使实验系统粗略地接近于一个绝热的孤立系统了.

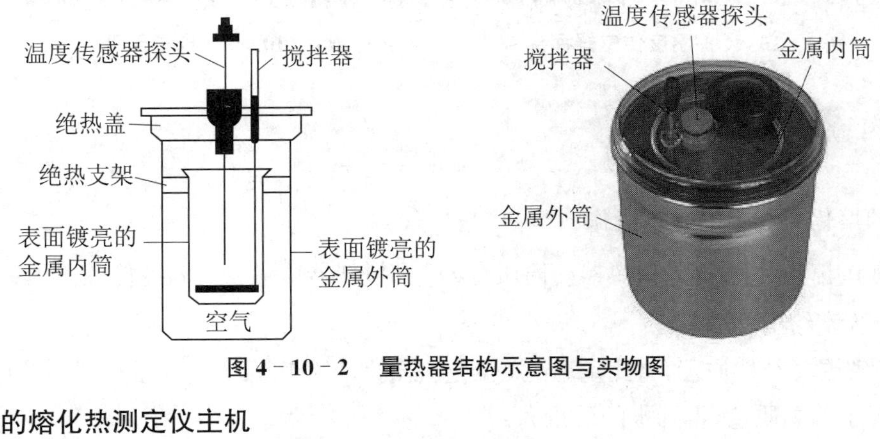

图 4－10－2　量热器结构示意图与实物图

2. 冰的熔化热测定仪主机

如图 4－10－3 所示，冰的熔化热测定仪主机包括两个自动温度采样单元和一个数字计时器（秒表）单元，其基本参数如下：测温范围为 0～50 ℃；可设定自动采样数为 1～99（开机默

认为 10)；可设定自动采样时间间隔为 1 ～ 99 s(开机默认为 1 s)；计时器精度为 0.1 s.

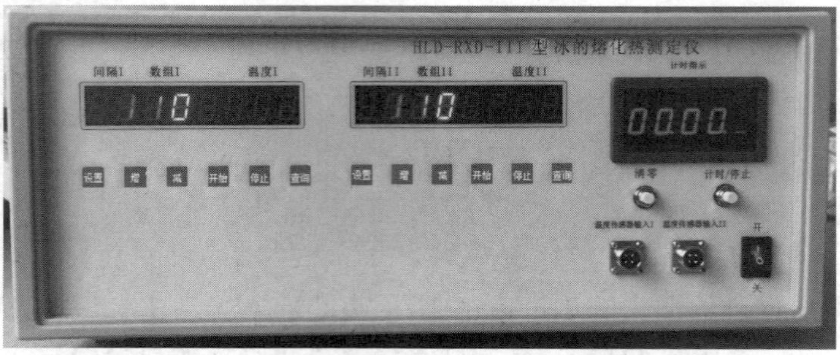

图 4－10－3　冰的熔化热测定仪主机面板

测定仪的操作说明如下.

两个自动温度采样单元是相同的，本实验任选一个使用即可. 每个单元对应的数码管显示器的前两位是采样时间间隔，第三、四位是采样数，后四位是温度显示. 按“设置”键后，可用“增”“减”键对采样间隔进行设置，再按“设置”键，可对自动采样数进行设置，按“停止”键完成设置. 按“开始”键，开始自动采样，达到设定采样数后自动停止，也可人工按“停止”键终止采样. 按“查询”键，并通过“增”“减”键可读出采样数据. 按“停止”键后可进行下一轮采样.

3. 温度传感器探头与电子天平

温度传感器探头与电子天平的实物图分别如图 4－10－4 与图 4－10－5 所示.

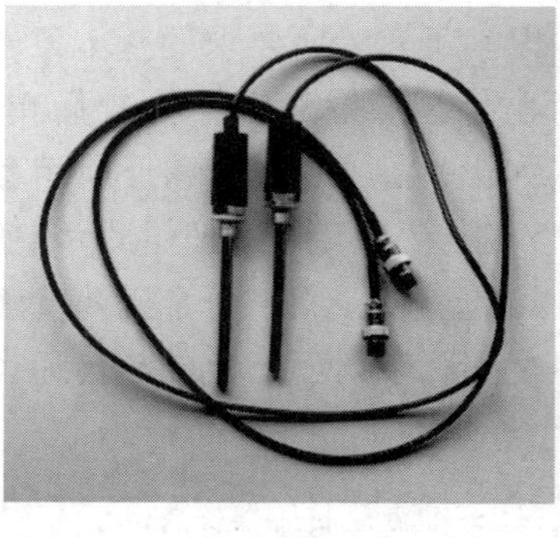

图 4－10－4　温度传感器探头

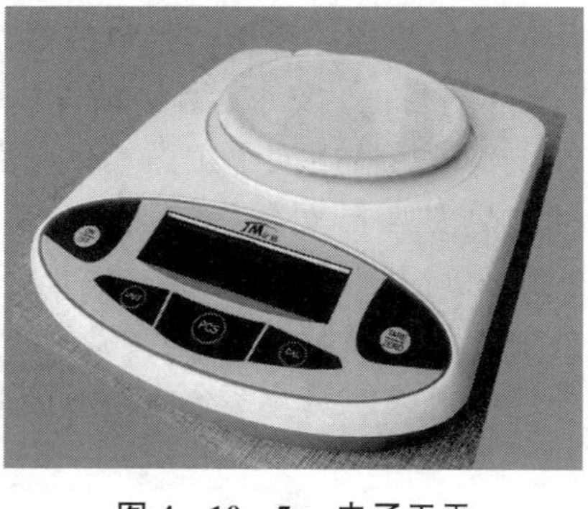

图 4－10－5　电子天平

实验步骤

1. 冰的熔化热测定的基本操作

(1) 调节电子天平，称好量热器内筒质量 m_1 和搅拌器质量 m_2，温度传感器探头的等效质量 m_3 由实验室给出.

(2) 了解温度补偿原理，将比室温高 6 ℃ 左右的水(约 100 g) 倒入量热器内筒中，称出量热器内筒与水的总质量，得到水的质量 m.

(3) 装好量热器，测量一组放冰块前的温度.

(4) 将冰块(约 20 g) 用毛巾擦干后放入量热器. 搅拌、观察水温降到最低点的过程，测量一组该过程中的系统温度，得出初温 T_1 与终温 T_2.

(5) 第三次称量热器内筒总质量，得到冰块的质量 M.

(6) 设计表格，记录整理数据，计算冰的熔化热，根据公认值计算误差.

2. 冰的熔化热测定的具体操作

(1) 用天平分别称出量热器内筒和搅拌器的质量 m_1，m_2，温度传感器探头的等效质量 m_3 由实验室给出，将数据记录在表 4-10-1 中.

(2) 测量室温 T_0，记录在表 4-10-2 中，装入比室温高 6 ℃ 左右的水(约 100 g) 到量热器内筒中，称出量热器内筒与水的总质量 m_1+m，将数据记录在表 4-10-1 中.

(3) 从放入冰块前 3 ~ 4 min 开始测温，测温间隔 $\Delta t=30$ s，读取 6 ~ 8 个数据，记录在表 4-10-2 中.

(4) 放入冰块的同时开始测温，测温间隔 $\Delta t=10$ s，目的是尽量在对应图 4-10-1 的 BC 段多测出几个数据；在温度达到最低温度 T_2 后，继续测温 5 ~ 6 min，测温间隔 $\Delta t=30$ s，读取 10 ~ 12 个数据，记录在表 4-10-2 中.

注意：为使温度传感器读数确实代表所要测量的系统的温度，整个实验过程要不断轻轻地进行搅拌.

(5) 利用测量数据在坐标纸上绘出 $T-t$ 曲线，用图解法确定放入冰块时水的温度 T_1，参照图 4-10-1 的散热修正方法，尽可能准确地估算面积 S_A 和 S_B. 若相差太大，则应调整各参量的数值，重新进行步骤(2) ~ (4). 若基本相等，则可转到下一步骤.

(6) 测量包括搅拌器、水及放入的冰块在内的量热器内筒总质量 m_1+m+M，记录在表 4-10-1 中.

(7) 再次测量室温 T_0'，记录在表 4-10-2 中.

(8) 根据测量的数据，写出初温 T_1、终温 T_2，完成表 4-10-2.

注意事项

1. 室温应取实验前、后的平均值. 水的初温 T_1 可高出室温 10 ~ 15 ℃，实际配置时，又应略高 1 ~ 2 ℃.

2. 放入冰块前应将其擦干，且不得直接用手触摸. 冰块的质量不能直接放在天平盘上称量，而应由放入冰块前后量热器连同水的质量差求得.

3. 为使温度传感器示值确实代表系统的真实温度，整个实验过程中(包括读取 T_1 前) 要不断轻轻地进行搅拌.

4. 混合量热法要求实验系统应该是一个孤立系统. 在实验操作过程中应注意：不要用手握量热器；在远离热源的地方进行实验；不能随便打开量热器的绝热盖；尽可能使系统与外界温差小；尽量使实验迅速完成；等等.

5. 冰的熔化热参考值为 $L_0=3.36\times10^5$ J/kg.

数据表格

表 4-10-1　用电子天平称质量

m_1/g	m_2/g	m_3/g	(m_1+m)/g	(m_1+m+M)/g

表 4-10-2　放冰块前后水的温度 T 随时间 t 变化的数据

实验前、后室温 $T_0=$ ________，$T'_0=$ ________

放冰块前（$t<t_1$，$\Delta t=30$ s）

次序 n	1	2	3	4	5	6	7	8	9
T/℃									

放冰块后至达到最低温度时（$t_1\sim t_2$，$\Delta t=10$ s）　放冰块时刻 $t_1=$ ________，初温 $T_1=$ ________

次序 n	1	2	3	4	5	6	7	8	9
T/℃									

达到最低温度后（$t>t_2$，$\Delta t=30$ s）　终温 $T_2=$ ________

次序 n	1	2	3	4	5	6	7	8	9	10	11	12
T/℃												

数据处理

(1) 计算测量结果：

$$L=\frac{1}{M}(mc_0+m_1c_1+m_2c_2+m_3c_3)(T_1-T_2)-T_2c_0=\underline{\qquad\qquad}.$$

(2) 计算相对误差：

$$\varepsilon_r(L)=\frac{|L-L_0|}{L_0}\times 100\%=\underline{\qquad\qquad}.$$

(3) 根据测量数据画出 $T-t$ 曲线（要求用坐标纸作图）.

思考题

1. 本实验中的热学系统是由哪些部分组成的？
2. 热传递有几种方式？量热器在结构上是如何防止与外界的热传递的？

实验 4.11　测定水的汽化热

液体的汽化热是液体的一个重要热学参量，其定义为在标准大气压（101.325 kPa）下，使 1 mol 物质在一定温度下蒸发所需的热量. 液体的汽化热在致冷效率、节能环保方面及工业生产中有着重要的作用.

实验目的

1. 掌握集成电路温度传感器 AD590 的定标方法.
2. 学会用量热器测定水的汽化热.

实验仪器

FD－YBQR 型液体汽化热测定仪（含主机、加热炉、蒸气发生器、集成电路温度传感器 AD590 和量热器）、电子天平、温度计.

实验原理

1. 混合量热法测定水的汽化热原理

物质由液态向气态转化的过程称为气化，液体的气化有蒸发和沸腾两种不同的形式. 不管是哪种气化过程，它的物理过程都是液体中一些热运动动能较大的分子飞离表面成为气体分子，而随着这些热运动动能较大分子的逸出，液体的温度将要下降，若要保持温度不变，在气化过程中就要供给热量. 通常定义单位质量的液体在温度保持不变的情况下转化为气体时所吸收的热量为该液体的**汽化热**. 液体的汽化热不但和液体的种类有关，而且和气化时的温度有关，因为温度升高，液相中分子和气相中分子的能量差别将减小，所以温度升高，液体的汽化热减小.

物质由气态转化为液态的过程称为凝结，凝结时将释放出在同一条件下气化所吸收的相同的热量，因此，可以通过测量凝结时物质放出的热量来测定液体气化时的汽化热.

本实验采用混合量热法测定水的汽化热. 方法是将烧瓶中接近 100 ℃ 的水蒸气，通过短的玻璃管加接一段很短的橡皮管（或乳胶管）输入到量热器内筒中，而质量为 M 的水蒸气进入量热器的水中凝结成水. 如果水和量热器内筒的初始温度为 T_1，而水和量热器内筒温度再次均匀时的温度为 T_2，那么水的汽化热可由下式得到：

$$ML + Mc_{\mathrm{w}}(T_3 - T_2) = (mc_{\mathrm{w}} + m_1 c_{\mathrm{Al}} + m_2 c_{\mathrm{Al}})(T_2 - T_1), \qquad (4-11-1)$$

式中 c_{w} 为水的比热容，m 为原先在量热器中的水的质量，c_{Al} 为铝的比热容，m_1 和 m_2 分别为铝量热器和铝搅拌器的质量，T_3 为水蒸气的温度，L 为水的汽化热.

2. 集成电路温度传感器 AD590 的测温原理

集成电路温度传感器 AD590 由多个参数相同的三极管和电阻组成，其工作原理如图 4－11－1所示. 当该元件的两引出端加有一定的直流工作电压（一般在 4.5～20 V 范围内）时，如果该温度传感器的温度升高或降低 1 ℃，那么传感器的输出电流增加或减少 1 μA，它的输出电流与温度满足如下关系：

$$I = BT + I_0, \qquad (4-11-2)$$

式中 I 为传感器的输出电流，单位为 μA，T 为温度，单位为 ℃，B 为灵敏度，单位为 μA/℃，I_0

为 0 ℃ 时的电流值. 0 ℃ 与冰点的热力学温度 273.15 K 相对应(实际使用时,应将传感器放在已知温度下对 I_0 进行定标).

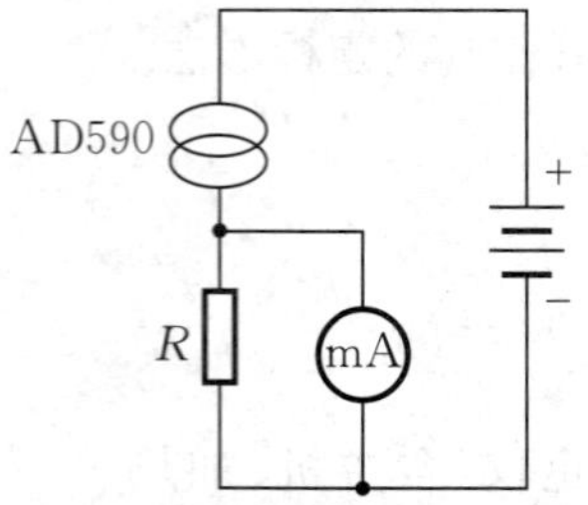

图 4-11-1　集成电路温度传感器 AD590 工作原理图

利用集成电路温度传感器 AD590 的上述特性,可以制成各种用途的温度计. 在通常实验时,采取测量取样电阻 R 上的电压求得电流 I 以指示温度.

传感器中接入的电阻为 $R=(1\ 000\pm10)\ \Omega$,工作电流 I 可通过测量该电阻两端的电压 U 得到. 根据式(4-11-2),可得温度 T 为

$$T=\frac{I-I_0}{B}=\frac{U/R-I_0}{B}. \tag{4-11-3}$$

测量不同温度 T 下的电压 U,由数据拟合直线,可对参量 I_0 和 B 定标. 同理,已知参量 I_0 和 B,可由电压 U 得到温度 T.

仪器介绍

FD-YBQR 型液体汽化热测定仪的装置图如图 4-11-2 所示,蒸气发生器产生的蒸气通入量热器内筒,温度传感器浸入水中测量温度,电压由测定仪主机读出. 蒸气发生量可由主机面板上的炉温控制旋钮调节.

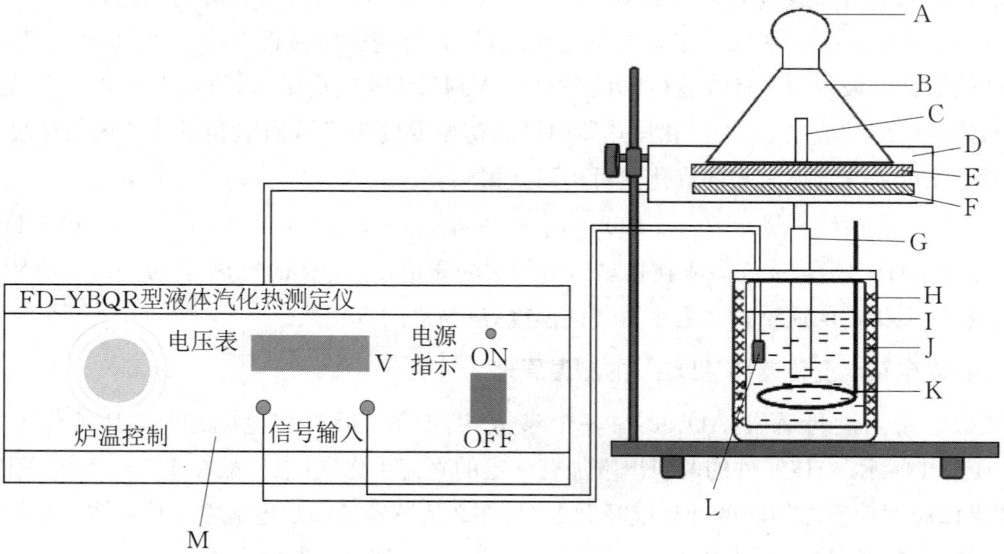

A—烧瓶盖;B—烧瓶;C—通气玻璃管;D—托盘;E—加热炉;F—绝热板;G—橡皮管;H—量热器外壳;I—绝热材料;J—量热器内筒;K—搅拌器;L—温度传感器;M—测定仪主机.

图 4-11-2　实验装置图

实验步骤

1. 对温度传感器粗略定标

本实验中灵敏度 B 取 1.0 μA/℃，记下传感器处于室温下电压表的读数 U_0，并由实验室中的温度计读出室温. 由式(4-11-3)计算参量 I_0.

2. 测定水的汽化热

(1) 用电子天平称量热器内筒和搅拌器的质量 m_1+m_2，然后在量热器内筒中加一定量的水，再称量出盛有水的量热器内筒和搅拌器的质量 M_2，计算出水的质量 $m=M_2-(m_1+m_2)$，记录在表4-11-1中.

(2) 将盛有水的量热器内筒放在冰块上，预冷却到室温以下较低的温度，但被冷却水的温度须高于环境的露点. 如果低于露点，则实验过程中量热器内筒外表有可能凝结上薄水层，从而释放出热量，影响测量结果. 将预冷过的内筒放回量热器内，再放在通气玻璃管下，使橡皮管插入水中的深度约为1 mm，注意橡皮管不宜插入太深以防堵塞.

(3) 将盛有水的烧瓶加热，开始加热时可以将炉温控制旋钮顺时针调到最大挡位，此时瓶盖移去，使低于100 ℃的水蒸气从瓶口逸出. 当烧瓶内水沸腾时可以用炉温控制旋钮调节炉温，以保证水蒸气输入量热器的速率满足实验要求. 这时要首先读下测定仪的读数 U_1，接着把瓶盖盖好继续让水沸腾向量热器的水中通气并搅拌量热器内的水，控制时间长短，以尽可能使量热器中水的终温 T_2 与室温的温差同室温与初温 T_1 的温差相近，这样可使实验过程中量热器内筒与外界的热传递相抵消.

(4) 停止电炉通电，并打开瓶盖不再向量热器通气，继续搅拌量热器内筒的水，读出此时测定仪的读数 U_2. 再一次称量出量热器内筒、搅拌器和水的总质量 M_3. 经过计算，求得量热器中水蒸气的质量 $M=M_3-M_2$. 将数据记录在表4-11-1中.

(5) 重复步骤(1)～(4)，共测量3组数据，记录在表4-11-1中.

注意事项

1. 通过加碎冰或掺冰水降低水的初温时，温度不能过低，以免量热杯结露. 要等冰完全熔化后才能测初温和通气.

2. 测初温到开始通气的时间间隔要短.

3. 初温与室温的温差要适当，要控制好通气时间，使室温与初温、终温与室温的温差尽可能接近相等.

4. 实验过程中，仪器要轻拿轻放，避免带入和溅出水滴.

5. 加热炉温度高，一定要注意安全，防止烫手.

数据表格

表 4-11-1　水的汽化热测量数据表

$m_1+m_2=$ ________，水蒸气温度 $T_3=98$ ℃

测量次序	M_2/g	m/g	U_1/mV	T_1/℃	U_2/mV	T_2/℃	M_3/g	M/g
1								
2								
3								

注：表中 T_1，T_2 的数值可通过 $T_1=U_1-I_0$，$T_2=U_2-I_0$ 求出.

数据处理

1. 对温度传感器粗略定标

温度传感器在室温下的电压 $U_0=$ ________ mV，室温 $T=$ ________ ℃. 取 $B=1.0\ \mu A/℃$，由式(4-11-3)，可得 $I_0=$ ________.

2. 测定水的汽化热

(1) 根据测量数据，完成表 4-11-1. 将实验数据代入式(4-11-1)分别计算 3 次测量的汽化热 L. 由于本实验是非等精度测量，对应 3 次测量得到的汽化热 L_1，L_2，L_3 不能取平均值，可取最接近公认值的一次作为测量的最终结果 L.

(2) 计算测量结果的相对误差 $\varepsilon_r(L)=\dfrac{|L-L_w|}{L_w}\times 100\%=$ ________.

注　水在 100 ℃ 时的汽化热公认值 $L_w=2.25\times 10^6$ J/kg，水的比热容为 $c_w=4.18\times 10^3$ J/(kg·℃)，铝的比热容为 $c_{Al}=8.8\times 10^2$ J/(kg·℃).

思考题

1. 本实验的系统误差主要来源于哪些方面？怎样减小系统误差？

2. 定标时，参量 B 和 I_0 不准确会造成温度测量误差，试分析这种系统误差对实验结果的影响.

3. 在量热筒水中掺冰水，为什么不能使水温太低？

实验 4.12　金属比热容的测定

根据牛顿冷却定律，用冷却法测定金属的比热容是量热学中的常用方法之一. 若已知标准样品在不同温度的比热容，则可通过作冷却曲线测定各种金属在不同温度时的比热容. 本实验以铜为标准样品，测定铜、铁、铝样品在 100 ℃ 或 200 ℃ 时的比热容. 通过实验了解金属的冷却速率和它与环境之间的温差关系.

实验目的

1. 用冷却法测定铜、铁、铝的比热容.
2. 学会用铜-康铜热电偶测量温度.

实验仪器

HLD－LQJ－Ⅱ型冷却法金属比热容测定仪、实验样品(铜、铁、铝)、铜-康铜热电偶、物理天平等.

实验原理

单位质量的某种物质温度升高1 K(或1 ℃)所需的热量叫作该物质的比热容,其值随温度而变化.将质量为M_1的金属样品加热后,放到较低温度的介质(如室温的空气)中,样品将会逐渐冷却.其单位时间的热量损失$\frac{\Delta Q}{\Delta t}$与温度下降的速率$\frac{\Delta T_1}{\Delta t}$成正比,于是得到下述关系式:

$$\frac{\Delta Q}{\Delta t}=c_1M_1\frac{\Delta T_1}{\Delta t}, \tag{4-12-1}$$

式中c_1为金属样品在温度T_1时的比热容,$\frac{\Delta T_1}{\Delta t}$为金属样品在温度$T_1$时的温度下降速率.根据牛顿冷却定律,有

$$\frac{\Delta Q}{\Delta t}=a_1S_1(T_1-T_0)^m, \tag{4-12-2}$$

式中a_1为热交换系数,S_1为样品外表面的面积,在不同的温差下,m为不同的常数,T_1为金属样品的温度,T_0为周围介质的温度.由式(4-12-1)和式(4-12-2),可得

$$c_1M_1\frac{\Delta T_1}{\Delta t}=a_1S_1(T_1-T_0)^m. \tag{4-12-3}$$

同理,对质量为M_2、比热容为c_2、温度为T_2的另一种金属样品,可有相似的表达式:

$$c_2M_2\frac{\Delta T_2}{\Delta t}=a_2S_2(T_2-T_0)^m. \tag{4-12-4}$$

由式(4-12-3)和式(4-12-4),可得

$$\frac{c_2M_2\frac{\Delta T_2}{\Delta t}}{c_1M_1\frac{\Delta T_1}{\Delta t}}=\frac{a_2S_2(T_2-T_0)^m}{a_1S_1(T_1-T_0)^m}, \tag{4-12-5}$$

即

$$c_2=c_1\frac{M_1\frac{\Delta T_1}{\Delta t}a_2S_2(T_2-T_0)^m}{M_2\frac{\Delta T_2}{\Delta t}a_1S_1(T_1-T_0)^m}. \tag{4-12-6}$$

若两样品的形状、尺寸都相同，即 $S_1=S_2$，表面状况也相同(如涂层、色泽等)，而周围介质(空气)的性质也不变，则有 $a_1=a_2$. 于是，当周围介质温度不变(室温 T_0 恒定，而两样品开始又处于相同温度，即 $T_2-T_0=T_1-T_0$)时，式(4-12-6)可以简化为

$$c_2=c_1\frac{M_1\Delta t_2}{M_2\Delta t_1}. \tag{4-12-7}$$

如果已知标准金属样品的比热容 c_1、质量 M_1、待测样品质量 M_2 及两样品变化相同温度所需时间之比，就可以求出待测金属材料的比热容 c_2.

几种金属材料的比热容如表 4-12-1 所示.

表 4-12-1　几种金属材料的比热容

温度	c_{Fe}/[J/(kg·℃)]	c_{Al}/[J/(kg·℃)]	c_{Cu}/[J/(kg·℃)]
100 ℃	460	880	393

仪器介绍

1. HLD-LQJ-Ⅱ 型冷却法金属比热容测定仪

HLD-LQJ-Ⅱ 型冷却法金属比热容测定仪由测定仪主机与测试架组成，如图 4-12-1 所示. 当热电偶的冷端为冰点时，由数字电压表显示的电压值(单位：mV)对应待测温度值，对应关系可参见本实验附录. 加热装置可自由升降. 仪器内设有自动控温装置，防止因长期不切断加热电源而引起温度不断升高. 待测样品安放在有较大容量的防风圆筒(样品室)内，使高于室温的样品自然冷却，从而减少测量误差，提高实验准确度. 仪器可测量金属从室温至400 ℃之间的比热容.

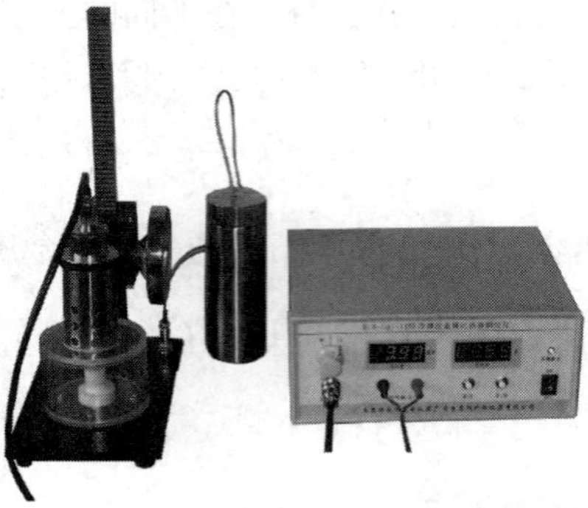

图 4-12-1　HLD-LQJ-Ⅱ 型冷却法金属比热容测定仪实物图

2. 热电偶温度计

热电偶测温的基本原理是两种不同成分的导体材质构成闭合回路，当两端存在温差时，回路中就会有电流通过，此时两端之间就存在电动势，称为热电动势，这就是所谓的泽贝克效应. 两种不同成分的匀质导体为热电极，温度较高的一端为热端，温度较低的一端为冷端，冷端通常处于某个恒定的温度下. 根据热电动势与温度的函数关系，可将其制成热电偶分度表，分度表是冷端温度在 0 ℃ 时的条件下得到的，不同材质的热电偶具有不同的分度表.

实验步骤

(1) 选取长度、直径、表面光洁度尽可能相同的三种金属样品(铜、铁、铝),根据 $M_{Cu} > M_{Fe} > M_{Al}$ 这一特点,把它们区别开来. 记录测得的质量 M_{Cu},M_{Fe},M_{Al}.

(2) 用一根导线将数字电压表的输入端短路,用调零旋钮将数字电压表的示值调为零,然后断开接线.

(3) 使热电偶的热端铜导线与数字电压表输入接线柱的正极相连,冷端铜导线与负极相连. 按图 4-12-1 将样品和其他装置放置好,打开电源,开始给样品加热. 当数字电压表读数为 9.286 mV,即对应温度为 200 ℃ 时,断开电源,移去电烙铁的加热线圈,样品继续安放在与外界基本隔绝的样品室内自然冷却(样品室须盖上盖子). 当温度降到接近 102 ℃(数字电压表读数为 4.371 mV) 时开始记录,用秒表测量样品由 102 ℃ 下降到 98 ℃(数字电压表读数为 4.184 mV) 所需要的时间 Δt. 按铁、铜、铝的次序,分别测量其温度下降的时间 Δt,每一样品重复测量 5 次,将测量结果记录在表 4-12-2 中.

数据表格

样品质量:M_{Cu} = ________ g,M_{Fe} = ________ g,M_{Al} = ________ g.

热电偶冷端温度:$T_0 = 0$ ℃.

表 4-12-2 样品降温 4 ℃ 所需时间

单位:s

样品	测量次序					平均值$\overline{\Delta t}$	$u_A(\Delta t)$
	1	2	3	4	5		
铁							
铜							
铝							

注意事项

1. 样品自然冷却时,应悬置于无风、无热源、气温稳定的环境(样品室) 中,开始记录时间时动作要敏捷,记录温度和时间要准确.

2. 测量降温时间时,按"计时" 或"暂停" 按钮的动作应迅速、准确,以减小人为计时误差.

3. 小心加热罩温度过高烫手.

数据处理

(1) 已知铜在 100 ℃ 时的比热容的公认值为 $c_{Cu} = 393$ J/(kg · ℃),按式(4-12-7) 计算铁和铝在 100 ℃ 时的比热容 c_{Fe} 与 c_{Al}.

(2) 计算结果的相对不确定度与合成标准不确定度.

相对不确定度为

$$E_{\mathrm{r}}(c)=\frac{u(c)}{c}=\sqrt{\left[\frac{u(\Delta t_2)}{\Delta t_2}\right]^2+\left[\frac{u(\Delta t_1)}{\Delta t_1}\right]^2}=\underline{\qquad\qquad}.$$

合成标准不确定度为 $u(c)=E_{\mathrm{r}}(c)c=$__________.

注 Δt_1 和 Δt_2 的合成标准不确定度中，A 类不确定度是主要的，故此处只计算 A 类不确定度.

思考题

1. 冷却法是否可以测量任意温度时的金属比热容?
2. 对实验中引起误差的因素进行分析，并讨论减小误差的方法.

附录

附表　铜-康铜热电偶分度表(冷端为冰点)

温度 /℃	热电势 /mV									
	0	1	2	3	4	5	6	7	8	9
−10	−0.383	−0.421	−0.458	−0.496	−0.534	−0.571	−0.608	−0.646	−0.683	−0.720
−0	0.000	−0.039	−0.077	−0.116	−0.154	−0.193	−0.231	−0.269	−0.307	−0.345
0	0.000	0.039	0.078	0.117	0.156	0.195	0.234	0.273	0.312	0.351
10	0.391	0.430	0.470	0.510	0.549	0.589	0.629	0.669	0.709	0.749
20	0.789	0.830	0.870	0.911	0.951	0.992	1.032	1.073	1.114	1.155
30	1.196	1.237	1.279	1.320	1.361	1.403	1.444	1.486	1.528	1.569
40	1.611	1.653	1.695	1.738	1.780	1.882	1.865	1.907	1.950	1.992
50	2.035	2.078	2.121	2.164	2.207	2.250	2.294	2.337	2.380	2.424
60	2.467	2.511	2.555	2.599	2.643	2.687	2.731	2.775	2.819	2.864
70	2.908	2.953	2.997	3.042	3.087	3.131	3.176	3.221	3.266	3.312
80	3.357	3.402	3.447	3.493	3.538	3.584	3.630	3.676	3.721	3.767
90	3.813	3.859	3.906	3.952	3.998	4.044	4.091	4.137	4.184	4.231
100	4.277	4.324	4.371	4.418	4.465	4.512	4.559	4.607	4.654	4.701
110	4.749	4.796	4.844	4.891	4.939	4.987	5.035	5.083	5.131	5.179
120	5.227	5.275	5.324	5.372	5.420	5.469	5.517	5.566	5.615	5.663
130	5.712	5.761	5.810	5.859	5.908	5.957	6.007	6.056	6.105	6.155
140	6.204	6.254	6.303	6.353	6.403	6.452	6.502	6.552	6.602	6.652
150	6.702	6.753	6.803	6.853	6.903	6.954	7.004	7.055	7.106	7.156

续表

温度/℃	热电势/mV									
	0	1	2	3	4	5	6	7	8	9
160	7.207	7.258	7.309	7.360	7.411	7.462	7.513	7.564	7.615	7.666
170	7.718	7.769	7.821	7.872	7.924	7.975	8.027	8.079	8.131	8.183
180	8.235	8.287	8.339	8.391	8.443	8.495	8.548	8.600	8.652	8.705
190	8.757	8.810	8.863	8.915	8.968	9.024	9.074	9.127	9.180	9.233
200	9.286									

实验 4.13 静电场的描绘

静电场通常指相对于观察者静止且电荷量不随时间发生变化的电荷在其周围产生的电场.电场的空间分布是由电荷分布、带电体的几何形状及周围介质所决定的,多数情况下很难求出电场分布的解析解,通常只能靠数值解法求出部分区域的电场强度或用实验方法测出电场分布.模拟描绘法是在科学实验研究中广泛应用的一种方法,即通过构造一个易于实现、易测量且与研究对象的物理过程或现象相似的模型,来模拟不易实现、不易测量的物理状态或过程.由电磁学理论可知,无自由电荷分布的各向同性均匀电介质中静电场的电势,与不含电源的各向同性均匀导体中稳恒电流场的电势相比,两者所遵从的物理规律具有相同的数学表达式.在相同的边界条件下,这两种场的电势分布相似,因此在一定条件下用稳恒电流场来模拟静电场是可行的.

生产生活中与静电场相关的应用实例有很多.例如,在生物学和农业领域,外加静电场对植物会产生明显的生物学效应,因此可以利用静电场处理种子、防病促生、带电栽培等;在工业领域,可以利用静电场进行静电除尘与分拣、静电喷涂、静电印花等;在日常生活中,静电打印机、电视、手机等都与静电场密切相关.

实验目的

1. 了解用稳恒电流场模拟静电场的原理和条件,学习用模拟法描绘和研究静电场.
2. 了解静电场等势线与电场线的关系,加深对电场强度和电势概念的理解.

实验仪器

HLD－DZ－ⅢB型静电场描绘仪、电源、记录纸、水(自来水,用作导电介质)等.

实验原理

静电场和稳恒电流场虽然是两个截然不同的场,但可以用稳恒电流场中的电势分布来模拟静电场的电势分布.均匀带电的长直同轴柱面的静电场(见图 4－13－1)可以用圆柱形金属电极 A 和圆环金属电极 B 所形成的稳恒电流场(见图 4-13-2) 来描绘.

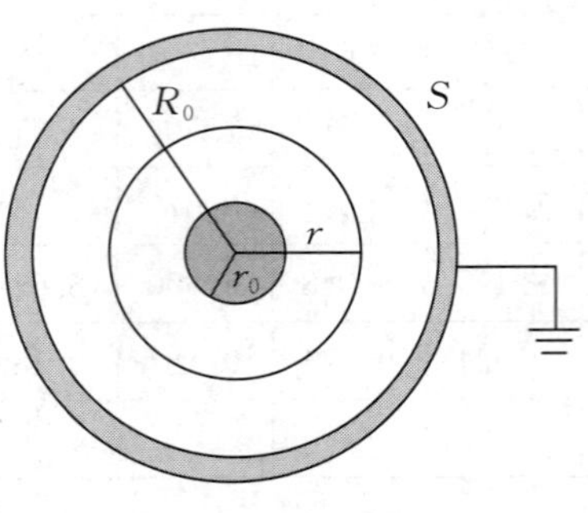

图 4-13-1　同轴柱面的静电场

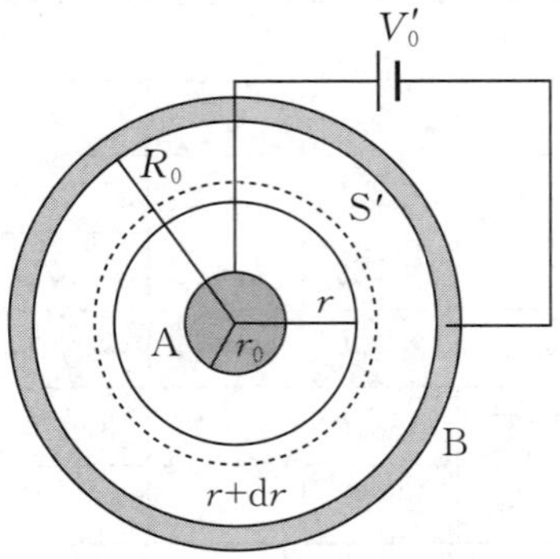

图 4-13-2　同轴电缆的稳恒电流场

下面比较两种场距中心轴为 r 处的电势的表达式.

设真空中有一个半径为 r_0 的长直圆柱导体和一个内半径为 R_0 的长直圆筒导体,它们的中心轴重合,且两导体带等量异号的电荷,线电荷密度分别为 $\pm\lambda$,则在垂直于轴线的任一截面 S 内(见图 4-13-1),电场线沿半径方向呈均匀辐射状分布. 若外筒接地,则距中心轴为 r 处的电场强度大小和电势分别为

$$E=\frac{\lambda}{2\pi\varepsilon_0 r},$$

$$V=\int \boldsymbol{E}\cdot \mathrm{d}\boldsymbol{l}=\int_r^{R_0}\frac{\lambda}{2\pi\varepsilon_0 r}\mathrm{d}r=\frac{\lambda}{2\pi\varepsilon_0}\ln\frac{R_0}{r},$$

式中 ε_0 为真空电容率. 设内圆柱与外圆筒间的电势差为 V_0,同理可得

$$V_0=\int_{r_0}^{R_0}\frac{\lambda}{2\pi\varepsilon_0 r}\mathrm{d}r=\frac{\lambda}{2\pi\varepsilon_0}\ln\frac{R_0}{r_0},$$

则距中心轴为 r 处的电势 V 与 V_0 的关系为

$$V=\frac{V_0\ln\dfrac{R_0}{r}}{\ln\dfrac{R_0}{r_0}}. \tag{4-13-1}$$

为了得到一个与静电场电势分布相似的模拟场,我们人为设计出一个模拟模型. 将圆柱形金属电极 A 和圆环形金属电极 B 同心地置于一层均匀的导电介质 S′ 中,如图 4-13-2 所示. 当两电极间加上一定的电压 V_0' 后,在 A,B 电极之间的导电介质 S′ 中就会产生一个稳定的电流分布. 导电介质一般由电阻率比金属电极大很多的介质组成,考虑到自来水是不良导体,所以在实验装置中,通常将自来水作为导电介质. 在 A,B 电极之间加入高度为 l 的自来水,设其电阻率为 ρ,任意处的电流密度大小为 j,则距中心轴为 r 处的电场强度大小和电势分别为

$$E=\rho j=\frac{I\rho}{2\pi r l},$$

$$V'=\int \boldsymbol{E}\cdot \mathrm{d}\boldsymbol{l}=\frac{I\rho}{2\pi l}\int_r^{R_0}\frac{\mathrm{d}r}{r}=\frac{I\rho}{2\pi l}\ln\frac{R_0}{r}.$$

设加在 A,B 两极间的电压为 V_0',同理可得

$$V_0'=\frac{I\rho}{2\pi l}\int_{r_0}^{R_0}\frac{\mathrm{d}r}{r}=\frac{I\rho}{2\pi l}\ln\frac{R_0}{r_0},$$

则距中心轴为 r 处的电势 V' 与 V'_0 的关系为

$$V'=\frac{V'_0\ln\dfrac{R_0}{r}}{\ln\dfrac{R_0}{r_0}}. \tag{4-13-2}$$

比较式(4－13－1)和式(4－13－2)可知，在距中心轴为 r 处两个场的电势具有完全相同的表达式，因此稳恒电流场和静电场可以通过电势来建立对应的关系. 当一个稳恒电流场的电势与静电场对应点的电势完全一样时，就可以利用稳恒电流场来模拟某些带电导体的静电场.

化简式(4－13－2)，可得距中心轴为 r 处相对电势 $\frac{V'}{V'_0}$ 与 $\ln r$ 的线性关系：

$$\frac{V'}{V'_0}=\frac{\ln\dfrac{R_0}{r}}{\ln\dfrac{R_0}{r_0}}=\frac{1}{\ln\dfrac{R_0}{r_0}}(\ln R_0-\ln r)=a-k\ln r, \tag{4-13-3}$$

式中 a 和 k 由 A，B 电极的尺寸决定.

仪器介绍

HLD－DZ－ⅢB 型静电场描绘仪如图 4－13－3 所示，它采用双层水槽式及同心探针结构，具有静电场模拟精确的特点. 在两个电极之间加入导电介质(自来水)，电极和自来水的接触电阻远小于自来水的导电电阻. 将正、负电极分别与直流电源的“电压输出”及“地”端连接，将探针极与“探针输入”端连接. 在电极上加稳定直流电压，使电极间的导电介质中形成稳恒电流场. 将选择开关拨到电压位置(内侧)，数字电压表显示电源向正、负极输入的电压，通过“电压调节”旋钮将输入电压调到 8～10 V，再将选择开关拨到测试位置(外侧)，即可寻找等势点.

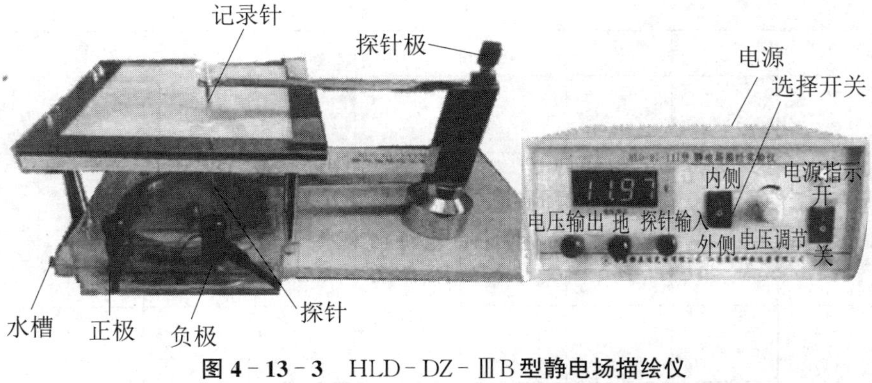

图 4－13－3　HLD－DZ－ⅢB 型静电场描绘仪

实验步骤

(1) 将电源的“电压输出”及“地”端分别与正、负电极相接，“探针输入”端与探针极相连，接通电源. 将选择开关拨到电压位置(内侧)，调节电源电压到 10 V，再将选择开关拨到测试位置(外侧)，即可寻找等势点.

(2) 将记录等势点的白纸平铺于上层板上，并固定好. 移动同步探针选择一电势点，压下记录针打点，测量不同电势的等势线. 要求相邻两等势线间的电压为 1 ～ 2 V，共测 5 条等势线，每条等势线至少测出 8 个均匀分布的等势点.

(3) 确定圆心. 在记录纸上找出分布近似为圆的 8 个等势点，作出几组两点连线的垂直平分线，找出其交点的最佳位置(注意应基本为各等势圆的中心)，将此位置定为圆心. 用游标卡尺测出两电极的半径，测量各等势点到圆心的距离，记录在表 4 - 13 - 1 中.

(4) 以每条等势线上各点到圆心的平均距离 $\bar{r}$ 为半径，画出代表等势线的同心圆族，根据电场线与等势线正交的原理，再画出电场线. 在纸上标明各等势线的电势，并指出电场强度的方向，即得到一张完整的电场分布图.

(5) 在坐标纸上作出相对电势 $\dfrac{V'}{V'_0}$ 和 $\ln \bar{r}$ 的关系曲线，并与理论结果比较.

注意事项

1. 本实验模拟采用的稳恒电流场，电极采用良导体做成，而导电介质必须采用电阻率远大于电极电阻率的不良导体.

2. 采用自来水作为导电介质时，水不要加得过满，一定不能超过导电电极. 此外，水槽必须水平放置，以使水槽各处水的高度相同.

3. 要保持探针与记录针的同步，探针之间不能松动.

数据表格

表 4 - 13 - 1　等势点到圆心的距离

r_0 = ________ mm，R_0 = ________ mm，单位：mm

$\dfrac{V'}{V'_0}$	r_i								$\bar{r}$
	1	2	3	4	5	6	7	8	
$\dfrac{1}{5}$									
$\dfrac{2}{5}$									
$\dfrac{3}{5}$									
$\dfrac{4}{5}$									
1									

数据处理

(1) 在记录纸上画出等势线和电场线，并标明各等势线的电势，指出电场强度的方向，完成一张完整的电场分布图.

(2) 根据式(4-13-3),作出$\frac{V'}{V'_0}$ - ln r 的理论曲线.

由式(4-13-3)可知,当 $r=r_0$ 时,$\frac{V'}{V'_0}=1$;当 $r=R_0$ 时,$\frac{V'}{V'_0}=0$. 用线段连接坐标纸上 $(\ln r_0, 1)$ 与 $(\ln R_0, 0)$ 两点,即为$\frac{V'}{V'_0}$ - ln r 的理论曲线.

(3) 根据表 4-13-1 中的实验数据,作$\frac{V'}{V'_0}$ - ln $\bar{r}$ 的实验曲线,比较理论曲线与实验曲线是否重合,若理论曲线与实验曲线重合不好,分析其误差来源.

思考题

1. 在描绘等势线时,如何确定等势线族的圆心?
2. 用稳恒电流场模拟静电场的条件是什么?

实验 4.14 利用霍尔效应测量亥姆霍兹线圈磁场分布

霍尔效应是导电材料中电流与磁场相互作用产生电动势的一种电磁效应. 1879 年,美国物理学家霍尔在研究金属的导电机制时发现了这种现象. 当电流垂直于外磁场通过半导体时,在垂直于电流和磁场的方向会产生一个附加电场,从而在半导体的两端产生电势差,这个电势差称为**霍尔电势差**(又称**霍尔电压**). 随着半导体材料和制造工艺的发展,人们用半导体材料制成各种霍尔元件,在磁场、磁路等磁现象的研究和应用中具有广泛应用. 利用霍尔效应测量磁场的磁传感器,可以作为开/关传感器或线性传感器广泛应用于电磁测量、电动控制、计算装置领域和电力系统中.

1980 年,德国物理学家克利钦等人在研究极低温度和强磁场中的半导体时发现了**整数量子霍尔效应**,他因此获得了 1985 年的诺贝尔物理学奖. 美籍华裔物理学家崔琦和美国物理学家劳克林、施特默在更强磁场下研究量子霍尔效应时发现了**分数量子霍尔效应**,这一发现使人们对量子现象的认识更进一步,他们因此获得了 1998 年的诺贝尔物理学奖. 目前,科学家们对量子霍尔效应正在进行深入研究,并取得了重要应用,例如用其确定电阻的自然基准,极为精确地测定光谱精细结构常数等.

实验目的

1. 学习利用霍尔效应测量磁场分布的原理.
2. 了解弱磁场的测量方法.
3. 了解亥姆霍兹线圈的特点.
4. 测绘霍尔元件的 $V_H - I_S$, $V_H - I_M$ 曲线,了解霍尔电势差 V_H 与霍尔元件工作电流 I_S、磁感应强度 B 及励磁电流 I_M 之间的关系.
5. 学习利用霍尔效应测量磁感应强度 B 及磁场分布.
6. 学习用对称交换测量法消除副效应产生的系统误差.

实验仪器

HLD-HMH-V 型亥姆霍兹线圈磁场实验仪.

实验原理

1. 霍尔效应

从本质上讲,霍尔效应是运动的带电粒子在磁场中受洛伦兹力的作用而引起的偏转. 当带电粒子(电子或空穴)被约束在固体材料中,这种偏转就导致在垂直于电流和磁场的方向上产生正、负电荷在不同侧的聚积,从而形成附加的横向电场. 如图 4-14-1 所示,磁场 $\boldsymbol{B}$ 沿 z 轴正方向,与之垂直的半导体薄片上沿 x 轴正方向通以电流 I_S(称为工作电流),假设载流子为电子(对应n型半导体材料),它沿着与电流 I_S 相反的 x 轴负方向运动. 由于洛伦兹力 $\boldsymbol{f}_L$ 的作用,电子向图中虚线箭头所指的位于 y 轴负方向的 b 侧偏转,并使 b 侧形成电子积累,而相对的 a 侧形成正电荷积累,产生一附加电场. 因此,运动的电子还受到由于两种积累的异种电荷形成的反向电场力 $\boldsymbol{f}_E$ 的作用. 随着电荷积累的增加,$\boldsymbol{f}_E$ 增大,当两力大小相等,方向相反,即 $\boldsymbol{f}_L=-\boldsymbol{f}_E$ 时,电子积累达到动态平衡. 这时在 a,b 两端面之间建立的电场称为霍尔电场,记作 $\boldsymbol{E}_H$,相应的电势差称为霍尔电势差 V_H.

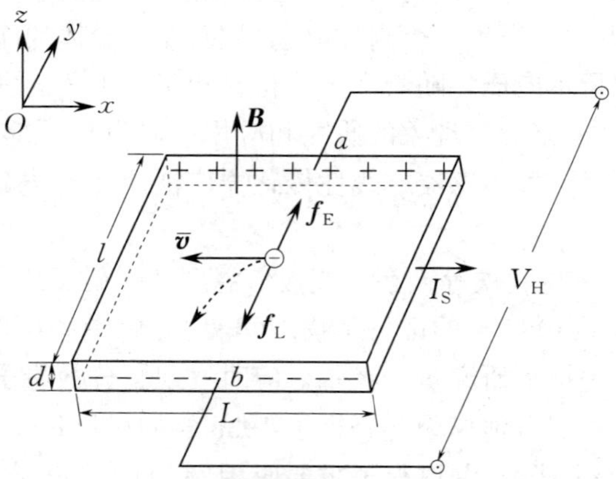

图 4-14-1　霍尔效应原理

设电子按均一速度 $\bar{\boldsymbol{v}}$ 向 x 轴负方向运动,在磁场 $\boldsymbol{B}$ 的作用下,电子所受洛伦兹力为

$$\boldsymbol{f}_L=-e\bar{\boldsymbol{v}}\times\boldsymbol{B}, \tag{4-14-1}$$

式中 e 为电子电量,$\boldsymbol{B}$ 为磁场的磁感应强度.

同时,电场作用于电子的力的大小为

$$f_E=eE_H=e\frac{V_H}{l}, \tag{4-14-2}$$

式中 E_H 为霍尔电场强度,V_H 为霍尔电势差,l 为霍尔元件宽度.

已知当达到动态平衡时,$\boldsymbol{f}_L=-\boldsymbol{f}_E$,将式(4-14-1)与式(4-14-2)代入,得

$$\bar{v}B=\frac{V_H}{l}. \tag{4-14-3}$$

设霍尔元件的厚度为 d，载流子浓度为 n，则霍尔元件的工作电流为

$$I_S = ne\bar{v}ld. \tag{4-14-4}$$

由式(4-14-3)、式(4-14-4)可得

$$V_H = \frac{1}{ne}\frac{I_S B}{d} = R_H \frac{I_S B}{d}, \tag{4-14-5}$$

即霍尔电势差 V_H 与工作电流 I_S 和磁感应强度 B 的乘积成正比，与霍尔元件的厚度 d 成反比，比例系数 $R_H = \frac{1}{ne}$ 称为霍尔系数$\left(\text{严格来说，对于半导体材料，在弱磁场下应引入一个修正因子 } A = \frac{3\pi}{8}\text{，从而有 } R_H = \frac{3\pi}{8}\frac{1}{ne}\right)$，它是反映材料霍尔效应强弱的重要参数，根据材料的电导率的表达式 $\sigma = ne\mu$，还可以得到

$$R_H = \frac{\mu}{\sigma} = \mu\rho \quad 或 \quad \mu = R_H\sigma, \tag{4-14-6}$$

式中 ρ 为电阻率，μ 为载流子迁移率，即单位电场作用下载流子的运动速度. 一般电子迁移率大于空穴迁移率，因此制作霍尔元件时大多采用 n 型半导体材料.

当霍尔元件的材料和其厚度确定时，设

$$K_H = \frac{R_H}{d} = \frac{1}{ned}, \tag{4-14-7}$$

将式(4-14-7)代入式(4-14-5)中得

$$V_H = K_H I_S B, \tag{4-14-8}$$

式中 K_H 称为霍尔元件的灵敏度，它表示霍尔元件在单位磁感应强度和单位控制电流下的霍尔电势差大小，其单位是 mV/(mA·T). 一般要求 K_H 越大越好. 因为金属材料的电子浓度 n 很高，所以它的 R_H 或 K_H 都不大，不适宜用作霍尔元件. 此外元件厚度 d 越小，K_H 越大，所以制作时，往往采用减小 d 的办法来增大灵敏度，但不能认为 d 越小越好，因为太小会导致霍尔元件的输入和输出电阻增加，这是制备霍尔元件不希望发生的. 本实验采用的霍尔元件的厚度 $d = 0.2$ mm，宽度 $l = 1.5$ mm，长度 $L = 1.5$ mm.

注　当磁感应强度 $\boldsymbol{B}$ 和霍尔元件平面法线成一角度时(见图 4-14-2)，作用在元件上的有效磁场是其法线方向上的分量 $B\cos\theta$，此时

$$V_H = K_H I_S B\cos\theta. \tag{4-14-9}$$

所以一般在使用时应调整霍尔元件平面的方位，使 V_H 达到最大，即 $\theta = 0$，这时有

$$V_H = K_H I_S B, \tag{4-14-10}$$

$$B = \frac{V_H}{K_H I_S}. \tag{4-14-11}$$

由式(4-14-8)可知，当工作电流 I_S 或磁感应强度 $\boldsymbol{B}$ 之一改变方向时，霍尔电势差 V_H 极性随之改变；若两者方向同时改变，则霍尔电势差 V_H 极性不变.

考虑到霍尔效应的副效应与 I_S，$\boldsymbol{B}$ 的方向有一定关系，实验中可以用对称交换测量法消除副效应引起的误差：通过改变 I_S，$\boldsymbol{B}$ 的方向，测量四组 V_H 值并冠以正负号修正后取平均值.

霍尔元件测量磁场分布的基本电路图如图 4-14-3 所示，将霍尔元件置于待测磁场的相应位置，并使元件平面与磁感应强度 $\boldsymbol{B}$ 垂直，在其控制端输入恒定的工作电流 I_S，霍尔元件的霍尔电势差输出端接毫伏表，以此测量霍尔电势差 V_H.

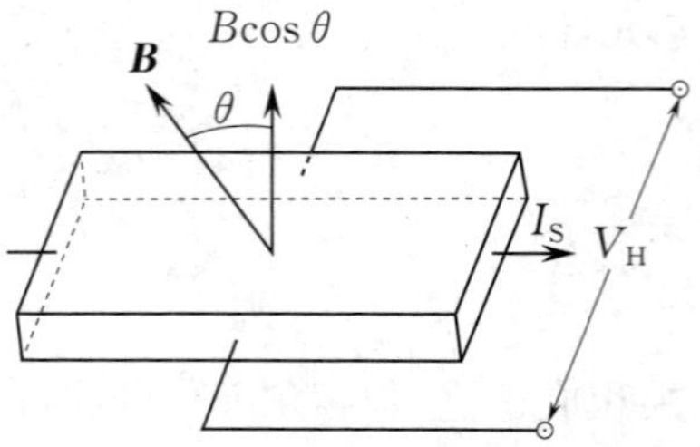

图 4-14-2　外加磁场不垂直于霍尔元件平面时的霍尔效应

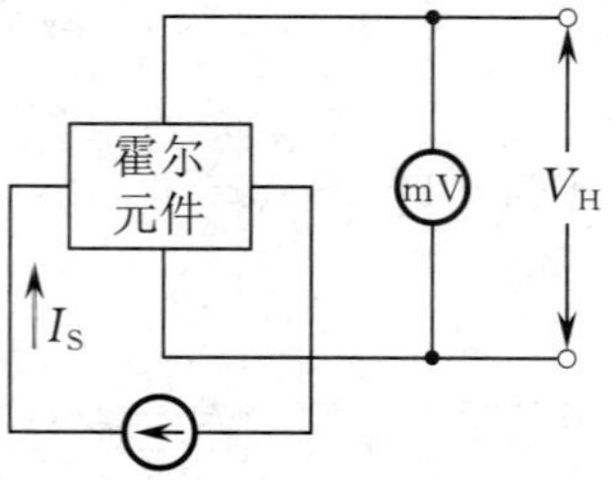

图 4-14-3　霍尔元件测量磁场分布电路图

2. 载流圆线圈和亥姆霍兹线圈的磁场

(1) 载流圆线圈的磁场.

设有一个半径为 R 的圆线圈，如图 4-14-4(a) 所示，通以励磁电流 I_M，根据毕奥-萨伐尔定律，可计算出沿圆线圈轴线方向的磁场，它是一个非均匀磁场，沿其轴线方向，磁感应强度的大小为

$$B=\frac{\mu_0 N R^2 I_M}{2(R^2+x^2)^{\frac{3}{2}}}, \tag{4-14-12}$$

而圆心处的磁感应强度的大小为

$$B_0=\frac{\mu_0 N}{2R} I_M, \tag{4-14-13}$$

式中 N 为线圈的匝数，R 为线圈的平均半径，μ_0 为真空磁导率，x 为轴线上场点到圆心 O 点的距离，各物理量均采用国际单位.

(2) 亥姆霍兹线圈的磁场.

理论计算表明，如果有一对形状相同的载流圆线圈，彼此平行且共轴，通以同方向励磁电流 I_M，当线圈间距离 a 等于线圈半径 R 时，两个载流圆线圈的总磁场在轴线的中点附近的较大范围内是均匀的. 这样的一对线圈称为亥姆霍兹线圈，其轴线上的磁场分布如图 4-14-4(b) 所示. 它在科学实验中应用较广泛，尤其是当所需的均匀磁场不太强时，亥姆霍兹线圈能较容易地提供范围较大且相当均匀的磁场.

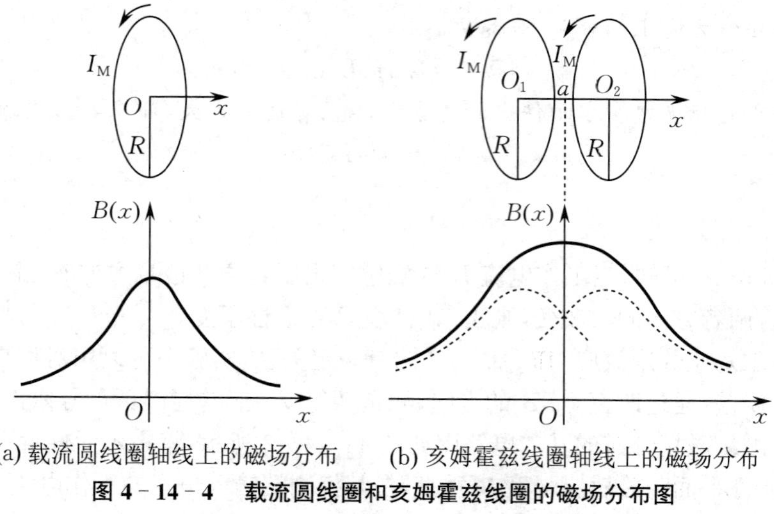

(a) 载流圆线圈轴线上的磁场分布　(b) 亥姆霍兹线圈轴线上的磁场分布

图 4-14-4　载流圆线圈和亥姆霍兹线圈的磁场分布图

设 x 为亥姆霍兹线圈轴线上某点距中心点 O 的距离，由于 x 的取值是任意的，因此亥姆霍兹线圈轴线上任一点的磁感应强度的大小为

$$B=\frac{1}{2}\mu_0 N I_{\mathrm{M}} R^2\left\{\left[R^2-\left(\frac{R}{2}+x\right)^2\right]^{-\frac{3}{2}}+\left[R^2+\left(\frac{R}{2}-x\right)^2\right]^{-\frac{3}{2}}\right\}. \tag{4-14-14}$$

此时可算出亥姆霍兹线圈中点 O 处的磁感应强度的大小为

$$B_0 \approx 0.715\frac{\mu_0 N I_{\mathrm{M}}}{R}. \tag{4-14-15}$$

仪器介绍

实验仪器由亥姆霍兹线圈磁场实验仪主机和亥姆霍兹线圈实验装置组成，分别如图 4-14-5 及图 4-14-6 所示.

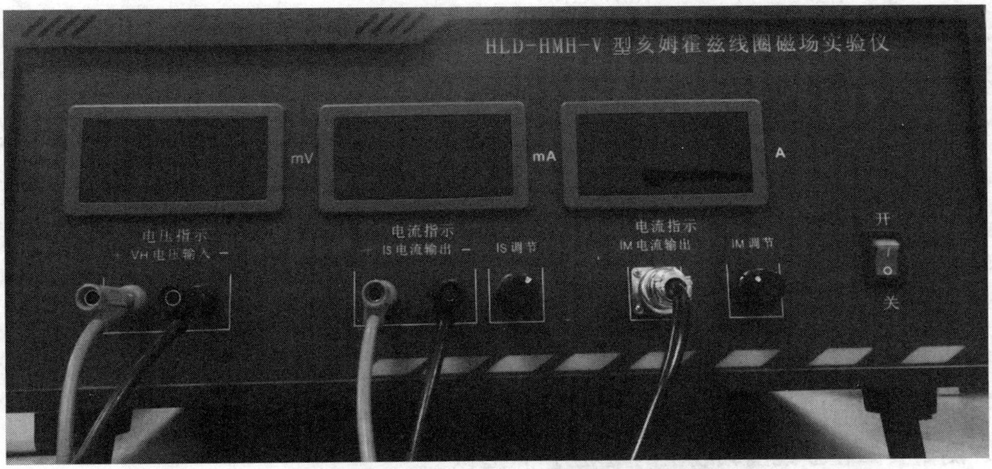

图 4-14-5　亥姆霍兹线圈磁场实验仪主机

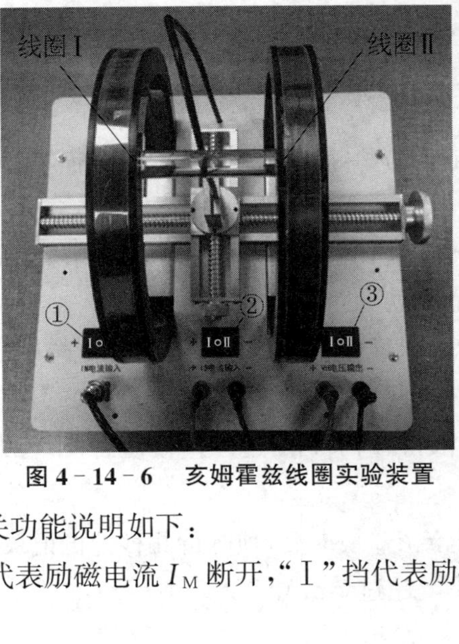

图 4-14-6　亥姆霍兹线圈实验装置

图 4-14-6 中选择开关功能说明如下：

选择开关①中，"○"挡代表励磁电流 I_{M} 断开，"Ⅰ"挡代表励磁电流 I_{M} 正向，"Ⅱ"挡代表

励磁电流 I_M 反向.

选择开关②中,"○"挡代表工作电流 I_S 断开,"Ⅰ"挡代表工作电流 I_S 正向,"Ⅱ"挡代表工作电流 I_S 反向.

选择开关③中,"○"挡代表双线圈通电,"Ⅰ"挡代表单线圈Ⅰ(左)通电,"Ⅱ"挡代表单线圈Ⅱ(右)通电.

实验步骤

1. 测量圆线圈轴线上的磁场分布

(1) 在亥姆霍兹线圈磁场实验仪主机上将"I_M 调节"和"I_S 调节"置于零位.

(2) 在亥姆霍兹线圈实验装置中,调节轴向旋钮,将霍尔元件移至线圈Ⅰ的中心(对应坐标为 −6.0 cm),此处即为 $x=0$ mm 处.

(3) 在亥姆霍兹线圈实验装置中,调节径向旋钮,将霍尔元件沿径向(垂直于线圈Ⅰ轴线)置于磁场中心,将单线圈Ⅰ通电,调节 $I_M=0.3$ A, $I_S=5.00$ mA.

(4) 在亥姆霍兹线圈实验装置中,将霍尔元件移至 $x=-55$ mm(对应轴向坐标为 −11.5 cm),从 $x=-50$ mm(对应轴向坐标为 −11.0 cm)处开始测量(注意不要往回转动旋钮,以免导致回程误差),分别取 I_S,I_M 为正或负,测量一组霍尔电势差.再沿轴向边缘移动至 $x=50$ mm(对应轴向坐标为 −1.0 cm)处,每隔 5 mm 测出相应的 V_1,V_2,V_3,V_4,记录在表 4-14-1 中.

(5) 计算各点的磁感应强度大小,利用计算机作图软件绘制 V_H-x 图的磁场分布曲线,并标注出各点的磁感应强度大小.

2. 测量亥姆霍兹线圈轴线上的磁场分布(选做)

类似实验步骤 1,对双线圈通电进行实验,自拟表格记录数据.

注意事项

1. 霍尔元件性脆易碎、电极易断,严禁用手触摸,以免损坏.在需要调节霍尔元件位置时,必须谨慎操作.

2. 通电前必须保证实验仪主机的"I_S 调节"和"I_M 调节"旋钮均置零位(逆时针旋到底),严防 I_S,I_M 电流未调到零就开机.

3. 实验仪主机的"I_S 输出"接实验架的"I_S 输入","I_M 输出"接"I_M 输入",决不允许将"I_M 输出"接到"I_S 输入",否则一旦通电,会损坏霍尔元件.

4. 移动尺的调节范围有限,在调节到两边停止移动后,不可继续调节,以免因错位而损坏移动尺.

5. 工作电流 I_S 和励磁电流 I_M 换向后,须等待几秒钟再记录数据.

6. 实验时工作电流 I_S 不要超过 7 mA.

数据表格

表 4-14-1　霍尔电势差测量数据记录表

$I_S = 5.00\ \text{mA}, I_M = 0.3\ \text{A}, K_H =$ ________

x/mm	V_1/mV	V_2/mV	V_3/mV	V_4/mV	$V_H = \frac{V_1 - V_2 + V_3 - V_4}{4}$/mV	B/mT
	$+I_S, +I_M$	$+I_S, -I_M$	$-I_S, -I_M$	$-I_S, +I_M$		
−50						
−45						
−40						
−35						
−30						
−25						
−20						
−15						
−10						
−5						
0						
5						
10						
15						
20						
25						
30						
35						
40						
45						
50						

数据处理

1. 由 $V_H - B$ 直线的斜率求得霍尔元件的灵敏度 K_H.

2. 根据表 4-14-1 的测量结果，绘出 $B - x$ 曲线，显示圆线圈轴线上 B 的分布状态.

3. 根据以上所测线圈中心处的 V_H 值，由式(4-14-11) 计算线圈中心处的磁感应强度.

线圈中心处的磁感应强度可由理论公式算出. 如只对单线圈通电，使用式(4-14-13)，如对双线圈(亥姆霍兹线圈) 通电，使用式(4-14-15). 将理论值与实验测量值比较，计算相对误差.

思考题

1. 如果磁感应强度 $\boldsymbol{B}$ 不垂直于霍尔元件，对测量结果有何影响？
2. 对称交换测量法的优点是什么？

实验 4.15　电表的改装和校准

电学实验中经常要用电表(电压表、电流表等)进行测量，一般直流电流表和直流电压表都有一个共同的部分，称为**表头**. 表头通常是一个磁电式微安表，其满偏电流很小，一般为几微安至几十微安，最高也只有几毫安. 若要用它来测量较大的电流、电压或电阻，必须对表头进行改装，以扩大量程. 在生产和科学实验中实际使用的安培计、伏特计和多用表均可由表头改装而成，改装后的电表必须进行校准后才能使用.

1826 年，德国物理学家欧姆在施魏格尔和波根多夫发明的一种原始电流计基础上，巧妙地利用电流的磁效应设计了一个电流扭秤. 将导线与一个由扭丝悬挂的磁针平行放置，当导线中有电流通过时，磁针会偏转一定角度，由此判断导线中电流的强弱. 随着电能在生产生活中的广泛应用，直流电流表、交流电流表、钳形电流表纷纷面世，人们可以根据实际需求在电路测量中选择不同的电表.

实验目的

1. 学习测量表头的满偏电流.
2. 学习将表头改装为电流表和电压表的方法，并对改装后的电表进行校准.
3. 学习将表头改装为多用表的方法，并对改装后的多用表进行校准.

实验仪器

HLD－ARC－Ⅱ 型电表改装与校准实验仪、专用电线.

实验原理

1. 测量表头的满偏电流和内阻

电流表允许通过的最大电流称为电流表的量程，即满偏电流 I_g. 如图 4－15－1 所示，将表头与标准电流表串联，调整电路中的电阻使表头指针达到满偏，此时标准表的读数即为表头的满偏电流 I_g. 将表头替换为电阻箱，保持电压和其他元件不动，调节电阻箱阻值使标准电流表读数不变. 此时，电阻箱阻值即为表头的内阻 R_g.

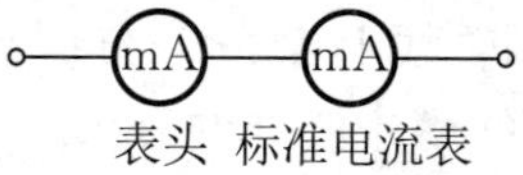

图 4－15－1　测量表头的满偏电流

2. 电流表的改装

表头的满偏电流很小，要将它改装成为能测量较大电流的电流表，可以在表头上并联一个阻值合适的支路电阻 R，如图 4－15－2 所示. 设通过整个电路的最大电流（改装后电流表的量程）为 I_m，通过表头的电流为满偏电流 I_g，其余电流从支路电阻 R 流过，则由欧姆定律有

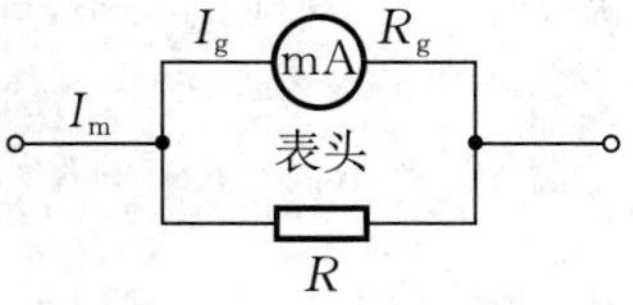

图 4－15－2　并联电阻

$$(I_m - I_g)R = I_g R_g,$$

从而并联的支路电阻 R 的阻值为

$$R = \frac{I_g R_g}{I_m - I_g}. \tag{4-15-1}$$

3. 电压表的改装

表头本身可测量的电压很小，其量程为 $I_g R_g$，只有几十毫伏. 为了满足实际测量的需要，在测量较高电压前必须对其进行改装. 改装的方法是在表头上串联一个分压电阻，如图 4－15－3 所示. 分压电阻 R 与表头串联，当其阻值远大于表头内阻时，被测电压大部分降落在分压电阻 R 上，表头上可承担的电压最大值仍然为 $I_g R_g$.

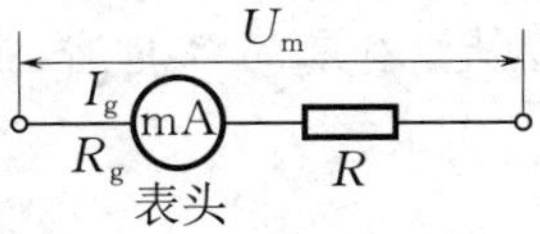

图 4－15－3　串联电阻

设改装后电压表的量程为 U_m，则由欧姆定律有

$$I_g(R_g + R) = U_m, \quad 即 \quad R_g + R = \frac{U_m}{I_g},$$

从而串联的分压电阻 R 的阻值为

$$R = \frac{U_m}{I_g} - R_g. \tag{4-15-2}$$

4. 欧姆表的改装

用来测量电阻阻值大小的电表称为欧姆表. 用欧姆表测电阻前需要进行欧姆调零. 根据欧姆调零方式的不同，欧姆表可分为串联分压式和并联分流式两种. 本实验以串联分压式为例，其原理电路图如图 4－15－4 所示，图中 E 为电源电压，R_3 为限流电阻，R_w 为调零电位器，R_x 为待测电阻.

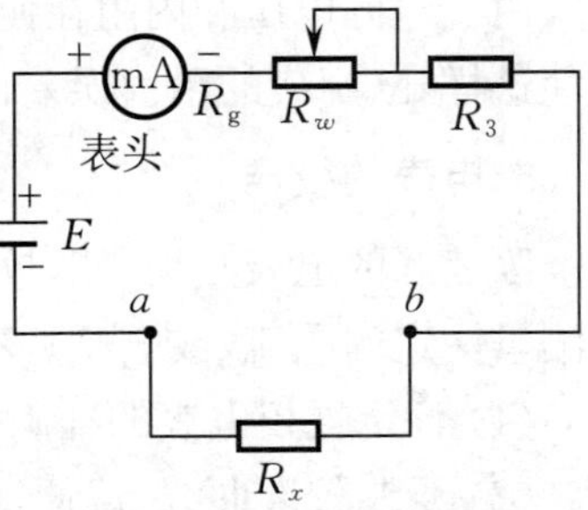

图 4－15－4　串联分压式欧姆表原理电路图

欧姆表使用前要进行欧姆调零，即将 a，b 两点短路（等效于待测电阻 $R_x = 0$），调节电位器 R_w，使表头指针满偏. 此时，由整个回路上的欧姆定律可得电路中的电流为

$$I = \frac{E}{R_g + R_w + R_3} = I_g. \tag{4-15-3}$$

由式（4－15－3）可以看出，欧姆表的零点与电流表的零点正好相反，当待测电阻阻值为零时，电路中的电流等于极大值.

当 a，b 端接入待测电阻 R_x 后，电路中的电流为

$$I = \frac{E}{R_g + R_w + R_3 + R_x}. \tag{4-15-4}$$

对于给定的电路，R_g，R_w 和 R_3 都是常量. 当电源电压 E 保持不变时，待测电阻阻值 R_x 和电流 I 有一一对应的关系，即接入不同的电阻，表头就会有不同的偏转读数，R_x 越大，电流 I 越小.

当 $R_x=R_g+R_w+R_3$ 时，电路中的电流为

$$I=\frac{E}{R_g+R_w+R_3+R_x}=\frac{1}{2}I_g. \tag{4-15-5}$$

这时表头的指针恰好在中间位置，对应的阻值为中值电阻 $R_中$，即

$$R_中=R_g+R_w+R_3.$$

当 a，b 开路（等效于待测电阻无穷大）时，电路中的电流为零，指针位于表头的机械零位. 选择不同电阻阻值 R，测量相应的电流值，即可给出电阻大小与电流大小之间的关系，由此给出欧姆表的表盘刻度，可以用电流表来直接测量电阻，如图 4-15-5 所示. 原则上欧姆表可以测量任何值的电阻，但事实上，若待测电阻比中值电阻 $R_中$ 过大或过小，则会产生较大测量误差.

注 欧姆表的标度尺为反向刻度，且刻度是不均匀的，电阻越大，刻度间隔越密，如图 4-15-5 所示.

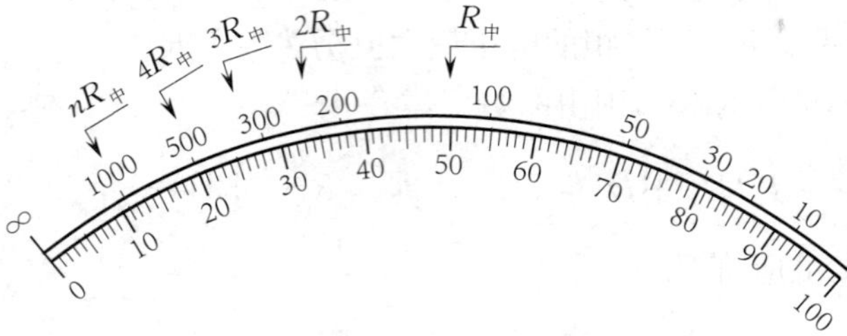

图 4-15-5 欧姆表表盘

由于电源电压和内阻在使用后都会发生变化，因此欧姆表每次测量前都应进行欧姆调零. 即使这样，欧姆表的示值误差也是比较大的，因此一般仅用欧姆表做快速粗略测量.

5. 电表的校准

改装好的电表必须经过校准才能使用. 所谓**校准**是用被校电表与标准电流（或电压）表同时测量一定的电流（或电压），看其示值与相应的标准值相符的程度. 电表校准的目的包括：

(1) 评定被校电表的准确度等级；

(2) 绘制校准曲线，以便被校电表能准确读数.

准确度等级是对电表的质量指标规定，它以数字标明在电表的表盘上. 国标共有 11 个准确度等级：0.05，0.1，0.2，0.3，0.5，1，1.5，2，2.5，3，5.

设被校电表的指示值为 I_x（或 U_x），标准电表的读数为 I_s（或 U_s），则当将被校电表对整个刻度上等间隔的 n 个校准点进行校准时，便可获得一组对应的数据 I_{ix} 和 I_{is}（或 U_{ix} 和 U_{is}）$(i=1,2,\cdots,n)$，以及每个校准点的校准值 $\Delta I_i=I_{ix}-I_{is}$（或 $\Delta U_i=U_{ix}-U_{is}$）. 将 ΔI_i（或 ΔU_i）中绝对值最大的一个作为最大绝对误差，除以被校电表量程的百分数，称为该被校电表的标称误差，即

$$标称误差=\frac{最大绝对误差}{量程}\times 100\%.$$

根据标称误差的大小，即可定出被校电表的准确度等级. 例如，若标称误差在 0.3% ~0.5% 之间，则该被校电表的准确度等级为 0.5.

电表的校准结果除用准确度等级表示外，还常用**校准曲线**表示，即以被校电表的应标值 I_x（或 U_x）为横坐标，以校准值 ΔI（或 ΔU）为纵坐标，然后用线段把相邻的坐标点连成折线，如图 4-15-6 所示，供使用时做读数修正.

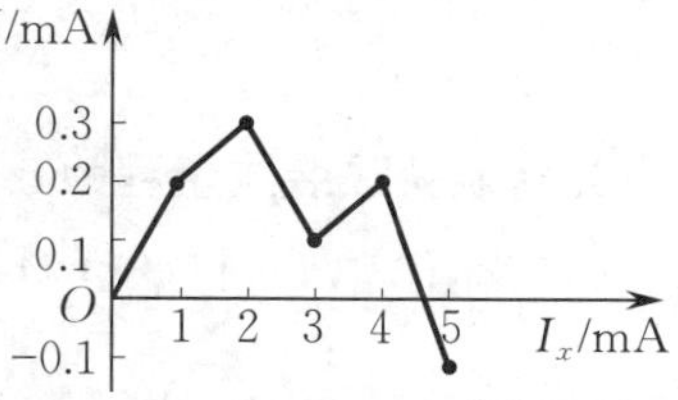

图 4-15-6　电流表校准曲线

仪器介绍

图 4-15-7 所示是 HLD-ARC-Ⅱ 型电表改装与校准实验仪面板示意图. 直流稳压电源为 2 V 和 10 V 两个量程，通过电压选择开关选择所需的电压输出的量程，旋转电压调节旋钮，调节需要的电压. 标准电压表量程为 20 V，精度为四位半；标准电流表量程有 200 μA，2 mA 和 20 mA 三挡，精度为四位，通过按钮开关转换量程. 被改表头采用宽表面表头，量程为 100 μA，内阻约为 1.6 kΩ，准确度等级为 1.5.

1 —可变电阻箱；2 —直流稳压电源；3 —标准电压表；4 —被改表头；5 —标准电流表；
6 —标称值为 5 kΩ 的电位器 R_w；7 —标称值为 10 kΩ 的电阻 R_3；8 —电源开关.

图 4-15-7　HLD-ARC-Ⅱ 型电表改装与校准实验仪面板示意图

实验步骤

1. 仪器的检查准备

接通电源，检查标准电压表、标准电流表是否正常显示. 标准电压表在空载时因内阻较高会出现跳字，属正常现象.

2. 测量满偏电流

(1) 将电源、被改表头、标准电流表和电位器 R_w 串联. 调整 R_w 使被改表头指针满偏，在表 4-15-1 中记录标准电流表的读数，即为被改表头的满偏电流 I_g.

(2) 将被改表头替换为可变电阻箱，利用替代法测量出被改表头的内阻 R_g，记录在表 4－15－1 中.

3. 将表头改装成量程为 5 mA 的电流表并进行校准

(1) 利用式(4－15－1) 计算出并联的扩程电阻阻值 R_2，将电阻箱阻值调至 R_2.

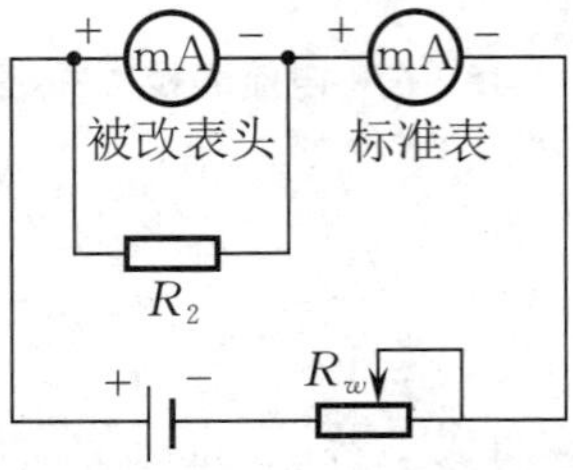

图 4－15－8　改装电流表电路图

(2) 按图 4－15－8 连接电路. 先将电源电压调小，R_w 作为限流电阻应调至一定阻值，防止电路中电流过大. 标准电流表的量程置于 20 mA 挡.

(3) 缓慢增大电源电压，配合电位器 R_w 的调节，观察被改表头的电流变化. 当其指针满偏时，将此时标准电流表读数 I_s 记录在表 4－15－1 中.

(4) 逐步减小电路中的电流，使被改表头电流读数分别调到 4 mA，3 mA，2 mA，1 mA，将相应的标准电流表读数 I_s^- 记录在表 4－15－1 中. 再将电流调至零后，逐步增大电路中的电流，使被改表头电流读数从 1 mA 增大到 5 mA，将对应的标准电流表读数 I_s^+ 记录在表 4－15－1 中. 计算两次读数的平均值 $\overline{I}_s = \dfrac{I_s^+ + I_s^-}{2}$ 及校准值 $\Delta I = I_x - \overline{I}_s$，记录在表 4－15－1 中.

(5) 以改装表读数为横坐标，校准值 ΔI 为纵坐标，作出电流表的校准曲线，并根据最大绝对误差的数值定出改装后电流表的准确度等级.

4. 将表头改装成 5 V 的电压表并进行校准

(1) 利用式(4－15－2) 计算出串联分压电阻 $R_1 + R_2$ 的值，将电阻箱阻值调至计算值.

(2) 按图 4－15－9 连接电路. 电源电压调至 10 V 量程，旋转旋钮先将电压调小，R_w 保持一定电阻，避免电路中电流过大.

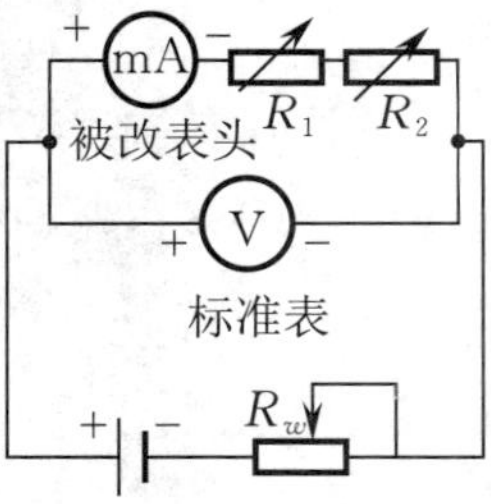

图 4－15－9　改装电压表电路图

(3) 缓慢增大电源电压，配合电位器 R_w 调节，观察被改表头的电流变化，使被改表头指针满偏. 将此时标准电压表读数记录在表 4－15－2 中.

(4) 逐步减小电路中的电流，使被改表头电压读数分别调到 4 V，3 V，2 V，1 V，将相应的标准电压表读数 U_s^- 记录在表 4－15－2 中. 再将电压调至零后，逐步增大电流，使被改表头电压读数从 1 V 增大到 5 V，将对应的标准电压表读数 U_s^+ 记录在表 4－15－2 中. 计算两次读数的平均值 $\overline{U}_s = \dfrac{U_s^+ + U_s^-}{2}$ 及校准值 $\Delta U = U_x - \overline{U}_s$，记录在表 4－15－2 中.

(5) 以改装后电压表读数为横坐标，校准值 ΔU 为纵坐标，作出电压表的校准曲线，并根据最大绝对误差的数值定出改装后电压表的准确度等级.

5. 将表头改装成欧姆表

(1) 按图 4－15－4 的电路图接线. 将 R_1，R_2 电阻箱作为被测电阻 R_x 接于欧姆表的 a，b 端. $R_3 = 10\ \text{k}\Omega$，调节电源电压 $E = 1.5$ V，R_w 调到最大位置.

(2) 欧姆调零. 首先将 R_1，R_2 阻值调为零，再逐步减小 R_w 使被改表头满偏，即改装后的欧姆表已调零.

注意：欧姆调零后，电源电压 E 和调零电位器 R_w 就不能再调整了.

(3) 确定中值电阻 $R_中$. 调节 R_1，R_2，使被改表头指针指示中间位置. 电阻箱的电阻 R_1+R_2 即为中值电阻 $R_中$.

(4) 参照表 4-15-3，取不同电阻箱的电阻 R_x，读出改装后的欧姆表相应的偏转格数，记录在表 4-15-3 中.

数据表格

表 4-15-1　电流表校准数据

$I_g=$ ______ μA，$R_g=$ ______ Ω，$R_2=$ ______ Ω，单位：mA

被改表头读数 I_x	标准电流表读数 I_s			校准值
	减小时 I_s^-	增大时 I_s^+	平均值 $\overline{I}_s=\frac{I_s^++I_s^-}{2}$	$\Delta I=I_x-\overline{I}_s$
5				
4				
3				
2				
1				

表 4-15-2　电压表校准数据

$R_1+R_2=$ ______ Ω，单位：V

被改表头读数 U_x	标准电压表读数 U_s			校准值
	减小时 U_s^-	增大时 U_s^+	平均值 $\overline{U}_s=\frac{U_s^++U_s^-}{2}$	$\Delta U=U_x-\overline{U}_s$
5				
4				
3				
2				
1				

表 4-15-3　欧姆表标度的标定

$E=$ ______ V，$R_中=$ ______ Ω

R_x	$\frac{1}{5}R_中$	$\frac{1}{4}R_中$	$\frac{1}{3}R_中$	$\frac{1}{2}R_中$	$R_中$	$2R_中$	$3R_中$	$4R_中$	$5R_中$
偏转格数									

数据处理

1. 电流表校准

(1) 评定被改电流表的准确度等级：

标称误差$=\dfrac{|\Delta I|_{\max}}{I_{\mathrm{m}}}\times 100\%=$__________，

准确度等级 $c_I=$__________.

(2) 以改装后电流表的读数 I_x 为横坐标，ΔI 为纵坐标，作出改装后电流表的校准曲线.

2. 电压表校准

(1) 评定被改电压表的准确度等级：

标称误差$=\dfrac{|\Delta U|_{\max}}{U_{\mathrm{m}}}\times 100\%=$__________，

准确度等级 $c_U=$__________.

(2) 以改装后电压表的读数 U_x 为横坐标，ΔU 为纵坐标，作出改装后电压表的校准曲线.

3. 绘制出改装后欧姆表的标度盘

利用表 4－15－3 中的数据绘制出改装后欧姆表的标度盘.

思考题

1. 测定表头内阻的方法还有哪些？利用电桥能否既测定表头电阻又保证通过表头的电流不超过 I_g？

2. 现须设计一个 $R_{中}=1\ 500\ \Omega$ 的欧姆表，有两个量程 1 mA 的电流表，其内阻分别为 250 Ω 和 100 Ω，选哪个较好？

实验 4.16　示波器的原理及使用

拓展阅读

示波器能够显示各种电信号，一切可以转化为电信号的电学量和非电学量，以及它们随时间做周期性变化的过程都可以用示波器来观测. 示波器是一种用途十分广泛的测量和显示仪器. 目前大量使用的示波器有两种，即模拟示波器和数字示波器. 模拟示波器发展较早，技术已经非常成熟. 随着数字技术的迅速发展，数字示波器拥有了许多模拟示波器不具备的优点：能长时间保存信号；测量精度高；具有很强的信号处理能力；可以与计算机或其他外部设备相连，实现更复杂的数据运算或分析；具有先进的触发功能；等等. 随着相关技术的进一步发展，示波器的使用范围将更加广泛. 因此，学习示波器，尤其是数字示波器的使用十分重要. 本实验介绍模拟示波器的主要结构和基本原理，重点学习数字示波器的使用.

实验目的

1. 了解模拟示波器的主要结构和工作原理.
2. 熟悉数字示波器的特点，学习使用数字示波器观察波形及测量未知信号.
3. 学习使用波形发生器.

实验仪器

NDS 型双通道示波器、NDG2000 型双通道任意波形发生器.

实验原理

1. 模拟示波器示波原理

(1) 示波管.

示波管是示波器进行图形显示的核心部分，其结构如图 4-16-1 所示. 灯丝是示波管的阴极，加热时它能够发射出电子. 电子在阳极的加速和聚焦作用下快速运动，轰击到荧光屏上并显示一光点. 若在 3,4 端输入一个电压信号，就会产生一个与电子运动方向垂直的电场，使电子运动发生偏转，导致电子在显示屏上轰击位置沿 y 轴方向发生变化. 同理，1,2 端输入的电压信号可以控制电子在显示屏上轰击位置沿 x 轴方向发生变化.

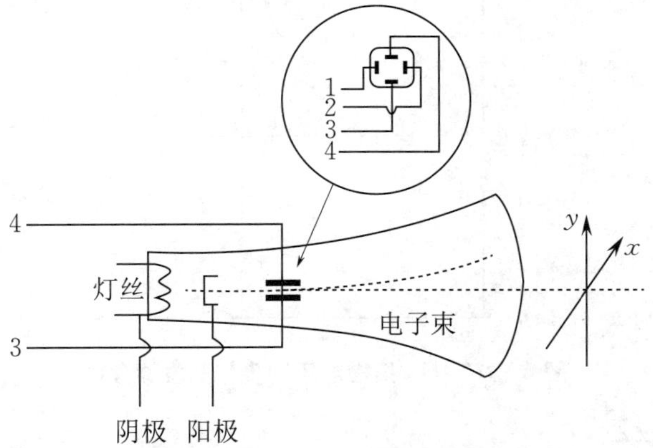

图 4-16-1　示波管的结构

(2) 待测信号 $y(t)$ 和扫描信号 $U_x(t)$ 的观测.

把一个周期变化的信号(如正弦波) 加在示波管的 3,4 端，光点在显示屏上的位置将沿一条竖线变化，当频率不断加大时，就会形成一条竖线，如图 4-16-2(a) 所示，此时若在横向加一随时间线性变化的电压 $U_x(t)$，光点运动轨迹将沿 x 轴方向展开，形成如图 4-16-2(b) 所示的波形.

当光点运动到最右端后，为了在屏上继续显示波形，此时需要将 U_x 回零(实际变为另一方向的最大值)，开始第二次展开，因此 $U_x(t)$ 信号波形应类似于图 4-16-3 所示的锯齿波. 这样的 $U_x(t)$ 电压叫作扫描电压. 它的存在是波形能在显示屏上持续显示的前提.

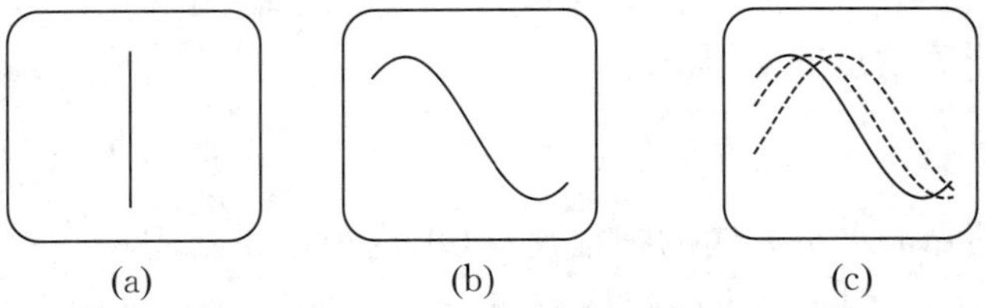

图 4-16-2　显示屏上的波形

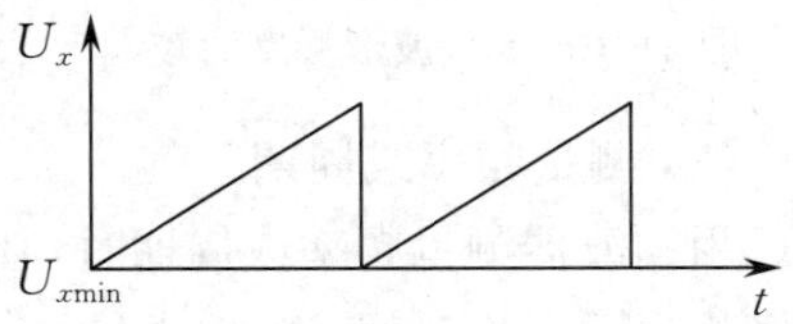

图 4-16-3　扫描电压

(3) 扫描电压的同步与触发.

为了形成稳定的波形，必须使每次扫描电压的触发点处于待测周期信号的相同位点. 也就是待测周期信号与扫描电压要同步. 不然的话，两次扫描的波形不重合，显示的波形就会在显示屏上沿水平方向移动，如图 4-16-2(c) 所示.

早期示波器的扫描电压就是如图 4-16-3 所示的锯齿波. 锯齿波的周期必须与待测信号相同,或是待测信号的整数倍. 现在大多数示波器是用触发扫描来实现同步的,输入的待测信号 $y(t)$ 可以作为触发源. 人为设定某一电压为触发电平,当待测信号电压在每个周期中上升至触发电平[见图 4-16-4(a)]时,产生一尖脉冲信号[见图 4-16-4(b)],这样就产生了一个与待测信号同频率的脉冲波. 每次扫描电压到最小值后并不马上开始下一次扫描,而是要等待接收脉冲信号触发后才开始下一次扫描[见图 4-16-4(c)],这样就保证了扫描电压与待测信号同步.

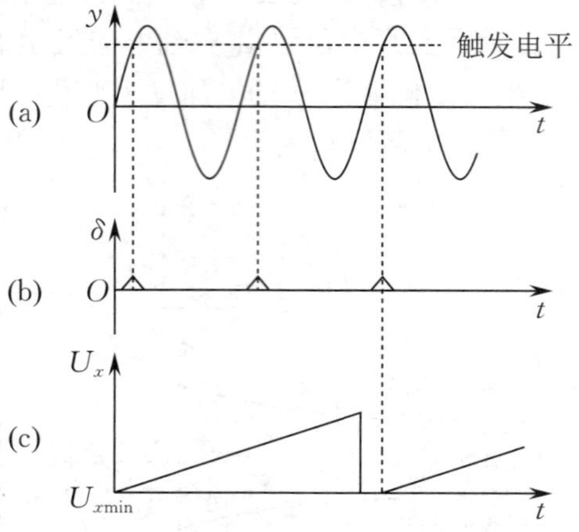

图 4-16-4　扫描电压同步与触发原理图

2. 数字示波器的应用

(1) 测量电压.

用示波器可以测量直流电压、交流电压和非正弦波的电压. 电压测量采用比较法,即已知标准信号电压幅度的波形在示波器垂直方向上的分度,然后将待测电压信号输入,进行比较. 例如,从图 4-16-5 的波形可知,若灵敏度,即竖直方向每格电压(单位为 V/div) 为 0.5 V/div,

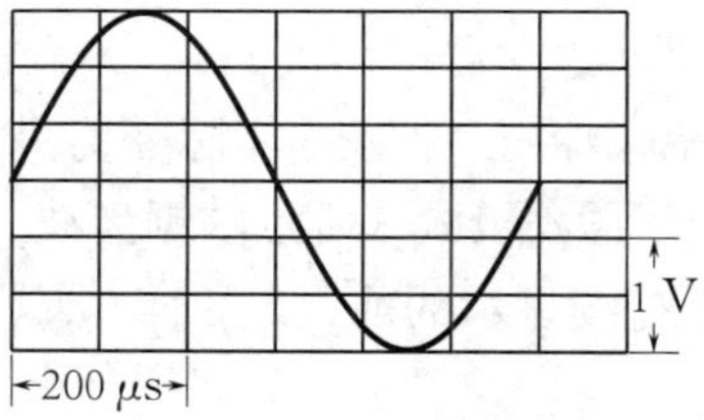

图 4-16-5　波形幅度比较

波峰与波谷之间占据 6 格,则峰峰值电压 $V_{\text{p-p}}=0.5\times 6\ \text{V}=3\ \text{V}$,交流峰值电压为 $V_{\text{m}}=\dfrac{V_{\text{p-p}}}{2}=1.5\ \text{V}$. 对于正弦信号,可以计算得出有效值 $V_{\text{rms}}=\dfrac{V_{\text{m}}}{\sqrt{2}}=1.06\ \text{V}$. 该值也就是用交流电压表读出的电压值.

(2) 测量频率或周期.

用示波器测量频率或周期时,必须知道水平方向的扫描速率(单位为 s/div),即水平方向每格相当于多长时间. 例如,若图 4-16-5 中水平方向每格相当于 100 μs,一个周期内占据 6 格,即周期为 600 μs,则待测信号频率 $f=\dfrac{1}{600\ \mu\text{s}}=1\ 666.6\ \text{Hz}$. 为提高精度,可测量 n 个周期的时间并除以 n 来计算周期.

示波器合成的李萨如图形可以更准确地测量频率. 将频率为 f_y 的待测正弦信号接到 y 轴输入端 CH2,已知频率 f_x 的标准正弦信号接到 x 轴输入端 CH1,适当调节 x,y 轴扫描速率和通道灵敏度，即可得到大小适中的李萨如图形. 例如，图 4-16-6 中展示了 V_y 的频率 f_y 是 V_x 的频率 f_x 的一半时，相应的李萨如图形的形成原理.

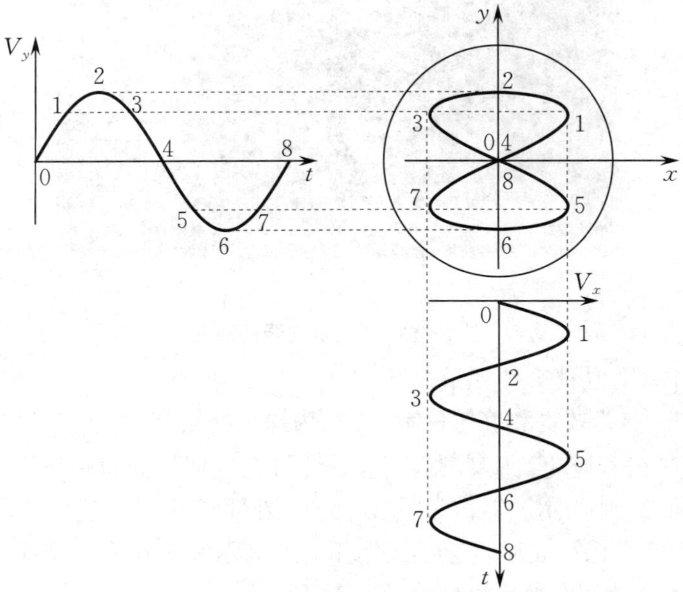

图 4-16-6 $f_y : f_x = 1 : 2$ **时李萨如图形的形成原理**

当用矩形框与该图形相切时，如图 4-16-7 所示，水平与竖直方向的切点数之比 $N_x : N_y = 1 : 2$. 由此可以总结如下规律：

$$\frac{f_y}{f_x}=\frac{N_x}{N_y},$$

式中 N_x 为水平方向的切点数，N_y 为竖直方向的切点数.

例如，图 4-16-8 中的李萨如图形与矩形框相切，水平方向的切点数 $N_x=3$，竖直方向的切点数 $N_y=2$，由此可知频率比 $f_y : f_x = 3 : 2$，再由已知频率 f_x 可计算出待测信号频率 f_y.

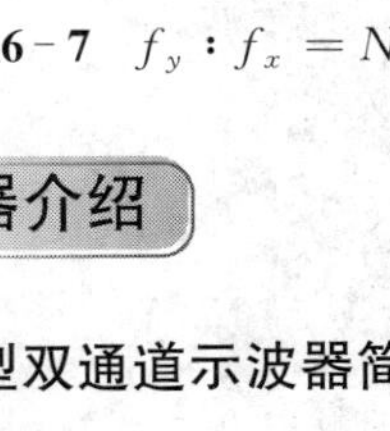

图 4-16-7 $f_y : f_x = N_x : N_y$

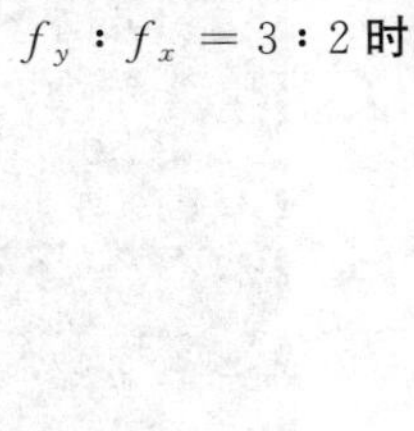

图 4-16-8 $f_y : f_x = 3 : 2$ **时的李萨如图形**

仪器介绍

1. NDS 型双通道示波器简介

(1) 面板介绍.

NDS 型双通道示波器前面板如图 4-16-9 所示.

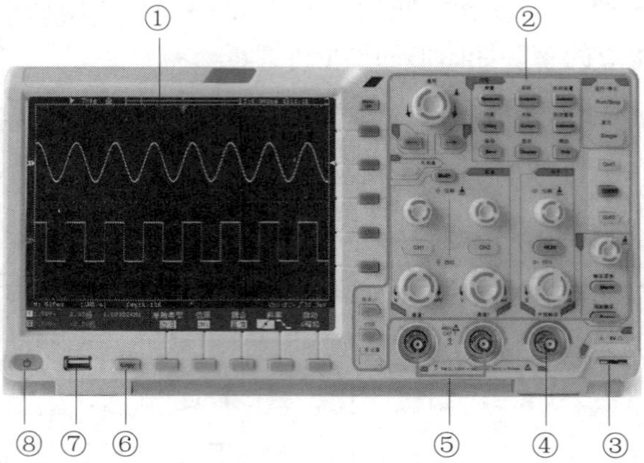

图 4-16-9　示波器前面板

图 4-16-9 中部分功能介绍如下.

① 为显示区域. ② 为按键和旋钮控制区. ③ 为探头补偿,可输出 5 V/1 kHz 信号. ④ 为外触发输入. ⑤ 为信号输入口. ⑥ 为复制(Copy) 键,可在任何界面直接按下此键来保存信源波形. ⑦ 为 USB Host 接口. 当示波器作为"主设备"与外部 USB 设备连接时,需要通过该接口传输数据. 例如,通过 U 盘保存波形时,使用该接口. ⑧ 为示波器开关. 按键背景灯为红灯表示处于关机状态(接市电或使用电池),绿灯表示处于开机状态.

示波器菜单按键如图 4-16-10 所示.

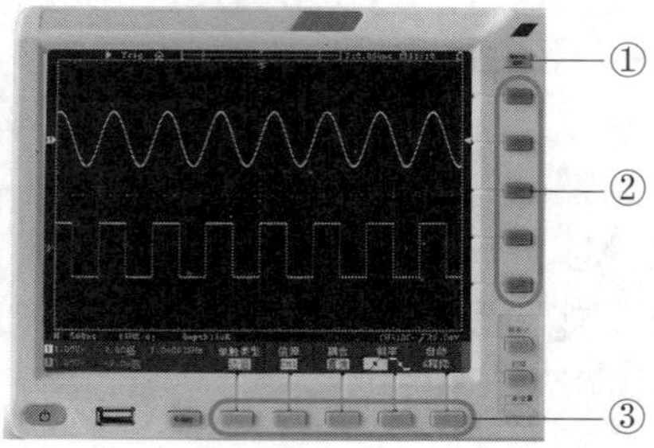

① —隐藏屏幕两侧菜单;② —选择屏幕右侧菜单项;③ —选择屏幕下方菜单项.

图 4-16-10　示波器菜单按键

示波器后面板如图 4-16-11 所示.

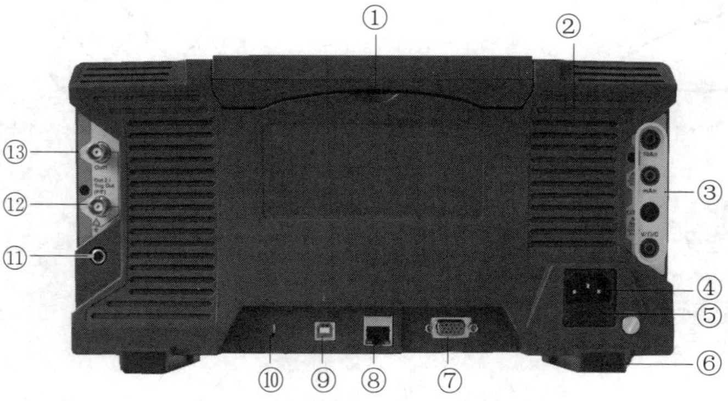

图 4-16-11　示波器后面板

图 4 - 16 - 11 中部分功能介绍如下.

① 为可收纳式提手. ② 为散热孔. ③ 为多用表输入端(可选). ④ 为电源插口. ⑤ 为保险丝. ⑥ 为脚架,可用于调节示波器倾斜的角度. ⑦ 为 VGA 接口,可用于连接外部显示器或投影仪. ⑧ 为 LAN 接口,提供与计算机相连接的网络接口. ⑨ 为 USB 接口. 当示波器作为“从设备”与外部 USB 设备连接时,需要通过该接口传输数据. 例如,连接计算机或打印机时,须使用该接口. ⑩ 为锁孔. 可以使用安全锁通过该锁孔将示波器锁定在固定位置,用来确保示波器安全. ⑪ 为 AV 接口,用于输出 AV 视频信号(可选). ⑫ 为 Trig Out(P/F) 接口:触发输出或通过 / 失败输出端口,另外也作为双通道信号发生器 CH2 的输出端(可选). 输出选项可在菜单中设置(功能菜单→输出→同步输出). ⑬ 为 Out 1 接口:单通道时作为信号发生器的输出端,双通道时作为 CH1 的输出端(可选).

示波器的按键和旋钮控制区如图 4 - 16 - 12 所示.

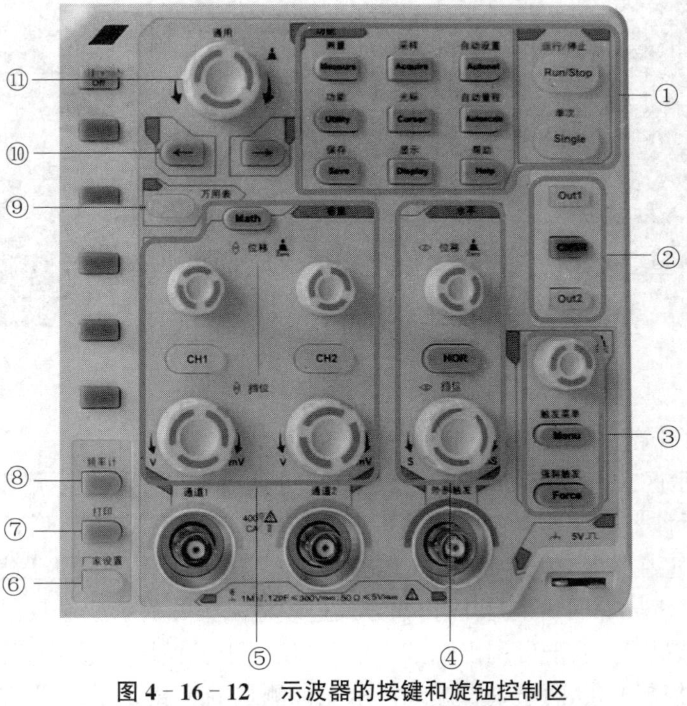

图 4 - 16 - 12　示波器的按键和旋钮控制区

图 4 - 16 - 12 中部分功能介绍如下.

① 为功能按键区,共 11 个按键. ② 为信号发生器控件(可选). ③ 为触发控制区,包括两个按键和一个旋钮.“触发电平”旋钮用于调整触发电平,其他两个按键对应触发系统的设置. ④ 为水平控制区,包括一个按键和两个旋钮. 在示波器状态下,“水平菜单”按键对应水平系统设置菜单,“水平位移”旋钮控制触发的水平位移,“水平挡位”旋钮控制时基挡位. ⑤ 为垂直控制区,包括三个按键和四个旋钮. 在示波器状态下,“CH1”“CH2”按键分别对应 CH1 和 CH2 的设置菜单,“Math”按键对应波形计算菜单,包括加、减、乘、除、快速傅里叶变换(FFT)、自定义函数运算和数字滤波,两个“垂直位移”旋钮分别控制 CH1,CH2 的垂直位移,两个“垂直挡位”旋钮分别控制 CH1 和 CH2 的电压挡位. ⑥ 为厂家设置. ⑦ 用于打印显示在示波器屏幕上的图像. ⑧ 为开启 / 关闭硬件频率计的快捷键,例如选配解码功能,为开启 / 关闭解码. ⑨ 为测量快照,当选配多用表时为开启 / 关闭多用表. ⑩ 为方向键,用于移动选中参数的光标. ⑪ 为

“通用”旋钮.当屏幕菜单中出现 M 标志时,表示可转动“通用”旋钮来选择当前菜单或设置数值;按下旋钮可关闭屏幕左侧及右侧菜单.

示波器显示界面如图 4-16-13 所示.

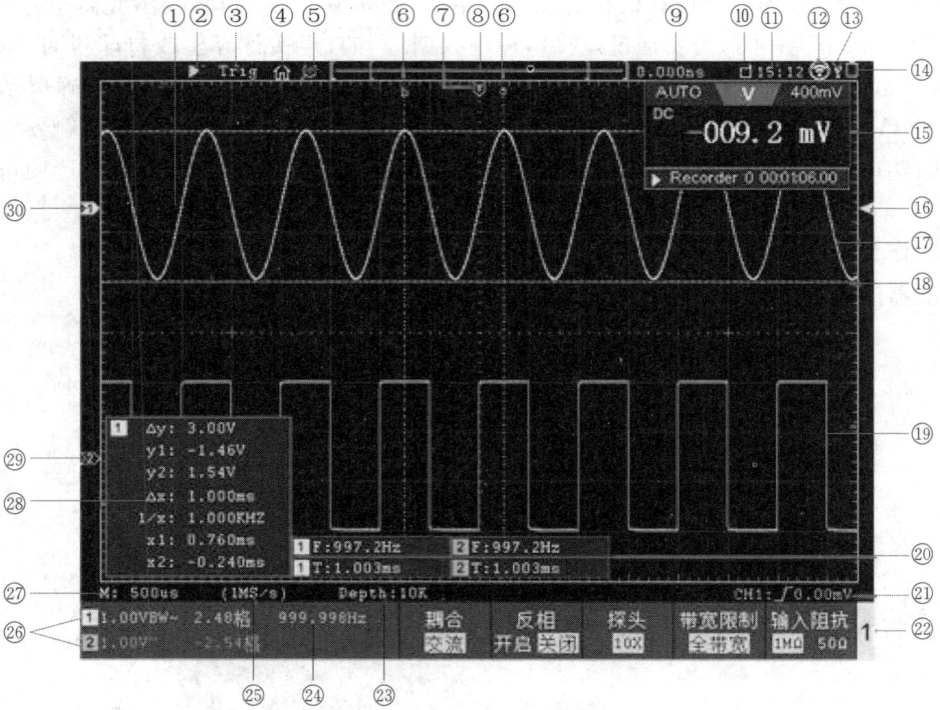

图 4-16-13 示波器显示界面

图 4-16-13 中部分功能介绍如下.

① 为波形显示区. ② 显示运行/停止(触摸屏可直接点击). ③ 显示触发状态,有以下五种类型:Auto 表示示波器处于自动触发模式并正在采集无触发状态下波形;Trig 表示示波器已检测到一个触发,正在采集触发后信息;Ready 表示所有预触发数据均已被获取,示波器已准备就绪,接受触发;Scan 表示示波器以扫描方式连续地采集并显示波形数据;Stop 表示示波器已停止采集波形数据. ④ 点击可调出触摸主菜单(仅限于触摸屏). ⑤ 用于开启/关闭放大镜功能(仅适用于触摸屏). ⑥ 两条垂直虚线指示光标测量的垂直光标位置. ⑦ T 指针表示触发水平位移,此时通过“水平位移”旋钮可调整其位置. ⑧ 指针指示当前存储深度内的触发位置. ⑨ 指示当前触发水平位移的值;显示当前窗口波形在内存中的位置. ⑩ 为触摸屏是否已锁定的图标,图标可点击.锁定时,屏幕不可进行触摸操作(仅限于触摸屏). ⑪ 显示系统设定的时间. ⑫ 显示威发(WiFi)功能. ⑬ 显示当前连接设备. ⑭ 显示当前电池电量. ⑮ 为多用表显示窗. ⑯ 指针表示通道的触发电平位置. ⑰ 为 CH1 的波形. ⑱ 两条水平蓝色虚线指示光标测量的水平光标位置. ⑲ 为 CH2 的波形. ⑳ 显示相应通道的测量项目与测量值,其中 T 表示周期,F 表示频率,V 表示平均值,Vp 表示峰峰值,Vr 表示方均根值,Ma 表示最大值,Mi 表示最小值,Vt 表示顶端值,Vb 表示底端值,Va 表示幅度,Os 表示过冲,Ps 表示预冲,RT 表示上升时间,FT 表示下降时间,PW 表示正脉宽,NW 表示负脉宽,+D 表示正占空比,-D 表示负占空比,PD 表示延迟 A→B“↱”,ND 表示延迟 A→B“↳”,TR 表示周方均根,CR 表示游标方均根,

WP 表示屏幕脉宽比，RP 表示相位，＋PC 表示正脉冲个数，－PC 表示负脉冲个数，＋E 表示上升沿个数，－E 表示下降沿个数，AR 表示面积，CA 表示周期面积. ㉑ 图标表示相应通道所选择的触发类型. 例如，“⎽⎾” 表示在边沿触发的上升沿处触发，读数表示相应通道触发电平的数值. ㉒ 为下方菜单的通道标识. ㉓ 显示当前存储深度. ㉔ 触发频率显示对应通道信号的频率. ㉕ 显示当前采样率. ㉖ 读数分别表示相应通道的电压挡位及零点位置，BW 表示带宽限制；图标指示通道的耦合方式：“—” 表示直流耦合，“～” 表示交流耦合，“⏚” 表示接地耦合. ㉗ 表示主时基设定值. ㉘ 为光标测量窗口，显示光标的绝对值及各光标的读数. ㉙ 指针表示 CH2 通道所显示波形的接地基准点(零点位置). 如果没有该指针，说明该通道没有打开. ㉚ 指针表示 CH1 通道所显示波形的接地基准点(零点位置). 如果没有该指针，说明该通道没有打开.

(2) 初步了解垂直系统.

示波器的垂直控制区如图 4－16－14 所示.

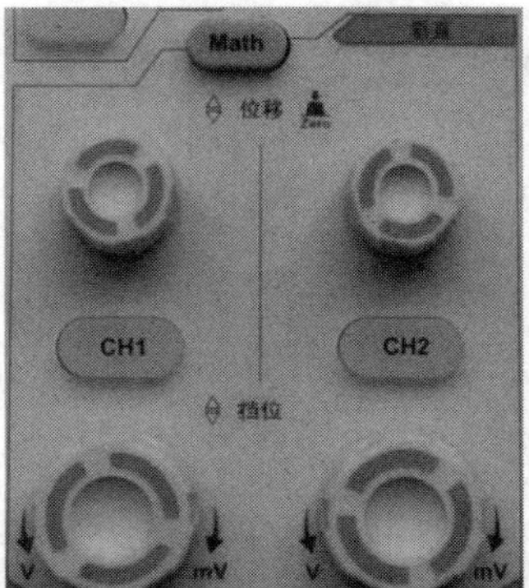

图 4－16－14　示波器的垂直控制区

① 使用“垂直位移” 旋钮在波形窗口居中显示信号. “垂直位移” 旋钮控制信号的垂直显示位置. 当转动“垂直位移” 旋钮时，指示通道接地基准点的指针跟随波形上下移动.

该旋钮的测量技巧如下：

如果通道耦合方式为直流耦合，则可以通过观察波形与信号地之间的差距来快速测量信号的直流分量；如果耦合方式为交流耦合，则信号中的直流分量被滤除. 这种方式用更高的灵敏度显示信号的交流分量更方便.

转动“垂直位移” 旋钮可改变通道的垂直显示位置，按下该旋钮可使通道垂直显示位置恢复到零点.

② 使用“垂直挡位” 旋钮改变垂直设置，并观察因此导致的状态信息变化.

转动“垂直挡位” 旋钮改变垂直挡位因数(电压挡位)，可以发现状态栏对应通道的挡位因数显示发生了相应的变化.

③ 按下“CH1”“CH2” 和“Math” 按键，屏幕上显示对应通道的操作菜单、标志、波形和挡位因数信息. 按下“CH1”“CH2” 或“Math” 按键可能的结果如下：

i. 如果波形关闭，则打开波形并显示其菜单；

ii. 如果波形打开但没有显示其菜单，则显示其菜单；

iii. 如果波形打开并且其菜单已显示，则关闭波形，其菜单也将消失.

(3) 初步了解水平系统.

示波器的水平控制区如图 4－16－15 所示.

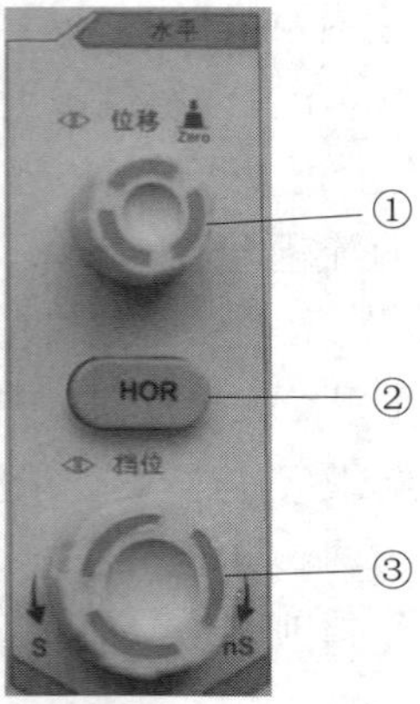

① —“水平位移”旋钮;② —“水平菜单”按键;③ —“水平挡位”旋钮.

图 4－16－15　示波器的水平控制区

① 转动“水平位移”旋钮,调整信号在波形窗口的水平显示位置,而按下该旋钮可使触发位移恢复到水平零点处.

② 转动“水平挡位”旋钮,改变水平时基挡位,并观察因此导致的状态信息变化,可以发现状态栏对应水平时基显示发生了相应的变化.

③ 按下“水平菜单”按键,可在正常模式和波形缩放模式之间切换.

(4) 示波器的调节与数据测量.

首先需要设置垂直系统.

垂直系统控制区包括“CH1”“CH2”“Math”三个菜单按键和“垂直位移”“垂直挡位”(两个通道各有一组) 四个旋钮.

每个通道有独立的垂直菜单. 每个项目都按不同的通道单独设置.

① 设置通道耦合.

以 CH1 通道为例,设待测信号是一含有直流偏置的方波信号. 操作步骤如下:

i. 按下“CH1”按键,调出 CH1 设置菜单.

ii. 在下方菜单中,选择“耦合”.

iii. 在右侧菜单中选择“直流”,将耦合方式设置为直流耦合,待测信号含有的直流分量和交流分量都可以通过;在右侧菜单中选择“交流”,将耦合方式设置为交流耦合,待测信号含有的直流分量被阻隔.

② 调节探头比例.

以 CH1 通道为例,若要将探头衰减系数设置为 10∶1,操作步骤如下:

i. 按“CH1”按键,调出 CH1 设置菜单.

ii. 在下方菜单中,选择“探头”. 在右侧菜单中选择“衰减”,转动“通用”旋钮至“10×”挡.

其次需要设置水平系统.

水平系统控制区包括“水平菜单”按键、“水平位移”旋钮和“水平挡位”旋钮.

① 转动“水平位移”旋钮,调整所有通道(包括数学运算)的水平位移,这个旋钮的分辨率随着时基的变化而变化.

② 转动“水平挡位”旋钮,为主窗口或缩放窗口设定合适的水平时基.

③ 观察波形时,可按下“水平菜单”按键,在正常模式和波形缩放模式之间切换.

设置完成后,可进行自动测量. 图 4－16－16 展示了一组自动测量结果.

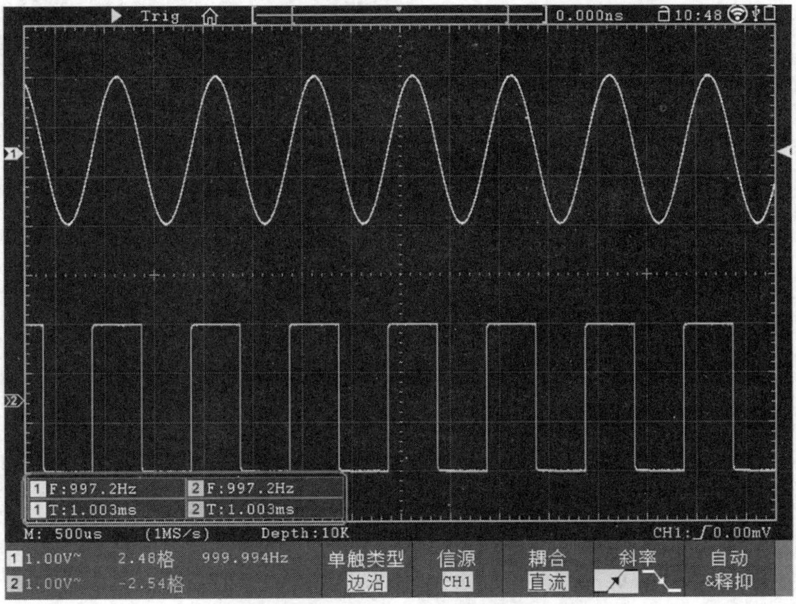

图 4－16－16　自动测量结果

示波器可以自动测量的电压参数包括平均值、峰峰值、方均根值(有效值)、最大值、最小值、顶端值、底端值、幅度等. 各个参数的物理意义如下.

① 平均值 $\overline{V}$:整个波形或选通区域上的算数平均值.

② 峰峰值 V_{p-p}:波形最高点至最低点的电压值.

③ 方均根值 V_{rms}:整个波形或选通区域上的精确电压的方均根,即有效电压.

④ 最大值 V_{max}:波形最高点至 GND(地) 端的电压值.

⑤ 最小值 V_{min}:波形最低点至 GND(地) 端的电压值.

⑥ 顶端值 V_{top}:波形平顶至 GND(地) 端的电压值.

⑦ 底端值 V_{base}:波形平底至 GND(地) 端的电压值.

⑧ 幅度 V_{amp}:波形顶端至底端的电压值.

2. NDG2000 型双通道任意波形发生器简介

(1) 波形发生器面板介绍.

NDG2000 型双通道任意波形发生器的前面板如图 4－16－17 所示.

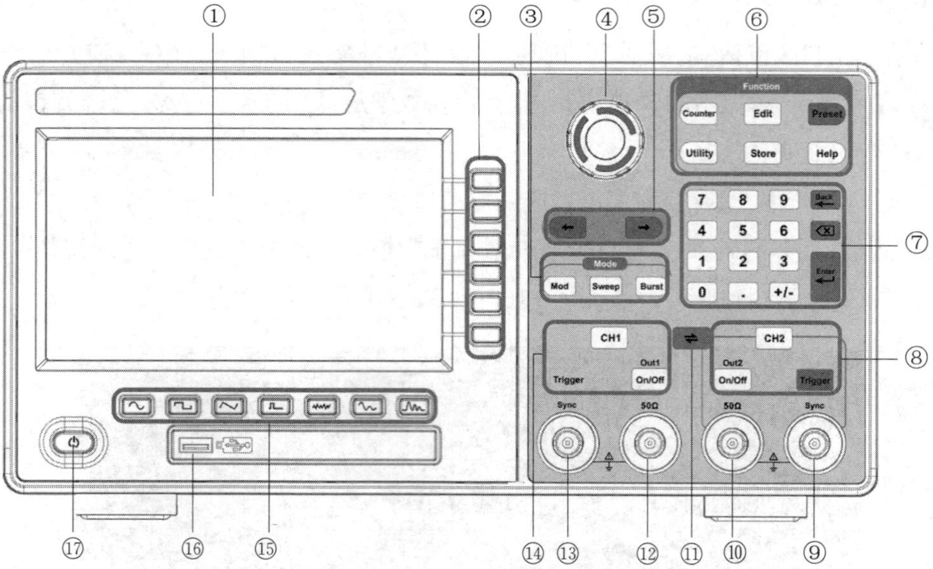

图 4-16-17　波形发生器的前面板

图 4-16-17 中部分功能介绍如下.

① 为显示屏,用于显示用户界面. ② 为菜单选择键,包括六个按键,用于选择对应的菜单软键. ③ 为模式按键区,包含以下三个按键:调制“Mod”用于输出调制波形,扫频“Sweep”用于扫描正弦波、方波、锯齿波或任意波,脉冲串“Burst”用于产生正弦波、方波、锯齿波、脉冲波或任意波的脉冲串. ④ 为“通用”旋钮,用于改变当前选中数值,也用于选择文件位置或文件名输入时软键盘中的字符. 当插入 U 盘时,长按此旋钮可将当前显示屏幕以 BMP 图片格式存入 U 盘中. ⑤ 为方向键,用于移动选中参数的光标. ⑥ 为功能按键区,包含以下六个按键:频率计“Counter”用于进入频率计界面,波形编辑“Edit”用于进入波形编辑界面,预设“Preset”用于进入预设置菜单,设置复位参数或上电参数,辅助功能“Utility”用于设置辅助系统功能,保存“Store”用于保存/调出/读取任意波形数据或仪器设置,帮助“Help”可获得任何前面板按键或菜单软键的上下文帮助信息. ⑦ 为数字键盘,用于参数输入. ⑧ 为 CH2 按键区,包含以下三个按键:“CH2”键用于进入波形界面并选中 CH2 通道(按键背灯亮起),选中后可设置 CH2 通道的波形和参数,“Trigger”键为 CH2 手动触发按键,在扫频或脉冲串模式下,触发源选择为手动时,每次按此键都会启动一个触发,“On/Off”键用于开启或关闭 CH2 通道的输出 Out2. 开启输出时,按键背灯亮起. ⑨ 为 CH2 同步输出端子. 当“Utility”→“CH1/2 设置”→“CH2 同步”设置为打开时,此端子输出与 CH2 通道当前配置相匹配的同步信号. ⑩ 为 CH2 输出端,用于输出 CH2 通道信号. ⑪ 为 CH1↔CH2 键,用于显示通道复制菜单及通道间设置. ⑫ 为 CH1 输出端,用于输出 CH1 通道信号. ⑬ 为 CH1 同步输出端子,当“Utility”→“CH1/2 设置”→“CH1 同步”设置为打开时,此端子输出与 CH1 通道当前配置相匹配的同步信号. ⑭ 为 CH1 按键区,包含以下三个按键:CH1 键用于进入波形界面并选中 CH1 通道(按键背灯亮起),选中后可设置 CH1 通道的波形和参数,“Trigger”键为 CH1 手动触发按键,在扫频或脉冲串模式下,触发源选择为手动时,每次按此键都会启动一个触发,“On/Off”键用于开启或关闭 CH1 通道的输出 Out1. 开启输出时,按键背灯亮起. ⑮ 为波形选择区,包括正弦波、方波、锯齿波、脉冲波、噪声、任意波、谐波选项. 选中某波形时,对应按键背灯亮起. ⑯ 为 USB 接口,用

于连接外部 USB 设备，如 U 盘. ⑰ 为电源键，用于打开 / 关闭波形发生器.

波形发生器的后面板如图 4－16－18 所示.

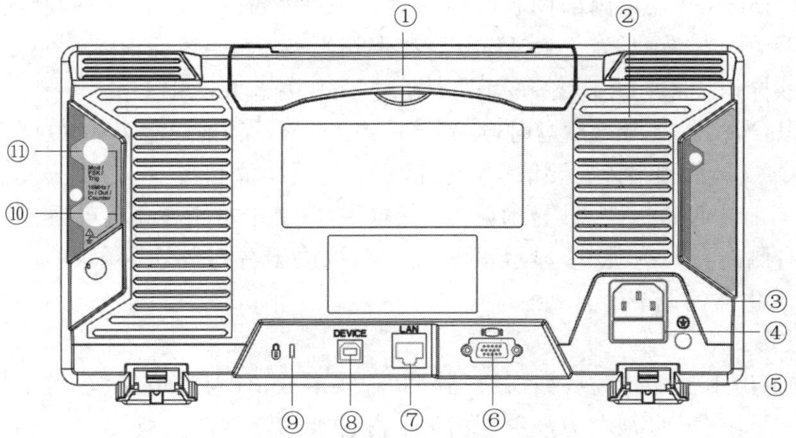

图 4－16－18　波形发生器的后面板

图 4－16－18 中部分功能介绍如下.

① 为可收纳式提手. ② 为散热孔. ③ 为电源输入插座. ④ 为保险丝仓，用于安装保险丝. ⑤ 为脚架，可使波形发生器倾斜，便于操作. ⑥ 为 COM 接口（可选），该接口用于与计算机连接. ⑦ 为 LAN 接口，通过该接口可将波形发生器连接至局域网中，进行远程控制. ⑧ 为 USB 接口，用于连接 USB 类型 B 控制器. 可连接计算机，通过软件对波形发生器进行控制. ⑨ 为锁孔，可以使用安全锁通过锁孔将仪器锁定在固定位置，用来确保仪器安全. ⑩ 为 10 MHz In/Out/Counter（参考时钟输入 / 输出 / 频率计输入）连接器，默认用于接收频率计输入信号. 当仪器设置为内部时钟源，并且"Utility"→"系统设置"→"时钟输出"设置为打开时，用于输出 10 MHz 时钟信号；当仪器设置为外部时钟源时，用于接收一个外部 10 MHz 时钟信号. ⑪ 为 Mod/FSK/Trig（调制 / 触发输入）连接器. 当调制波形、输出扫描频率、输出脉冲串时，在此接入的信号可作为外部信源.

波形发生器的用户界面如图 4－16－19 所示.

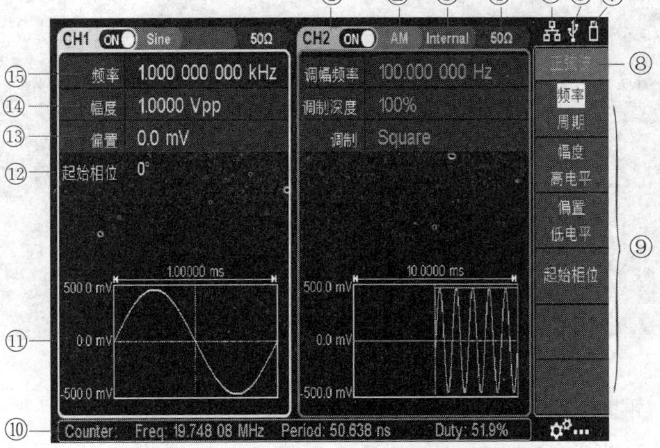

图 4－16－19　波形发生器的用户界面

图 4－16－19 中部分功能介绍如下.

①用于显示通道名称和通道开关状态. ②用于显示当前波形或当前模式. ③为触发源，有以下三种类型：Internal 表示内部调制或内部触发源；External 表示外部调制或外部触发源；Manual 表示手动触发源. ④为负载，High Z 表示高阻. ⑤为 LAN 标识. 当通过 LAN 接口接入网络时，点亮该标识. ⑥为 USB 设备标识. 当通过 USB 接口与 USB Host 连接时，点亮该标识. ⑦为 U 盘标识. 当仪器检测到 U 盘时，点亮该标识. ⑧显示当前菜单名称. ⑨为当前波形或模式的设置菜单. ⑩显示频率计简要信息，包括频率值、周期值和占空比. ⑪显示当前波形的示意图. ⑫显示当前的起始相位. ⑬显示偏置/低电平，取决于右侧高亮菜单项. ⑭显示幅度/高电平，取决于右侧高亮菜单项. ⑮显示频率/周期，取决于右侧高亮菜单项.

(2) 波形发生器的调节.

① 设置波形.

可设置并输出正弦波、方波、锯齿波、脉冲波、噪声波、任意波或谐波. 按下仪器前面板的"波形选择"键，选择"正弦波""方波""锯齿波""脉冲波""噪声""任意波"或"谐波"，可进入相应的波形设置界面，波形不同，可设置的参数也不同.

② 输出波形.

选择 CH1 通道，按"波形选择"键，选择"正弦波"，屏幕显示正弦波的用户界面，如图 4－16－20 所示. 通过操作屏幕右侧的正弦波菜单，可设置正弦波的输出波形参数，包括"频率/周期""幅度/高电平""偏置/低电平""起始相位". 可通过右侧的"菜单选择"键来操作菜单.

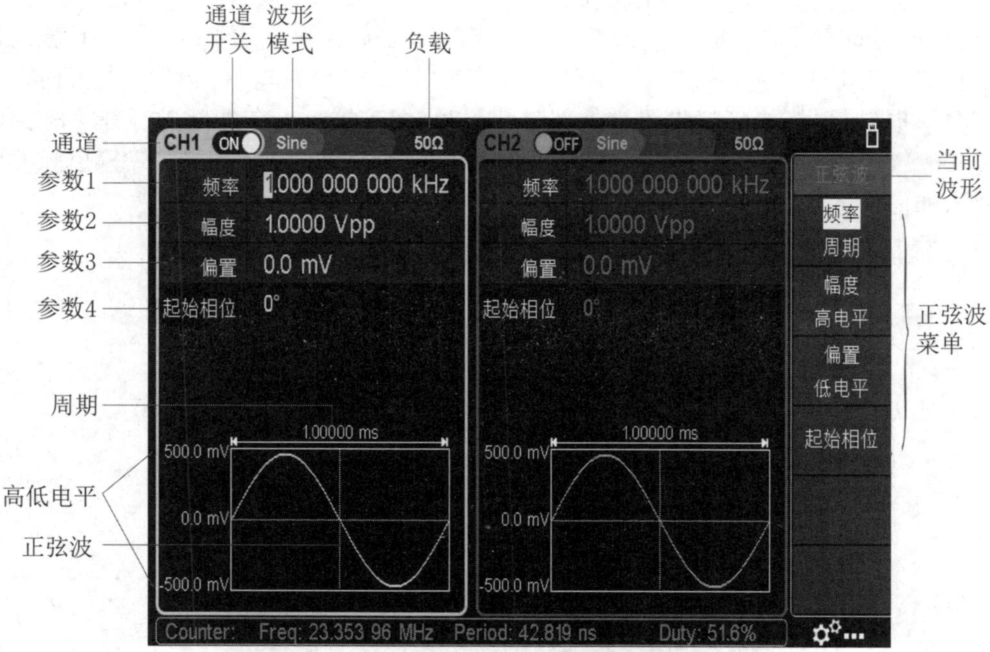

图 4－16－20　正弦波用户界面

③ 设置频率/周期.

i. 按"CH1"软键，当前被选中的所有 CH1 通道菜单项以高亮显示.

ii. 按"频率/周期"软键，当前被选中的菜单项以高亮显示，再按"频率/周期"软键可进行切换频率和周期.

iii. 转动"通用"旋钮可使光标处的数值增大或减小. 按方向键可左右移动光标.

iv. 直接按数字键盘的某一数字键,屏幕跳出数据输入框,继续输入所需数值.

v. 按"×"软键可取消输入,按"←"软键可删除最后一位,按"Enter"软键表示默认单位输入. 按"MHz""kHz""Hz""mHz""μHz"等软键可选择参数的单位. 按"取消"软键可取消当前输入的参数值.

④ 设置幅度.

按"幅度 / 高电平"软键,确认"幅度"菜单项是否以高亮显示,若不是,再按"幅度 / 高电平"软键切换到"幅度". 幅度的参数值出现闪烁光标,使用"通用"旋钮或数字键盘设定所需值.

⑤ 设置起始相位.

按"起始相位"软键,确认"起始相位"菜单项是否以高亮显示,若不是,再按"起始相位"软键. 在参数 4 中,起始相位的参数值出现闪烁光标,使用"通用"旋钮或数字键盘设定所需值.

实验步骤

1. 设置波形,并测量周期和频率

(1) 在波形发生器中,

① 将 CH1 通道信号设置为正弦波,参数设置为幅度 5 V、频率 1 kHz、起始相位 0;

② 按下"输出"→"On"打开 CH1 通道输出;

③ 按下"输出"→"Off"关闭 CH2 通道输出;

(2) 在示波器中,

① 按下"CH1"→"On"打开 CH1 通道显示;

② 按下"CH1"→"探头"→"0.5×"→"更多"→"单位"→"V";

③ 按下"CH2"→"Off"关闭 CH2 通道显示;

④ 调节"垂直挡位"旋钮,使示波器中的完整波形的高度占显示屏的一半左右;

⑤ 调节"水平挡位"旋钮,使示波器中显示两到三个完整波形.

(3) 手动测量输入信号的周期和频率,将测量结果记录在表 4-16-1 中.

手动测量信号的周期和频率,可以采用如下方法之一.

① 当示波器中显示两到三个完整波形时,读取左下角主时基 $M=200\ \mu s/div$,若观察到一个完整波形在水平方向由 5 格组成,则 $T=200\times 5\ \mu s=1\ 000\ \mu s=1.000\ ms$,此时 $f=\frac{1}{T}=1\ 000\ Hz$.

② 调节"水平挡位"旋钮,当示波器中显示一到两个完整波形时,读取左下角主时基 $M=100\ \mu s/div$,若观察到一个完整波形在水平方向由 10 格组成,则 $T=100\times 10\ \mu s=1\ 000\ \mu s=1.000\ ms$,此时 $f=\frac{1}{T}=1\ 000\ Hz$.

③ 调节"水平挡位"旋钮,当示波器中显示八到十个完整波时,读取左下角主时基 $M=500\ \mu s/div$,若观察到一个完整波形在水平方向由 2 格组成,则 $T=500\times 2\ \mu s=1\ 000\ \mu s=$

1.000 ms，此时 $f=\frac{1}{T}=1\ 000$ Hz.

(4) 自动测量输入信号的周期和频率，将测量结果记录在表 4－16－1 中. 具体步骤如下：

① 按"测量"键，屏幕上显示自动测量菜单；

② 按下方菜单中的"添加测量"；

③ 在右侧菜单中，按"信源"菜单项来选择"CH1"；

④ 屏幕左侧显示测量类型菜单，旋转"通用"旋钮选择"周期"选项；

⑤ 在右侧菜单中，按"添加测量"，周期选项添加完成；

⑥ 在屏幕左侧类型菜单中，旋转"通用"旋钮选择"频率"选项；

⑦ 在右侧菜单中，按"添加测量"，频率选项添加完成.

(5) 在波形发生器中，将 CH1 信号的频率分别更改为 2 kHz，5 kHz，观察波形的变化. 分别采用手动和自动测量，完成测量任务，并将测量结果记录在表 4－16－1 中.

2. 测量输入信号的电压

(1) 在波形发生器中，将 CH1 信号设置为正弦波，参数设置为幅度 5 V、频率 1 kHz、起始相位 0.

(2) 手动测量输入信号的电压峰峰值 $V_{p\text{-}p}$ 和电压有效值 V_{rms}，将结果记录在表 4－16－2 中.

手动测量信号的电压值，可以采用如下方法之一.

① 调节"垂直挡位"旋钮，使示波器中的完整波形占显示屏的一半左右，读取左下角的挡位因数为 1.00 V/div，此时若观察到波峰至波谷在竖直方向由 5 格组成，则 $V_{p\text{-}p}=1.00\times 5\ \text{V}=5.00\ \text{V}$.

② 调节"垂直挡位"旋钮，使示波器中的完整波形约占满全显示屏，读取左下角的挡位因数为 500 mV/div，此时若观察到波峰至波谷在竖直方向由 10 格组成，则 $V_{p\text{-}p}=500\times 10\ \text{mV}=5.00\times 10^3\ \text{mV}=5.00\ \text{V}$.

③ 调节"垂直挡位"旋钮，使示波器中的完整波形占显示屏的 $\frac{1}{5}$ 左右，读取左下角的挡位因数为 2.50 V/div，此时若观察到波峰至波谷在竖直方向由 2 格组成，则 $V_{p\text{-}p}=2.50\times 2\ \text{V}=5.00\ \text{V}$.

根据手动测量的电压峰峰值 $V_{p\text{-}p}$，电压有效值 V_{rms} 可通过 $V_{rms}=\frac{\sqrt{2}V_{p\text{-}p}}{4}$ 得出.

(3) 自动测量输入信号的电压峰峰值 $V_{p\text{-}p}$ 和电压有效值 V_{rms}，将结果记录在表 4－16－2 中. 具体步骤如下：

① 按"测量"键，屏幕上显示自动测量菜单；

② 按下方菜单中的"添加测量"；

③ 在右侧菜单中，按"信源"菜单项来选择"CH1"；

④ 屏幕左侧显示测量类型菜单，旋转"通用"旋钮选择"电压"选项；

⑤ 在右侧菜单中，按“添加测量”，电压选项添加完成.

(4) 在波形发生器中，将 CH1 信号的电压分别更改为 8 V，10 V，观察波形的变化. 分别采用手动和自动测量，完成测量任务，并将测量结果记录在表 4－16－2 中.

3. 观察相同频率、不同相位差时的李萨如图形

(1) 在波形发生器中，

① 调节 CH1 信号和 CH2 信号，均设置为正弦波，参数为幅度 5 V、频率 1 kHz、初始相位 0；

② 按下“CH1↔CH2”→“相位对齐”.

(2) 在示波器中，

① 按下“CH2”→“探头”→“0.5 ×”；

② 按下“显示”→“XY 模式”→“使能”→“开启”→“全屏”→“开启”，可以在屏幕上观察到李萨如图形；

③ 调节“垂直位移”旋钮，使图像位于屏幕中间；

④ 调节“垂直挡位”旋钮，使图像高度为屏幕高度的一半；

⑤ 分别调节“CH2”→“起始相位”为 0°，45°，90°，135°，180°，225°，270°，315°，此时 CH2 与 CH1 信号的相位差分别为 0°，45°，90°，135°，180°，225°，270°，315°，观察李萨如图形并记录，将以上结果记录在表 4－16－3 中.

4. 观察不同频率比的李萨如图形

(1) 在波形发生器中，调节 CH1 信号和 CH2 信号，均设置为正弦波，参数为幅度 5 V、起始相位 0、频率 1 kHz，观察李萨如图形.

(2) 调节“CH2”→“起始相位”，输入合适的相位，使得李萨如图形上下关于水平轴对称，左右关于竖直轴对称，并记录.

(3) 保持其他参数不变，按表 4－16－4 中的数据调节 CH1 信号和 CH2 信号的频率，重复步骤(1) 和步骤(2).

(4) 将上述记录的图形填入表 4－16－4 中，用矩形框与该图形相切，数出水平与竖直方向的切点数 N_x 与 N_y，验证切点数与输入信号频率的比值关系.

数据表格

表 4－16－1　正弦波的周期、频率的测量

频率 /kHz	主时基 M/(μs/div)	格数	手动测量周期 T/s	手动测量频率 f/Hz	自动测量周期 T/s	自动测量频率 f/Hz
1						
2						
5						

表 4-16-2　正弦波的电压峰峰值、有效值的测量

电压/V	垂直挡位因数/(V/div)	格数	手动测量 $V_{p\text{-}p}$/V	手动测量 V_{rms}/V	自动测量 $V_{p\text{-}p}$/V	自动测量 V_{rms}/V
5						
8						
10						

表 4-16-3　频率比为 1∶1 时，不同相位差的李萨如图形

相位差	0°	45°	90°	135°
李萨如图形				
相位差	180°	225°	270°	315°
李萨如图形				

表 4-16-4　不同频率比的李萨如图形

CH1 通道 f_x	1 kHz	1 kHz	1 kHz	2 kHz	3 kHz
CH2 通道 f_y	1 kHz	2 kHz	3 kHz	3 kHz	4 kHz
频率比 $f_y:f_x$					
李萨如图形(完全对称)					
水平方向切点数 N_x					
竖直方向切点数 N_y					
切点数比值 $N_x:N_y$					

思考题

1. 若示波器一切正常，但开机后看不见水平扫描两横线，会是哪些原因导致的？实验中应怎样调出其波形？

2. 观察李萨如图形时，若两个相互垂直的正弦信号频率相同，图形还在不停转动，可能的原因是什么？

3. 如何使用示波器测量两个频率相同的正弦信号的相位差？

实验 4.17　测定超声波在空气中的声速

在弹性介质中传播的频率在 20 ～ 20 000 Hz 范围内，能引起人的听觉的机械波称为**可闻声波**，频率低于 20 Hz 的声波称为**次声波**，频率高于 20 000 Hz 的声波称为**超声波**. 后两类声波与可闻声波在本质上是一致的，它们都是一种机械波，通常以纵波的方式在弹性介质内传播，声波也是一种能量的传播形式. 超声波具有频率高、波长短的特点，在一定距离内沿直线传播时，具有良好的束射性和方向性. 超声波可在气体、液体、固体、固溶体等介质中有效传播，穿透能力强，传播距离远，可传递很强的能量. 因为这些特点，超声波在医学、军事、工业、农业上有很多的应用，通常可用于测距、测速、清洗、焊接、碎石、杀菌等. 例如，在干燥的冬季，把超声波通入水罐中，剧烈的振动会使罐中的水破碎成许多小雾滴，再用小风扇把雾滴吹入室内，就可以增加室内空气湿度，这就是超声波加湿器的原理. 又如，利用超声波巨大的能量还可以使人体内的结石因产生剧烈的受迫振动而破碎，从而达到减缓病痛至治愈的目的.

拓展阅读

实验目的

1. 了解超声波产生和接收的原理，学习测定它在空气中的声速的方法.
2. 加深对驻波、振动合成、相位等概念的理解.
3. 了解声速与波长、频率的关系.

实验仪器

温度计、示波器、声速测试仪(包含主机、声速测定装置与水槽).

实验原理

声波是一种在弹性介质中传播的纵波. 测定声速最简单的方法之一是利用声速、振动频率和波长之间的关系来测定声波的速度. 声波的传播速度 v 与声波频率 f、波长 λ 的关系为

$$v=\lambda f, \tag{4-17-1}$$

式中声波频率 f 可以通过声源的振动频率给出，我们只须测出声波的波长 λ，即可求出声速 v. 实验中，常用的两种测量波长 λ 的方法是**驻波法**和**相位比较法**.

1. 超声波的发射和接收

频率高于 20 kHz 的机械振动在弹性介质中传播形成的声波称为超声波. 声速实验所采用的声波频率一般都在 20 ～ 60 kHz 之间，位于超声波频率范围内. 实验中常采用压电陶瓷换能器作为声波的发射器和接收器. 根据工作方式不同，压电陶瓷换能器分为纵向振动换能器、径

向振动换能器及弯曲振动换能器. 声速实验中所用的大多数是纵向振动换能器. 图 4-17-1 为纵向振动换能器的结构图.

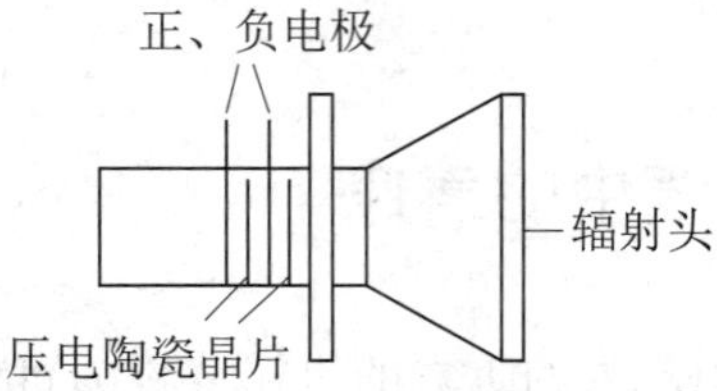

图 4-17-1　纵向振动换能器的结构图

压电陶瓷换能器的核心是压电陶瓷晶片，超声波的产生是利用压电陶瓷的逆压电效应实现的. 在压电陶瓷晶片上施加一个交变电场，压电陶瓷晶片的厚度随交变电压变化，同时产生机械振动，从而在空气中激发声波，此即为超声波的发射原理. 反之，可以利用压电陶瓷的压电效应接收超声波. 锥形辐射头可以使发射和接收的超声波能量集中，调整辐射头的方向角，可以将接收到的声波机械振动转化为电信号. 由于超声波具有波长短、易于定向发射等特点，因此它的波长容易测定.

2. 驻波法测定声速

驻波法又称共振干涉法，是测定超声波声速常见的一种方法. 实验用到的仪器有声速测定装置与水槽、信号发生器(声速测定仪主机) 和示波器. 实验装置图如图 4-17-2 所示.

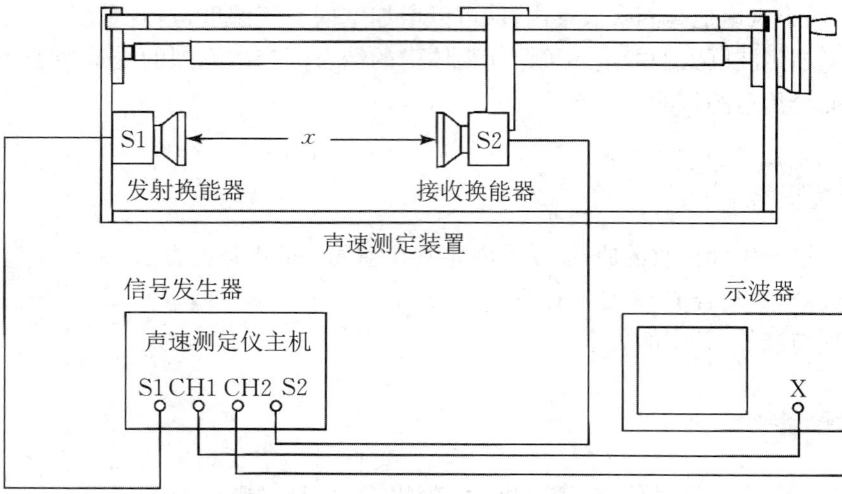

图 4-17-2　实验装置图

信号发生器输出的正弦电压信号接入发射换能器 S1(固定不动)，因压电效应产生的声波信号传播 x 距离后被接收换能器 S2(可以沿 x 轴方向在支架上移动) 接收到. 接收到的声波信号转变为电信号后接入示波器，可看到一组由声压信号产生的正弦波形. 由于 S2 在接收声波的同时还能反射一部分超声波，因此接收到的声波和反射的声波振幅虽有差异，但两者周期相同，且在同一直线上沿相反方向传播. 这样，由 S1 发射的超声波和由 S2 反射的超声波在 S1 和 S2 之间的区域干涉形成驻波(驻波的相关原理见实验 4.7). 移动 S2 的位置(改变 x 的大小)，从示波器上会发现当 S2 在某些位置时观察到的正弦波有最大振幅值. 根据驻波理论可知，任何两个相邻的振幅极大值(或振幅极小值) 位置之间的距离均为$\frac{\lambda}{2}$. 当 S1 和 S2 之间的距离 x 恰好等于超声波半波长的整数倍，即 $x=\frac{n\lambda}{2}(n=1,2,\cdots)$ 时，在 S1 和 S2 之间的区域会形成稳定的驻波. 对于驻波的波节位置，由于两波的振动反相，因此该处声压最大，转化为电信号时具有最大的幅值. 实验中，S1 固定不动，沿一个方向连续移动 S2，每当 S1 与 S2 间的距离 x 为半波长的整数倍时，示波器中显示的电信号幅值均最大，记录下这些电压幅值最大时 S2 的位置，相邻两个极大值之间的距离即为半波长.

超声波的频率由信号发生器给出，由驻波法测出超声波波长后代入式(4-17-1)，即可求得超声波的声速.

3. 相位比较法测定声速

相位比较法是常见测定超声波声速的实验方法之一，它用到的实验装置及其连接方法与驻波法相同，实验装置图如图 4-17-2 所示.

信号发生器产生的正弦波信号接入发射换能器 S1，同时接入示波器的 X 输入端(CH1 通道). 接收换能器 S2 接收到的 S1 发射的声波信号引入示波器的 Y 输入端(CH2 通道). 在示波器上将显示出两个频率相等、振动方向相互垂直、相位差恒定的简谐振动合成的李萨如图形，两个信号间的相位差为

$$\Delta\varphi=\frac{2\pi}{\lambda}x. \tag{4-17-2}$$

实验中，S1 固定不动，沿一个方向连续移动 S2(改变间距 x)，当相位差到达 $\frac{\pi}{2}$ 的整数倍时，示波器将依次显示如图 4-17-3 所示的李萨如图形.

例如，由于沿波的传播方向上任意两个相位差为 2π 整数倍的位置之间的距离等于波长的整数倍，因此若初始位置的李萨如图形如图 4-17-3(a) 所示，则连续移动 S2，当接收器移动 $\frac{\lambda}{2}$ 距离时，李萨如图形从图 4-17-3(a) 变化为图 4-17-3(c)；当接收器移动 λ 距离时，李萨如图形从图 4-17-3(a) 变化为图 4-17-3(e). 通过对李萨如图形的观测，可以确定声波的波长，再由式(4-17-1) 即可求得超声波的声速.

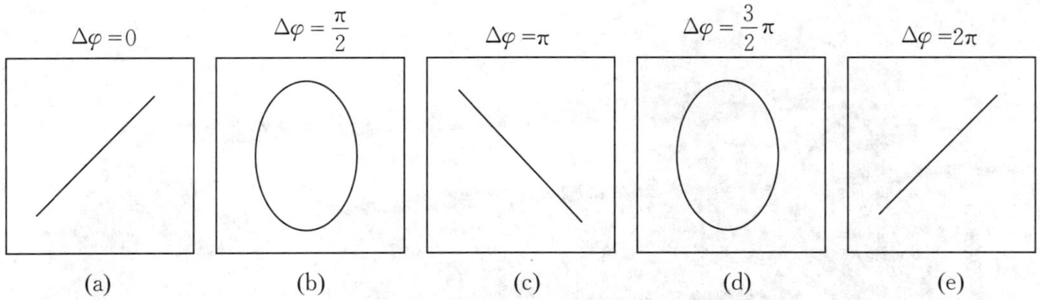

图 4-17-3　相位差不同的李萨如图形

仪器介绍

如图 4-17-4 所示，本实验装置主要由三部分组成：声速测定仪主机(见图 4-17-5)、声速测定装置与水槽(见图 4-17-6)、示波器.

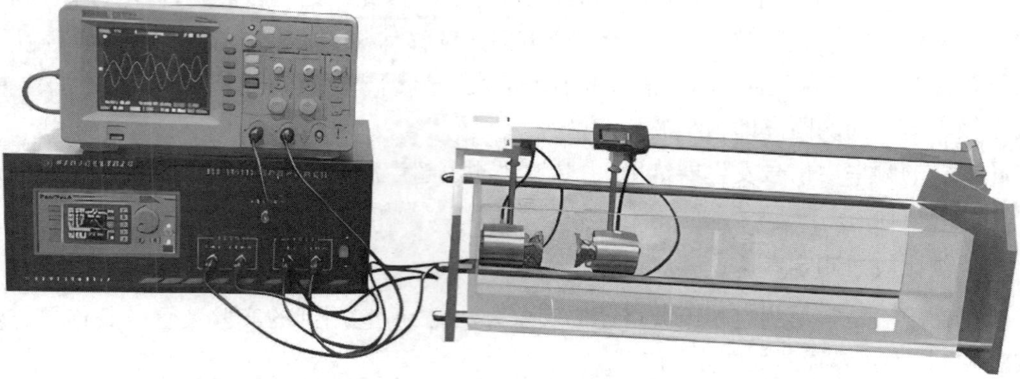

图 4-17-4　实验装置实物图

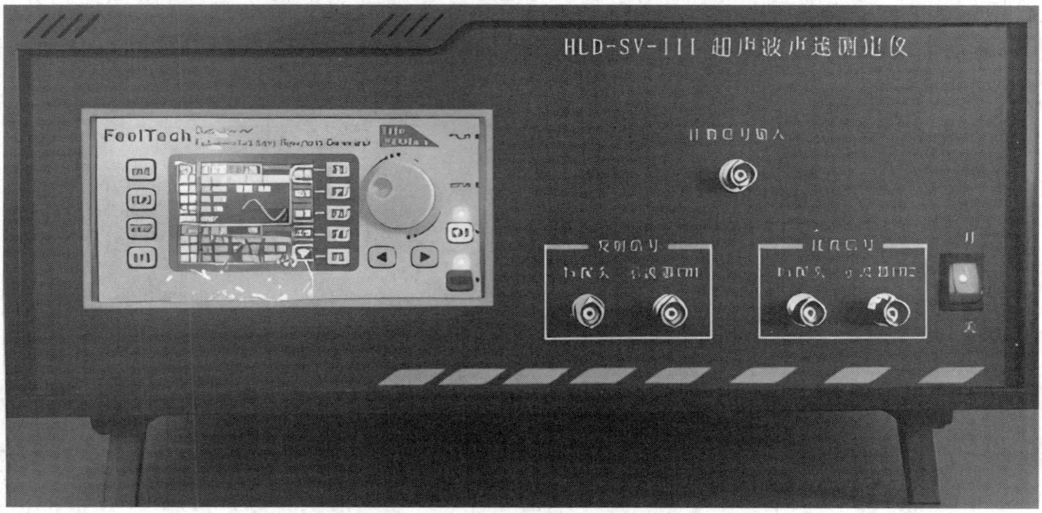

图 4-17-5　声速测定仪主机

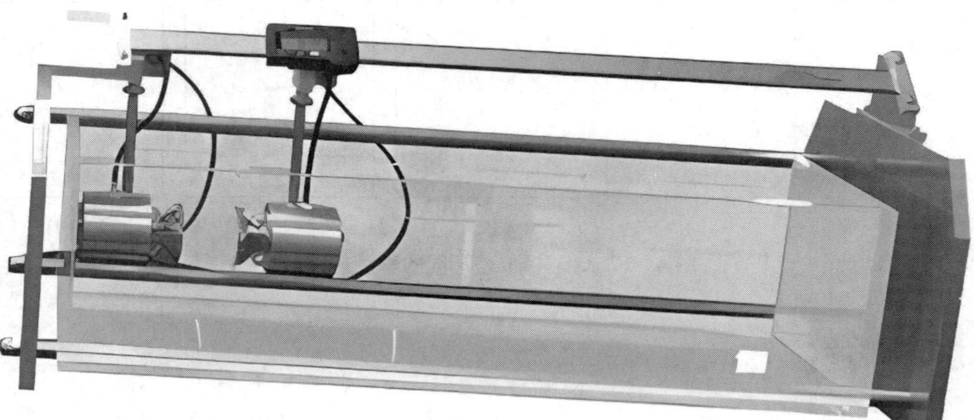

图 4-17-6　声速测定装置与水槽

声速测定装置结构图如图 4－17－7 所示.

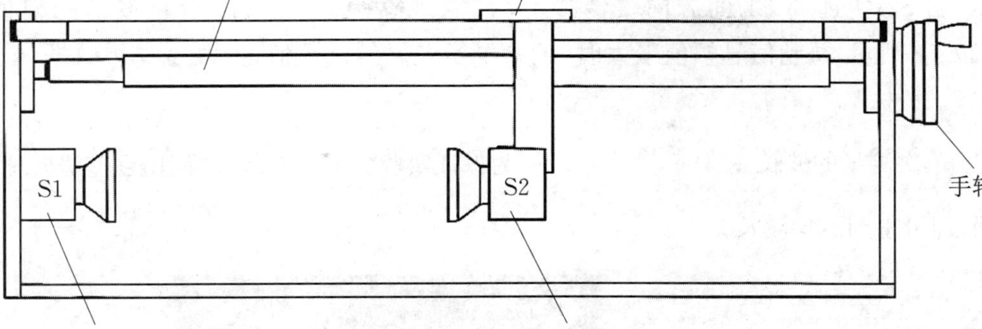

图 4－17－7　声速测定装置结构图

实验步骤

1. 连接实验电缆

(1) 参照图 4－17－4,将声速测定仪主机上的 S1 和 S2 端口分别和声速测定装置上的 S1,S2 相连.

(2) 将声速测定仪主机上的"示波器 CH1"和"示波器 CH2"分别和示波器上对应插座相连.

(3) 打开示波器和声速测定仪主机电源.

2. 测量压电换能器的最佳工作频率

(1) 在示波器上,调节垂直灵敏度旋钮,将 CH1 通道的垂直挡位因数调为 10 V/div,CH2 通道的垂直挡位因数调为 1 V/div.

(2) 在声速测定仪主机上将信号频率调到 35 kHz,幅度调到 10 $V_{p\text{-}p}$(开机默认值,可以不用调节).

(3) 调节示波器的"水平扫描"旋钮,使 CH1 正弦波信号稳定可见.

(4) 将声速测定装置的 S2 移动到与 S1 相距 50 mm 左右的位置. 在声速测定仪主机屏幕上,通过大旋钮下方的左、右按键,将频率调节光标定位到 0.1 kHz 位置,顺时针调节大旋钮,同时注意观察示波器 CH2 通道信号幅度的变化,当调到某一频率处时,CH2 通道信号幅度最大,此频率即为压电换能器的谐振频率.

(5) 移动声速测定装置的 S2,分别在五个不同位置微调声速测定仪信号输出频率,直至示波器CH2通道显示的正弦波幅值达到最大,将不同位置时的谐振频率记录在表4－17－1中,取平均值作为此装置的超声波探头的最佳工作频率 f.

3. 驻波法测定空气中的声速

(1) 在实验步骤 2 的基础上,使用最佳工作频率 f,将声速测定装置的 S2 移动到与 S1 相距

50 mm 左右的位置,寻找到 CH2 波形最大处,将电子卡尺调零,作为测量起点.

(2) 用温度计测量室温 t,记录在表 4-17-2 中.

(3) 将 S2 朝远离 S1 的方向缓慢移动,注意观察示波器 CH2 蓝色波形的幅值,如图 4-17-8 所示,每到信号幅值最大时,记录电子卡尺的读数值,共测量 9 组数据,记录在表 4-17-2 中.

(4) 单次测量的波长 $\lambda_i = \frac{2}{5}|x_j - x_i|$. 为保证实验数据的有效性,使用逐差法处理这 10 组数据,即可得到平均波长 λ.

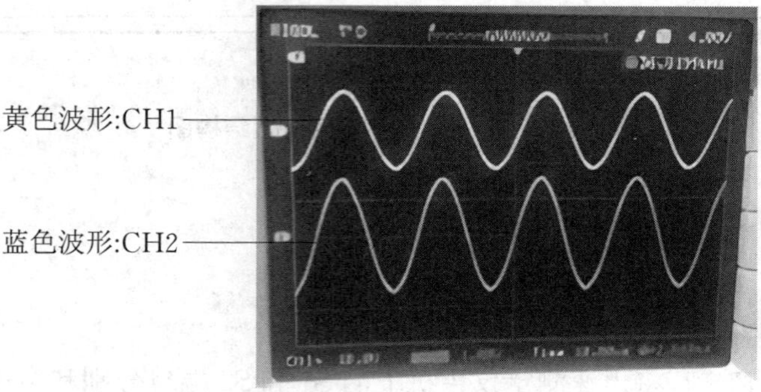

图 4-17-8　波形示意图

4. 相位比较法测定空气中的声速

(1) 在实验步骤 2 的基础上,使用最佳工作频率 f,将声速测定装置的 S2 移动到与 S1 相距 50 mm 左右的位置.

(2) 用温度计测量室温 t,记录在表 4-17-3 中.

(3) 将示波器显示模式设定为 X-Y 工作状态,适当调节示波器,出现李萨如图形,如图 4-17-9 所示.

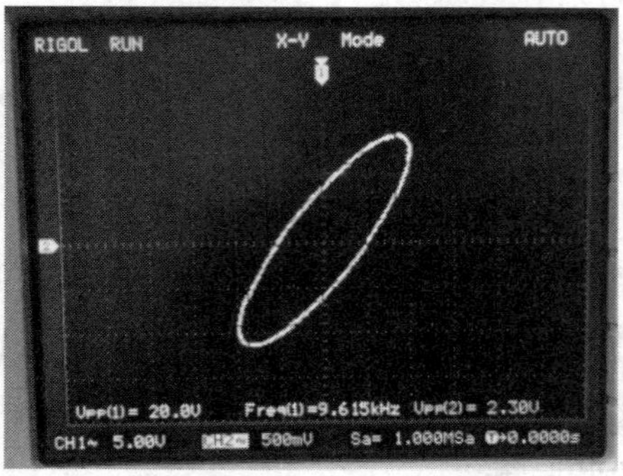

图 4-17-9　李萨如图形

(4) 将声速测定装置的 S2 朝远离 S1 的方向缓慢移动,注意观察示波器,找到屏幕上显示右斜直线的位置时,将电子卡尺调零,作为测量起点. 继续将 S2 朝远离 S1 的方向缓慢移动,注意观察示波器,每到屏幕上显示右斜直线时,记录电子卡尺的读数值,共测量 9 组数据,记录在表 4-17-3 中.

(5) 用逐差法处理数据,即可得到平均波长 λ.

注意事项

1. 若电子卡尺上有“ZERO”按钮，则当声速测定装置的接收换能器S2处于x_0位置时可按“ZERO”键调零，这样在数据表中 $x_0=0$，便于后续数据处理.

2. 实验中，声速测定装置的接收换能器S2不能与发射换能器S1相接触，否则会造成压电换能器损坏.

3. 考虑到声波在空气中的衰减，实验时应随时调节示波器的电压衰减旋钮，使输出波形的幅值大小合适.

4. 测量时应沿一个方向转动手轮，避免产生回程误差.

数据表格

表 4-17-1　系统最佳工作频率

单位：kHz

测量次序	1	2	3	4	5	平均值
f						

表 4-17-2　驻波法测定声速

$t=$ ______ ℃，单位：mm

测量次序	0	1	2	3	4
x_i					
测量次序	5	6	7	8	9
x_j					
$x_j-x_i=\frac{5\lambda}{2}$					
平均波长 λ					

表 4-17-3　相位比较法测定声速

$t=$ ______ ℃，单位：mm

测量次序	0	1	2	3	4
x_i					
测量次序	5	6	7	8	9
x_j					
$x_j-x_i=\frac{5\lambda}{2}$					
平均波长 λ					

数据处理

(1) 由表 4-17-1 的数据求出最佳工作频率.

(2) 利用逐差法处理表 4-17-2 和表 4-17-3 中的数据,分别计算出两种方法得到的波长,由式(4-17-1) 计算出声波在空气中的声速.

(3) 将两种方法得到的声速实验值与声波在空气中速度的理论值比较,分别计算相对误差$\varepsilon_r(v)=\frac{|v_{实}-v_{理}|}{v_{理}}\times 100\%=$__________. 比较两种方法得到的声速值哪个更接近理论值,并进行误差分析.

注 声波在空气中速度的理论值为

$$v_{理}=\sqrt{\frac{R\gamma}{\mu}(273.15+t)}=v_0\sqrt{1+\frac{t}{273.15}},$$

式中 t 为空气温度,单位为 ℃,R 为普适气体常量,γ 为比热容比,μ 为空气的相对分子质量,$v_0=331.45\ \mathrm{m/s}$ 为 0 ℃ 时声波在空气中的传播速度.

思考题

1. 分析本实验中采用两种方法测定声速时各自产生误差的原因.
2. 为什么在实验中选择测定超声波的声速?
3. 如何利用本实验中的装置测定水中的声速?

实验 4.18 桥式电路测量电阻

拓展阅读

桥式电路是一种基本电路,在测量技术和自动化控制方面有着广泛的应用. 一般**直流单臂电桥**主要用来测量中等阻值($1\sim 10^5\ \Omega$) 的电阻,测量时忽略了连接导线本身的电阻和接点处的接触电阻影响. 而在测量低值电阻($10^{-2}\sim 10^{-5}\ \Omega$) 时,各接线电阻和接点处的接触电阻相对于待测电阻已不可忽略. 一般情况下,接线电阻和接触电阻共同组成的附加电阻的数量级为 $10^{-2}\sim 10^{-5}\ \Omega$,可能超过甚至大大超过待测电阻的阻值,这样就会对测量结果造成很大误差,甚至完全无法得出测量结果. 为避免附加电阻的影响,必须在测量线路上采取措施,物理学家开尔文所设计的**直流双臂电桥**(又称**开尔文电桥**) 基本可消除附加电阻的影响. 另外,测量高电阻($10^6\sim 10^{12}\ \Omega$) 则需要使用专门的高阻电桥或采用冲击法等测量方法.

实验目的

1. 掌握直流单臂电桥和直流双臂电桥测量电阻的原理和方法.
2. 学习用箱式直流单臂电桥测量电阻及用直流双臂电桥测量导体的电阻率.
3. 了解电桥的灵敏度及灵敏度对测量的影响.
4. 了解测量低值电阻时接线电阻的影响及避免该影响的方法.

实验仪器

QJ23a 型箱式直流单臂电桥、QJ44 型直流双臂电桥、待测电阻、导线、温度计、铜棒、螺旋测微器、米尺、导线等.

实验原理

1. 直流单臂电桥

(1) 直流单臂电桥的原理及平衡条件.

直流单臂电桥的原理电路图如图4-18-1所示. R_1,R_2 为比例臂,R_s 为比较臂,R_x 为待测电阻,它们连接成一个四边形,每一条边称为电桥的一个臂,在点 B 和 D 之间连入检流计 G 作为平衡指示器,用以比较 B,D 两点的电势. 测量时,调节比例臂和比较臂,使检流计指针指零($I_g=0$),这时称该单臂电桥达到平衡,有

$$I_1R_1=I_2R_2,\quad I_xR_x=I_sR_s.$$

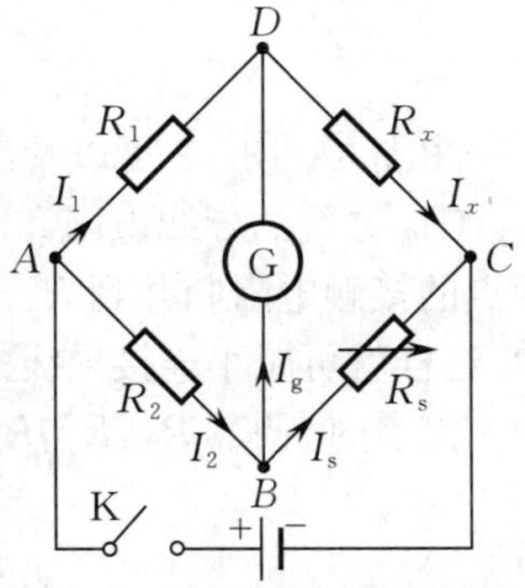

图 4-18-1 直流单臂电桥的原理电路图

由于 $I_1=I_x$,$I_2=I_s$,因此可得

$$R_x=\frac{R_1}{R_2}R_s=K_rR_s, \qquad (4-18-1)$$

式中 $K_r=\dfrac{R_1}{R_2}$ 称为电桥的量程倍率(K_r 在应用中常取 1 000,100,10,1,0.1,0.01,0.001 等). 式(4-18-1)称为直流单臂电桥的平衡条件. 根据量程倍率和比较臂的大小,可算出待测电阻 R_x 的阻值.

调节电桥平衡的方法有两种,一种是取量程倍率 K_r 为某一定值,调节 R_s 的大小;另一种是保持 R_s 的大小不变,调节量程倍率 K_r 的值. 本实验采用前一种方法.

(2) 电桥的灵敏度.

使用电桥测量电阻时的精密度主要取决于电桥的**灵敏度**. 当电桥平衡时,若使比较臂 R_s 改变一微小量 ΔR_s,则电桥将偏离平衡,检流计偏转 Δn 格,通常用相对灵敏度 S 表示电桥的灵敏度,即

$$S=\frac{\Delta n}{\Delta R_s/R_s}. \qquad (4-18-2)$$

电桥的灵敏度是决定电桥测量电阻的误差的参数之一,电桥的灵敏度越高,由灵敏度引入的误差越小. 通常认为人眼可察觉的指针变化为 0.2 格,因此由判断电桥平衡所带来的绝对误差为$\dfrac{0.2R_s}{S}$.

2. 直流双臂电桥

(1) 直流双臂电桥的原理及平衡条件.

直流双臂电桥的原理电路图如图 4-18-2 所示. 为了消除连接导线的电阻和接点处的接触电阻对测量结果的影响,待测电阻 R_x 和标准电阻 R_n 都接成四端电阻形式. 以标准电阻 R_n 为例,C_{n1},C_{n2} 称为电流端,P_{n1},P_{n2} 称为电压端,电流端一定接在电压端外侧.

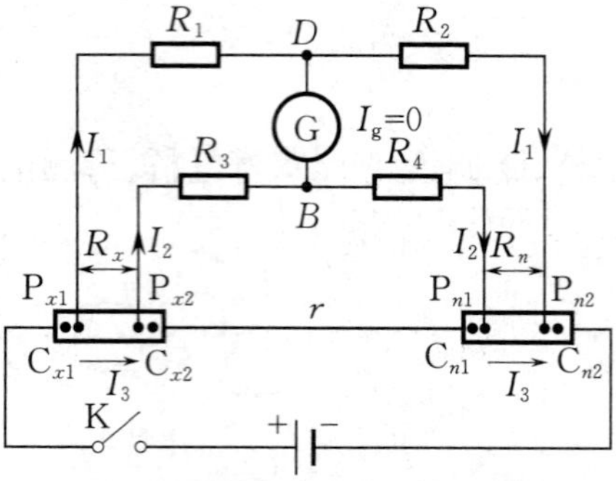

图 4-18-2　直流单臂电桥的原理电路图

由图 4-18-2 可以看出，C_{n2}，C_{x1} 之间的导线电阻和两点的接触电阻归并到电源支路中；C_{n1}，C_{x2} 之间的导线电阻和两点的接触电阻归并到等效电阻 r 中；P_{n2}，P_{x1} 之间的导线电阻和两点的接触电阻归并到 R_1，R_2 中；P_{n1}，P_{x2} 之间的导线电阻和两点的接触电阻归并到 R_3，R_4 中. 这样就可减小连接导线的电阻和接点处接触电阻对测量结果的影响.

测量时，调节 R_1，R_2，R_3，R_4，R_n 使检流计指零，此时电桥达到平衡，有

$$\begin{cases} I_1R_1 = I_3R_x + I_2R_3, \\ I_1R_2 = I_3R_n + I_2R_4, \\ I_2(R_3+R_4) = (I_3 - I_2)r, \end{cases}$$

解得

$$R_x = \frac{R_1}{R_2}R_n + \frac{rR_4}{R_3+R_4+r}\left(\frac{R_1}{R_2} - \frac{R_3}{R_4}\right). \tag{4-18-3}$$

若调节电阻阻值，使$\frac{R_1}{R_2}=\frac{R_3}{R_4}$，则有

$$R_x = \frac{R_1}{R_2}R_n = K_rR_n, \tag{4-18-4}$$

式中$K_r=\frac{R_1}{R_2}$称为量程倍率. 式(4-18-4)为直流双臂电桥的平衡条件. 可以看出，此时待测电阻与 R_3，R_4 和 r 都无关，仅由量程倍率 K_r 和标准电阻 R_n 决定.

另外，R_x 和 R_n 电流端之间的导线应用较粗的、导电性能良好的导线或铜棒相连，以使 r 尽可能小，这样，即使$\frac{R_1}{R_2}$与$\frac{R_3}{R_4}$两项不严格相等，但由于 r 很小，式(4-18-3)中的第二项(更正项)仍能趋近于零.

双臂电桥之所以能测量低值电阻，是因为以下关键两点.

① 单臂电桥之所以不能测量低值电阻，是因为用单臂电桥测出的值，包含桥臂间的导线电阻和接触电阻，当该阻值与 R_x 相比不能忽略时，测量结果就会有很大的误差. 而双臂电桥电压端的导线电阻与接触电阻位于 R_1，R_2 和 R_3，R_4 的支路中，实验中只要令 R_1，R_2，R_3 和 R_4 都不小于 10 Ω，那么电压端的导线电阻与接触电阻的影响就可以略去不计.

② 双臂电桥电流端的导线电阻与接触电阻，一端包含在等效电阻 r 里面，而 r 仅存在于式(4-18-3)的更正项中，当满足$\frac{R_1}{R_2}=\frac{R_3}{R_4}$的条件时，基本上消除了 r 的影响，也就是说，这一端的导线电阻与接触电阻对测量结果不产生影响. 另一端则包含在电源电路中，对测量结果也

不会产生影响.

(2) 导体的电阻率.

均匀长导体的电阻可由电阻定律 $R=\rho\dfrac{l}{S}$ 求出，式中 ρ 为导体的电阻率，S 为导体的横截面积，l 为导体的长度(本实验中 l 为 P_1，P_2 之间的距离). 对于直径为 d 的圆形导体，因导体的横截面积 $S=\dfrac{1}{4}\pi d^2$，故导体的电阻率可写成

$$\rho=R\frac{S}{l}=R\frac{\pi d^2}{4l}. \tag{4-18-5}$$

电阻率是反映材料导电性能的物理量，它与材料种类、环境温度有关，而与导体的几何形状无关.

本实验中一般将待测导体(如铜棒、铝棒)做成四端电阻，其示意图如图 4-18-3 所示. 图中 C_1，C_2 为电流端，P_1，P_2 为电压端. 本实验中只要用双臂电桥测出 P_1，P_2 之间的阻值 R，就可由式(4-18-5)求出导体的电阻率.

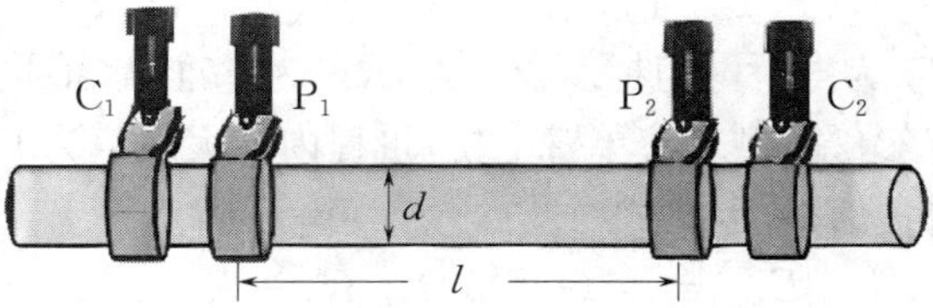

图 4-18-3　四端电阻示意图

仪器介绍

1. QJ23a **型箱式直流单臂电桥**

QJ23a 型箱式直流单臂电桥的面板如图 4-18-4 所示. 图中并排的 4 个旋钮用于调节 R_s，右上方并排的两个旋钮中一个用于调节量程倍率 K_r，另一个用于调节电源电压. 检流计在左上方，面板下方有机械调零旋钮，用于调节无电流通过时的指针指零. 其余接线柱和开关的功能如下.

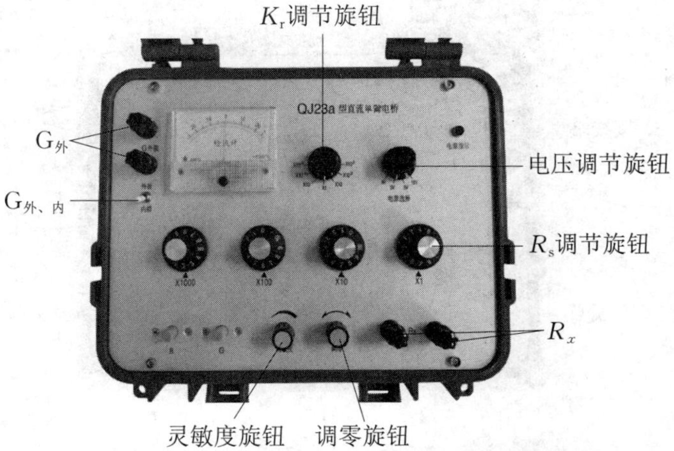

图 4-18-4　QJ23a **型箱式直流单臂电桥面板**

$G_{外}$:外接检流计接线柱.用外接检流计时,将检流计的正负极分别连接在两个接线柱上.

$G_{外、内}$:转换开关.用外接检流计时,将转换开关打向"外接",如用内接检流计,将转换开关打向"内接".

B:电源按键开关.按下此键则电源接入电路.若须长时间接通电源,按下此键后再顺时针旋转 90° 即可锁住此键.

G:检流计接入电路的按键开关.按下此键则检流计接入电路.若须长时间接通检流计,按下此键后再顺时针旋转 90° 即可锁住此键.

R_x:待测电阻接线柱.

QJ23a 型直流单臂电桥的主要技术指标和准确度等级可参见箱盖内板上的铭牌.例如,使用内接检流计,量程倍率 K_r 取 0.01 和 1 时,测量范围分别为 10 ~ 111.1 Ω 和 1 ~ 11.11 kΩ,该电桥的准确度等级分别为 $c=0.2$ 和 $c=0.1$.

在参考温度和相对湿度的条件下,基本误差允许极限表示为

$$E_{\lim}=c\%\left(\frac{R_N}{10}+R_x\right), \tag{4-18-6}$$

式中 c 为准确度等级,R_x 为电桥电阻标度盘示值,R_N 为基准值(最接近且小于量程内最大阻值的 10 的整数幂).对于 QJ23a 型直流单臂电桥,量程内最大阻值为 11 110 Ω×K_r,由此 $R_N=$ 10 000 Ω×K_r,K_r 为量程倍率,因此式(4-18-6)可写为

$$E_{\lim}=c\%(1\,000\ \Omega\times K_r+R_x). \tag{4-18-7}$$

当电桥在标称使用范围内使用时,所引起的仪器误差与基本误差允许极限之间的关系为

$$\Delta_m(R_x)=2E_{\lim}=2\times c\%(1\,000\ \Omega\times K_r+R_x). \tag{4-18-8}$$

2. QJ44 型便携式直流双臂电桥

图 4-18-5 是 QJ44 型便携式直流双臂电桥的面板图.与图 4-18-2 对比可知,C_2,P_2,P_1,C_1 四个接线柱相当于 R_x 的 4 个接线端 C_{x2},P_{x2},P_{x1} 和 C_{x1}.R_n 的数值由 R_{n1}(步进读数盘)和 R_{n2}(滑线读数盘)两部分调节.本仪器的测量范围为 0.000 01 ~ 11 Ω.其余接线柱、按键与旋钮的功能如下.

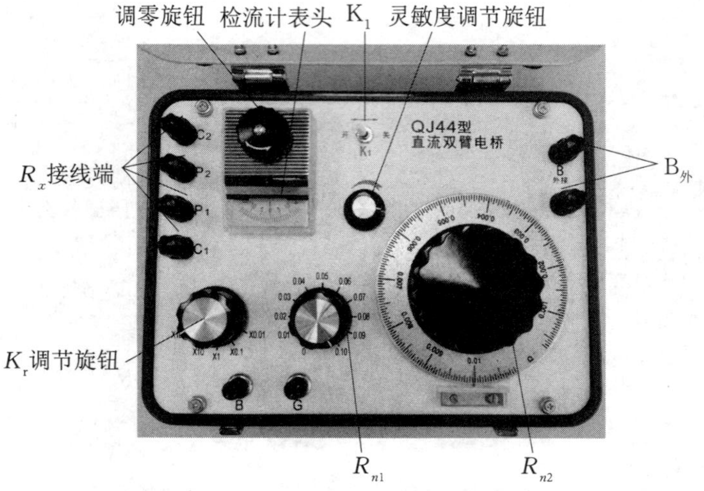

图 4-18-5　QJ44 型便携式直流双臂电桥面板

步进读数盘 R_{n1}：可取 0，0.01，0.02，…，0.10 Ω 十一挡中的任一阻值.

滑线读数盘 R_{n2}：在 0.000 0 ～ 0.001 Ω 范围内连续可调，还应再估读一位，分度值为0.000 05 Ω.

量程倍率 K_r：有 ×0.01，×0.1，×1，×10，×100 五挡.

$B_{外}$：外接电源接线柱.将外接电源的正负极分别接在两个接线柱上.

晶体管检流计工作电源开关 K_1：开关置于“开”位置表示检流计工作电源接通，置于“关”位置表示检流计工作电源断开.

B：接通电桥工作电源的按键.

G：接入检流计的按键.

R_x 接线端 C_1，P_1，P_2，C_2：待测四端电阻端接线柱.

高灵敏度的晶体管检流计：由放大器和电流表组成，工作电压为 9 V.灵敏度调节旋钮逆时针转到底为最不灵敏位置，顺时针转到底为最灵敏位置.本仪器规定，滑线读数盘转动四个最小分度时，检流计指针偏离零位不小于一格.

调零旋钮：在晶体管检流计与测量电路断开的情况下，使检流计指针指零的调节装置.

根据式(4-18-4)，在直流双臂电桥平衡时，R_x 由下式计算：

$$R_x = K_r R_n = K_r(R_{n1} + R_{n2}). \qquad (4-18-9)$$

根据式(4-18-6)，在参考温度和相对湿度的条件下，直流双臂电桥各量程的基本误差允许极限为

$$E_{\lim} = c\%\left(\frac{R_N}{10} + R_x\right),$$

式中 c 为准确度等级，R_N 为基准值，R_x 为电桥电阻标度盘示值.对于 QJ44 型直流双臂电桥，量程内最大阻值为 0.11 Ω×K_r，则基准值 R_N=0.10 Ω×K_r，因此式(4-18-6)可写为

$$E_{\lim} = c\%(0.01\ \Omega \times K_r + R_x). \qquad (4-18-10)$$

当电桥在标称使用范围内使用时，引起的仪器误差与基本误差允许极限之间的关系为

$$\Delta_m(R_x) = 2E_{\lim} = 2 \times c\%(0.01\ \Omega \times K_r + R_x). \qquad (4-18-11)$$

实验步骤

1. 直流单臂电桥测量中值电阻

(1) 测量环境温度并记录在表 4-18-1 中.

(2) 将待测电阻 R_x 接在面板的相应接线柱上.

(3) 调节检流计的调零旋钮使指针指零，估计待测电阻的阻值将 K_r 调节旋钮置于适当数值的位置上，使测量时 R_x 有四位有效数字.

(4) 将比较臂的4个调节旋钮放在待测电阻R_x 的估计值位置上，先选择合适的电压挡位，按下电源按键 B 接通电源，后按下检流计按键 G 接通检流计支路，观察检流计指针偏转的情况，反复调节 R_s，直至电桥平衡，读取数据，将数据记录在表 4-18-1 中.

(5) 按上述方法测量另一个电阻 R'_x.再将 R_x 和 R'_x 串联和并联，分别测出其等效电阻.将以上数据记录在表 4-18-1 中.

(6) 使用完毕，应松开按键 B 和按键 G.

2. 直流双臂电桥测量低值电阻

(1) 测量环境温度并记录在表 4－18－2 中.

(2) 把检流计工作电源开关 K_1 拨到“开”位置,等稳定后(约 5 min),将检流计调零,调节电桥的工作电源为1.5 ～2 V,然后把灵敏度调节旋钮逆时针转到底.

(3) 将待测四端电阻分别接在直流双臂电桥相应的 C_1,P_1,P_2,C_2 接线柱上,P_1,P_2 之间为待测电阻.

(4) 估计待测电阻大小,选择适当倍率位置,先按下按键 B,再按下按键 G,调节步进读数盘和滑线读数盘,使检流计指针在零位上. 如发现检流计灵敏度不够,应增加其灵敏度(移动滑线盘四小格,检流计指针偏离零位约一格,就能满足测量要求). 在改变灵敏度时,会引起检流计指针偏离零位,在测量之前,随时都可以调节检流计零位. 将 K_r,R_{n1},R_{n2} 的数值记录在表 4－18－2 中. 由式(4－18－9) 算出待测电阻 R_x.

(5) 用米尺测出 P_1,P_2 间的长度 l,共 6 次,将数据记录在表 4－18－3 中.

(6) 用螺旋测微器测出导体不同部位的直径 d,共 6 次,将数据记录在表 4－18－4 中.

(7) 按式(4－18－5) 求出导体的电阻率 ρ 的测量值.

注意事项

1. 单臂电桥实验中按键G一般采用跃接,只有当检流计的指针偏转较小时,才能将箱式直流单臂电桥的按键 G 锁住.

2. 检流计通电时间不宜过长,用完直流单臂电桥后,务必松开按键 B,否则内部电源将长期放电,导致电池报废并损坏仪器.

3. 用直流双臂电桥测电阻时,必须先按下按键 B,再按下按键 G;断开时应先松开按键 G,再松开按键 B.

4. 直流双臂电桥待测电阻应按照电流接头和电压接头分开的原则正确接线,电压接头应靠近待测电阻.

5. 测量 0.1 Ω 以下的电阻时,因工作电流大,按键 B 应间歇使用.

6. 直流双臂电桥使用完毕后,应松开按键 B 和按键 G,K_1 应拨到“关”位置.

7. 所有接头必须干净、接牢,避免接触不良,以减小附加电阻.

数据表格

表 4－18－1　用箱式直流单臂电桥测电阻

环境温度 t = ＿＿＿＿＿ ℃

待测电阻	R_x	R'_x	R_x 与 R'_x 串联	R_x 与 R'_x 并联
量程倍率 K_r				
R_s/Ω				
$R_x = K_r R_s/\Omega$				
准确度等级 c				

续表

待测电阻	R_x	R'_x	R_x 与 R'_x 串联	R_x 与 R'_x 并联
不确定度 /Ω				
相对不确定度				

表 4-18-2　用直流双臂电桥测电阻

环境温度 $t=$______ ℃

测量值	R_{n1}/Ω	R_{n2}/Ω	K_r	$R_x=K_r(R_{n1}+R_{n2})/\Omega$

表 4-18-3　用米尺测量 P_1, P_2 间的长度 l

单位:mm

测量次序 i	1	2	3	4	5	6
测量值 l_i						
$\bar{l}$						

表 4-18-4　用螺旋测微器测量导体不同部位的直径 d

螺旋测微器零点读数 $d_0=$______ mm,单位:mm

测量次序 i	1	2	3	4	5	6
测量值 $d_i=d'_i-d_0$						
$\bar{d}$						

数据处理

1. 直流单臂电桥测中值电阻

(1) 根据表 4-18-1 的数据计算待测电阻的最佳估计值 $R_x=K_rR_s=$______.

(2) 根据仪器的误差公式和不确定度公式,算出 R_x 的合成标准不确定度和相对不确定度.

根据式(4-18-8),仪器误差为 $\Delta_m(R_x)=2\times c\%(1\,000\ \Omega\times K_r+R_x)=$______.

R_x 的合成标准不确定度主要由 B 类不确定度分量决定,即

$$u(R_x)=u_B(R_x)=\frac{\Delta_m(R_x)}{\sqrt{3}}=\_\_\_\_\_\_,$$

相对不确定度为

$$E_r(R_x)=\frac{u(R_x)}{R_x}\times 100\%=\_\_\_\_\_\_.$$

(3) 直流单臂电桥中待测电阻 R_x 的测量结果表示为

$$R_x\pm u(R_x)=\_\_\_\_\_\_.$$

2. 直流双臂电桥测低值电阻

(1) 根据表 4-18-2 的数据计算待测电阻的最佳估计值为 $R_x=$__________.

(2) 根据式(4-18-11),仪器误差为$\Delta_m(R_x)=2\times c\%(0.01\,\Omega\times K_r+R_x)=$__________，$R_x$ 的合成标准不确定度主要由 B 类不确定度决定,即

$$u(R_x)=u_B(R_x)=\frac{\Delta_m(R_x)}{\sqrt{3}}=\_\_\_\_\_\_\_\_\_\_.$$

(3) 直流双臂电桥中待测电阻 R_x 的测量结果表示为

$$R_x\pm u(R_x)=\_\_\_\_\_\_\_\_\_\_.$$

3. 导体的电阻率

(1) 计算导体长度的平均值 $\bar{l}$ 和 A 类不确定度$u_A(l)$：

$$\bar{l}=\_\_\_\_\_\_\_\_\_\_,\quad u_A(l)=\sqrt{\frac{1}{6\times 5}\sum_{i=1}^{6}(\bar{l}-l_i)^2}=\_\_\_\_\_\_\_\_\_\_.$$

米尺的仪器误差 $\Delta_m(l)=0.5\text{ mm}$,相应的 B 类不确定度和合成标准不确定度分别为

$$u_B(l)=\frac{\Delta_m(l)}{\sqrt{3}}=0.29\text{ mm},\quad u(l)=\sqrt{[u_A(l)]^2+[u_B(l)]^2}=\_\_\_\_\_\_\_\_\_\_.$$

(2) 计算导体直径的平均值 $\bar{d}$ 和 A 类不确定度$u_A(d)$：

$$\bar{d}=\_\_\_\_\_\_\_\_\_\_,\quad u_A(d)=\sqrt{\frac{1}{6\times 5}\sum_{i=1}^{6}(\bar{d}-d_i)^2}=\_\_\_\_\_\_\_\_\_\_.$$

螺旋测微器的仪器误差 $\Delta_m(d)=0.004\text{ mm}$,相应的B类不确定度和合成标准不确定度分别为

$$u_B(d)=\frac{\Delta_m(d)}{\sqrt{3}}=0.002\,3\text{ mm},\quad u(d)=\sqrt{[u_A(d)]^2+[u_B(d)]^2}=\_\_\_\_\_\_\_\_\_\_.$$

(3) 计算导体电阻率的最佳估计值、相对不确定度和合成标准不确定度.

电阻率 ρ 的最佳估计值为

$$\bar{\rho}=R_x\frac{\pi\bar{d}^2}{4\bar{l}}=\_\_\_\_\_\_\_\_\_\_,$$

相对不确定度为

$$E_r(\rho)=\frac{u(\rho)}{\bar{\rho}}=\sqrt{\left[\frac{u(R_x)}{R_x}\right]^2+\left[\frac{u(l)}{\bar{l}}\right]^2+\left[2\frac{u(d)}{\bar{d}}\right]^2}=\_\_\_\_\_\_\_\_\_\_\%\text{(保留两位有效数字)},$$

合成标准不确定度为

$$u(\rho)=E_r(\rho)\bar{\rho}=\_\_\_\_\_\_\_\_\_\_.$$

(4) 双臂电桥中待测导体电阻率的测量结果表示为

$$\rho=\bar{\rho}\pm u(\rho)=\_\_\_\_\_\_\_\_\_\_.$$

思考题

1. 电桥法测电阻的原理是什么?
2. 直流双臂电桥的平衡条件是什么?
3. 直流双臂电桥与直流单臂电桥有哪些异同?直流双臂电桥怎样消除附加电阻的影响?

4. 直流单臂电桥中比例臂的量程倍率选取的原则是什么？
5. 试分析检流计始终向某一边偏转的原因. 怎样操作才能使电桥快速达到平衡？
6. 如果待测电阻的两个电压端引线电阻较大，对测量结果有无影响？
7. 如果电桥始终都无法达到平衡，是否能在非平衡状态下测量电阻？

实验 4.19　利用迈克耳孙干涉仪测波长

迈克耳孙干涉仪是由物理学家迈克耳孙和莫雷合作设计制造出来的精密光学仪器. 它利用振幅分割法产生双光束以实现干涉. 通过调整该干涉仪，可以产生等厚干涉条纹，也可以产生等倾干涉条纹. 迈克耳孙干涉仪最著名的应用是它在迈克耳孙-莫雷实验中，对以太风的观测所得到的零结果，从而否定了以太（“Ether”，当时人们从经典力学出发，认为以太是一种专门传递光波的介质）的存在，为爱因斯坦的狭义相对论提供了实验依据. 迈克耳孙还用光的波长校准了标准米原器的长度，即 1 m 等于 1 553 164.13 个镉红线的波长. 由于在光学方面的杰出成就，他获得了 1907 年的诺贝尔物理学奖. 迈克耳孙干涉仪的设计原理简明、构思巧妙，因此它仍然是现代各种干涉仪的设计基础.

实验目的

1. 了解迈克耳孙干涉仪的结构和干涉原理.
2. 利用迈克耳孙干涉仪观察干涉条纹.
3. 测定氦氖激光器发射激光的波长平均值.

实验仪器

迈克耳孙干涉仪、JGQ－250 型氦氖激光源或 HNL－55700 型多束光纤激光源等.

实验原理

如图 4－19－1 所示，从光源 S 发出的一束光，以入射角 45° 射向分光板 G_1，因分光板的后表面镀了半反射膜，光束在半反射膜上反射和透射分成互相垂直的两束光. 这两束光分别射向相互垂直的固定镜 M_1 和移动镜 M_2，分别经 M_1，M_2 反射后，又会聚于分光板 G_1，最后光线朝着接收屏 E 的方向射出. 此时在 E 处就能观察到清晰的干涉条纹.

图 4－19－1 中设置补偿板 G_2 是为了补偿两束光的光程差. M_2' 是平面镜 M_2 由半反射膜形成的虚像. 观察者从 E 处去看，经 M_2 反射的光好像是从 M_2' 来的. 因此，由干涉仪所产生的干涉，和由平面 M_1 与 M_2' 之间的空气薄膜所产生的干涉是完全一样的，在讨论干涉条纹的形成时，只须考察 M_1 和 M_2' 两平面所形成的空气薄膜即可. 若两平面相互平行，则可得到面光源在无穷远处产生的等倾干涉；若两平面有小夹角，则可得到面光源在空气薄膜附近形成的等厚干涉. 若光源是点光源，则上述两种情况均可在空间内形成非定域干涉.

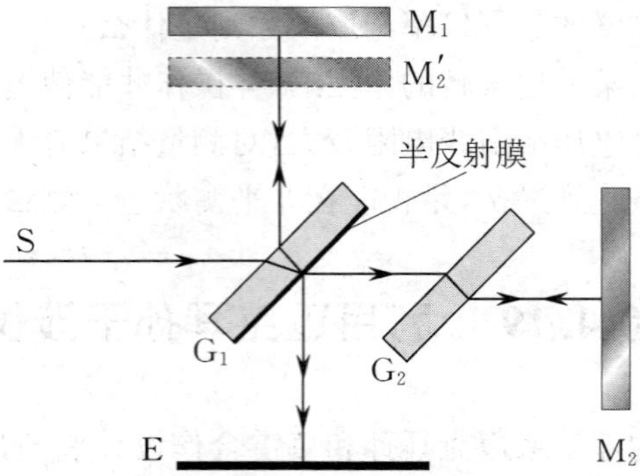

图 4-19-1　迈克耳孙干涉仪原理图

定域干涉时，设 M_1 和 M_2' 之间的距离为 d，则它们所形成的空气薄膜造成的相干光的光程差(见图 4-19-2) 可近似用下式表示：

$$\delta = 2d\cos i. \tag{4-19-1}$$

若 M_1 与 M_2' 平行，则水平方向各处 d 相同，可得等倾干涉. 由于系统具有旋转不变性，因此接收屏 E 上的干涉条纹应为一组同心圆环，圆心处对应的光程差最大且等于 $2d$，d 越大，圆环越密. d 越小，中心圆斑越大、圆环越疏. 若 d 增加 $\frac{\lambda}{2}$，则中心“冒出”一个条纹；若 d 减小 $\frac{\lambda}{2}$，则中心“缩进”一个条纹. 因此，干涉条纹在中心处“冒出”或“缩进”的个数 N 与 d 的变化量 Δd 之间有下列关系：

$$\Delta d = N\frac{\lambda}{2}. \tag{4-19-2}$$

根据这个关系式，我们就可测量光波波长 λ 或长度 Δd.

若 M_2' 与 M_1 之间有一小夹角 θ 且光源接近垂直入射，即平行光接近垂直入射，则光程差只与 d 有关，可获得定域于 M_1 与 M_2' 表面或附近的等厚干涉现象. 同一级干涉条纹对应于空气薄膜厚度相同的点的连线. 在 M_1，M_2' 的相交处，$d=0$，光程差为零，将此处观察到的直线干涉条纹称为中央条纹. 离中央条纹较远处的下一级条纹由直线变为稍向厚度增加方向弯曲的弧线，如图 4-19-3 所示. 这是由于边缘处光源的入射角 i 增大，$\cos i$ 减小，要使光程差不变，则条纹只能向厚度增大的方向移动. θ 过大或 d 过大均会导致干涉条纹消失. 用这种方法可测出光程差的变化量，从而求出相应的物理量.

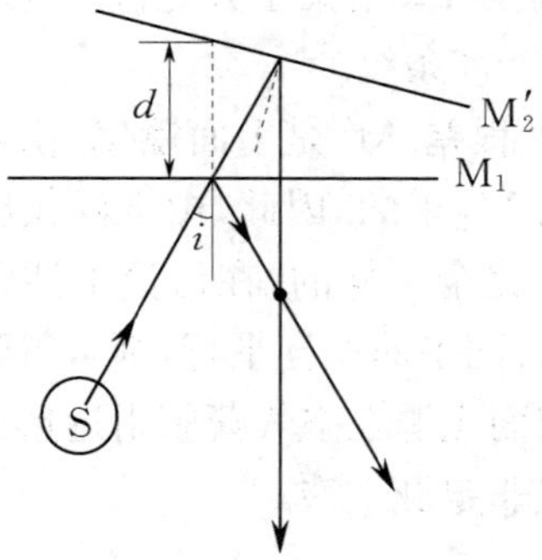

图 4-19-2　等厚干涉光路图

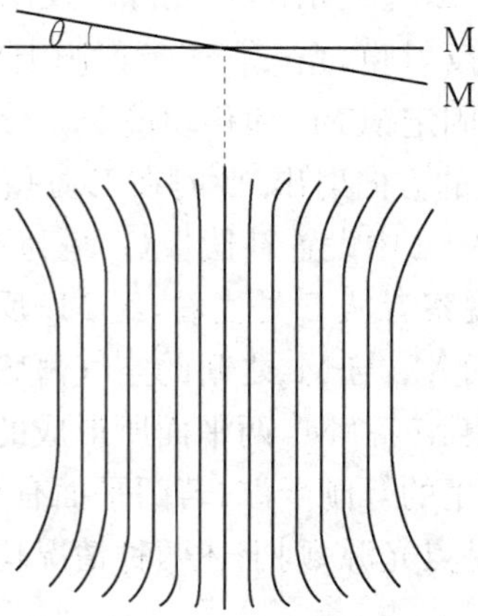

图 4-19-3　等厚干涉条纹

仪器介绍

迈克耳孙干涉仪的基本结构图如图 4-19-4 所示.

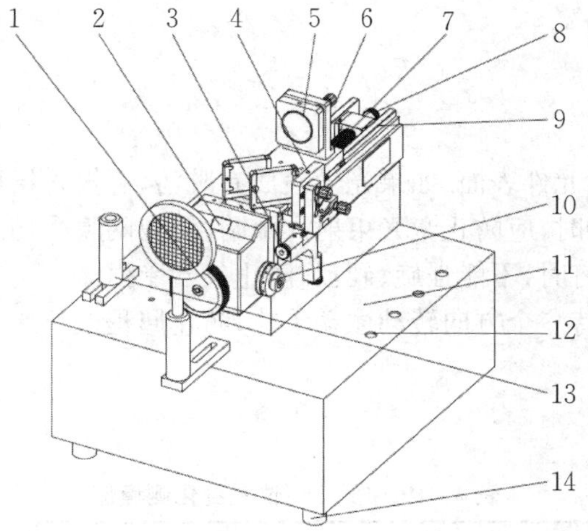

1—粗动手轮;2—刻度盘;3—微调螺钉;4—固定镜 M_1;5—移动镜 M_2;6—调节螺钉;7—丝杆;8—滚花螺母;9—导轨;10—微动手轮;11—底座;12—备用器件放置架;13—光源支架;14—橡皮底脚(可更换与调节底脚).

图 4-19-4 迈克耳孙干涉仪的基本结构图

实验步骤

1. 观察非定域干涉条纹

(1) 调节光源. 使用 JGQ-250 型氦氖激光源或 HNL-55700 型多束光纤激光源. 使用 JGQ-250 型氦氖激光源作为光源时,先把扩束镜装在激光器上,使扩束的激光斑照在干涉仪分光板上,光轴基本与固定镜 M_1 垂直. 使用 HNL-55700 型多束光纤激光源作为光源时,按其说明书将一束光纤安装在分光板的前端,使出射的激光斑照射在分光板上,光轴基本与 M_1 垂直. 因从光纤出射的激光已经扩束,故无须另加扩束镜.

(2) 转动粗动手轮,将移动镜 M_2 的位置置于机体侧面标尺所示约 52 mm 处,此位置为 M_1 和 M_2 相对于分光板大约等光程的位置. 从接收屏处观察(此时不放接收屏),可看到由 M_1 和 M_2 各自反射的两排光点像,仔细调整 M_1 和 M_2 后的两只调节螺钉,使两排光点像严格重合,这样 M_1 和 M_2 就基本垂直(M_1 和 M_2' 就互相平行)了. 装上接收屏,即可在接收屏上观察到非定域干涉圆环,再轻轻调节 M_1 后的调节螺钉,使出现的圆环中心处于接收屏中心.

(3) 转动粗动手轮和微动手轮,使 M_2 在导轨上移动,并观察干涉条纹的形状、疏密及中心"冒出""缩进"条纹随光程差的改变而变化的情况.

2. 测量氦氖激光的波长

(1) 按实验步骤 1 的方法调出干涉圆环,单向缓慢转动微动手轮移动 M_2,将干涉圆环中心调至最暗(或最亮),将此时 M_2 的位置记录在表 4-19-1 中.

(2) 继续转动微动手轮,按照表 4-19-1,当条纹"冒出"或"缩进"变化数为 N 时,再记下

M_2 的位置，设 M_2 位置的变化为 Δd，则根据式(4-19-2)，测得氦氖激光的波长为

$$\lambda=\frac{2\Delta d}{N}.$$

注 测量时，N 的最大差值要不小于500，可每累计50条时读取一次数据，连续取10个数据，应用逐差法加以处理.

注意事项

1. 禁止用手触摸光学元件表面. 如果光学表面有脏污，可报告指导教师.
2. 用激光束调节仪器时，应防止激光束射入眼睛，使视网膜受伤.
3. 旋转各个手轮、螺钉时，不能强旋、硬扳，防止仪器受损.
4. 读取数据时，应保持一个方向转动微动手轮，防止回程误差.

数据表格

表 4-19-1　M_2 位置变化测量值

干涉圆环变化数 N_1	0	50	100	150	200
位置读数 d_i/mm					
干涉圆环变化数 N_2	250	300	350	400	450
位置读数 d_{i+5}/mm					
$\Delta N=N_2-N_1$	250	250	250	250	250
$\Delta d_i(=d_{i+5}-d_i)$/mm					
$\bar{\lambda}=\frac{2\overline{\Delta d}}{\Delta N}\Big/$mm					

数据处理

(1) 计算氦氖激光波长及其不确定度，并写出实验结果表达式.

$$u_A(\Delta d)=\sqrt{\frac{\sum_{i=1}^{5}(\Delta d_i-\overline{\Delta d})^2}{5\times4}}=\_\_\_\_\_\_\_\_,$$

$$u_B(\Delta d)=\frac{\Delta_m}{\sqrt{3}}=0.000\,05\ \text{mm},$$

$$u(\Delta d)=\sqrt{[u_A(\Delta d)]^2+[u_B(\Delta d)]^2}=\_\_\_\_\_\_\_\_,$$

$$u(\lambda)=\frac{2u(\Delta d)}{\Delta N}=\_\_\_\_\_\_\_\_,$$

$$\lambda=\bar{\lambda}\pm u(\lambda)=\_\_\_\_\_\_\_\_.$$

(2) 将测量值与氦氖激光波长理论值比较，计算相对误差.

$$\varepsilon_r(\lambda)=\frac{|\lambda-\lambda_{理}|}{\lambda_{理}}\times100\%=\_\_\_\_\_\_\_\_,$$

式中 $\lambda_{理}=632.8\ \text{nm}$.

思考题

1. 根据对氦氖激光的实验结果观察，思考并画出白光等厚干涉条纹形状和彩色条纹颜色分布，说明形成原因.

2. 试解释钠光的等厚干涉直条纹两侧出现弧形条纹的原因.

实验 4.20　薄透镜焦距的测定

透镜是最常用的光学元件，是构成显微镜、望远镜等光学仪器的基础. 焦距是表征透镜成像性质的重要参数. 测定焦距不单是一项产品检验工作，更重要的是为光学系统的设计提供依据. 学习透镜焦距的测定，不仅可以加深对几何光学中透镜成像规律的理解，而且有助于训练光路分析方法、掌握光学仪器调节技术. 常用的测定透镜焦距的方法大都是根据物像关系设计的，如物像法、大小像法、辅助成像法等.

拓展阅读

实验目的

1. 了解透镜成像的原理及成像规律.
2. 学会简单光学系统的共轴调节方法.
3. 掌握测定薄透镜焦距的基本方法.

实验仪器

光具座、光源、平面镜、物屏、像屏、透镜夹、薄凸透镜和薄凹透镜等.

实验原理

当透镜的中心厚度与其焦距比很小时，这种透镜称为薄透镜. 在近轴光线的条件下，薄透镜的成像公式为

$$\frac{1}{u}+\frac{1}{v}=\frac{1}{f}, \tag{4-20-1}$$

式中 u 为物距(实物为正、虚物为负)，v 为像距(实像为正、虚像为负)，f 为焦距(凸透镜为正、凹透镜为负). 成像规律参见本实验附录.

1. 自准直法测定凸透镜的焦距

自准直法光路图如图 4-20-1 所示，将物 AB 放在凸透镜的前焦平面上，这时物上任一点发出的光束经透镜后成为平行光. 用与主轴垂直的平面镜反射后再经透镜会聚于透镜的前焦平面上，将得到一个大小与原物相同的倒立实像 $A'B'$. 这种使物和像处于同一平面内的调整方法称为自准直法. 这时，分别读出物屏与透镜的位置 x_p 和 x，即得到透镜的焦距

$$f=|x_p-x|. \tag{4-20-2}$$

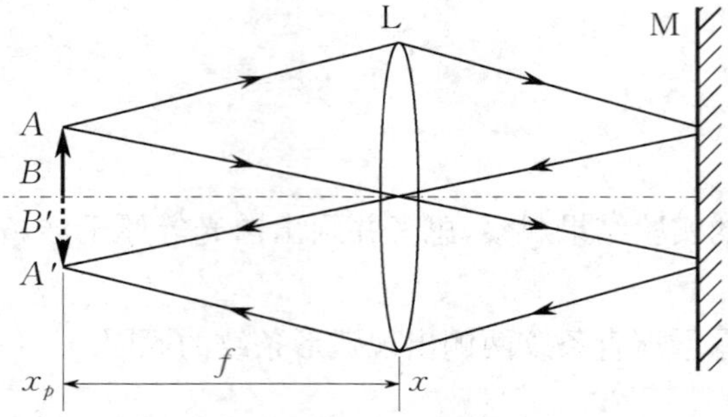

图 4-20-1　自准直法光路图

2. 二次成像法(共轭法)测定凸透镜的焦距

二次成像法光路图如图 4-20-2 所示,设物 AB 和像屏之间的距离 $L=|x_p-x'|>4f$,并保持 L 不变,移动透镜到 O_1 处($f<u_1=|x_p-x_1|<2f$) 时,屏上出现放大的倒立实像 $A'B'$;再将透镜移到 O_2 处($u_2=|x_p-x_2|>2f$) 时,屏上得到缩小的倒立实像 $A''B''$. 设 O_1O_2 间的距离 $|x_1-x_2|=l$,根据式(4-20-1),透镜在 O_1 处时有

$$\frac{1}{f}=\frac{1}{u_1}+\frac{1}{L-u_1}, \tag{4-20-3}$$

透镜在 O_2 处时有

$$\frac{1}{f}=\frac{1}{u_1+l}+\frac{1}{L-(u_1+l)}. \tag{4-20-4}$$

由式(4-20-3) 和式(4-20-4) 得透镜的焦距为

$$f=\frac{L^2-l^2}{4L}. \tag{4-20-5}$$

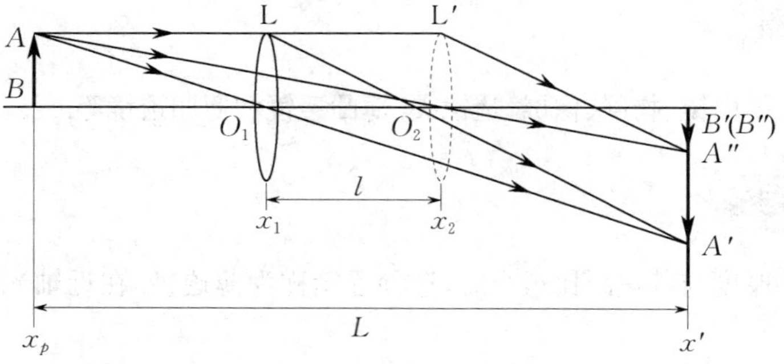

图 4-20-2　二次成像法光路图

此方法的优点是,避免了测量物距与像距时由于估计透镜光心位置不准而产生的误差.

3. 物距像距法测定凹透镜的焦距

物距像距法光路图如图 4-20-3 所示,物 AB 发出的光经过凸透镜在屏上成实像 $A'B'$. 若在凸透镜和像屏之间插入一凹透镜,$A'B'$ 作为凹透镜的虚物,将成一实像 $A''B''$.

图 4-20-3 中虚物 $A'B'$ 的物距 u 为负,即 $u=-|x_0-x'|$,实像 $A''B''$ 的像距 v 为正,有 $v=|x_0-x''|$. 根据式(4-20-1) 有

$$f=\frac{uv}{u+v}. \tag{4-20-6}$$

式(4-20-6)中，由于 $v>|u|$，因此 f 的值为负，对应于凹透镜.

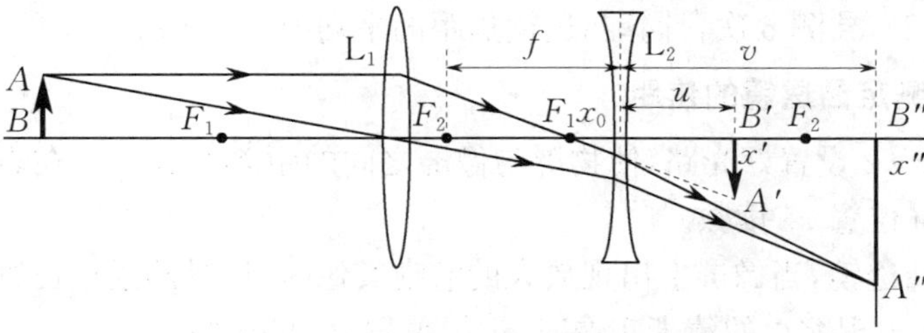

图 4-20-3　物距像距法光路图

仪器介绍

光具座是常用的光学实验仪器. 它有导轨，导轨上有标尺，用于读出光学元件的位置. 导轨上放置支座，支座可前后、左右、上下调节. 支座上装有光学元件，如光源、透镜、物屏等，如图 4-20-4 所示.

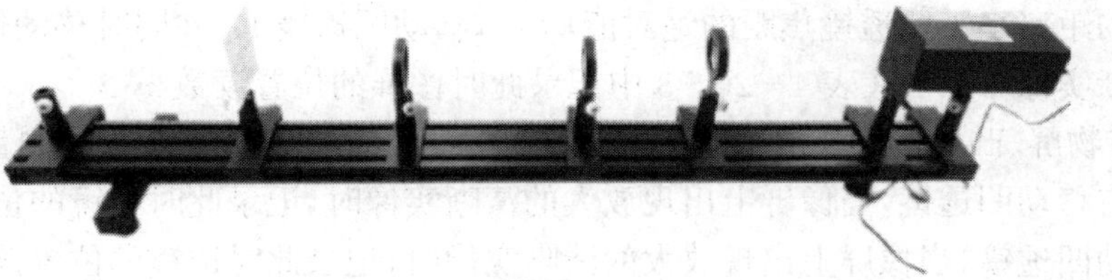

图 4-20-4　光具座

为了读数准确和避免不必要的像差，需要对光学系统进行共轴调节，使各透镜的光轴重合且与光具座的导轨严格平行，物体中心处于光轴上，且物屏面、像屏面垂直于光轴. 此外，照明光束也应大体沿光轴方向. 在光学实验中，光学元件的共轴调节是最基本的，共轴调节一般分为两步：粗调和细调.

(1) 粗调. 先将所用的物屏、像屏、透镜等放置在光具座的滑块上，然后将滑块靠拢，用眼睛观察，调节各元件的高低、左右，使光源、物屏、像屏的中心大致在平行于导轨的一条直线上，并使透镜与物屏的平面互相平行，且垂直于导轨.

(2) 细调. 点亮光源，通过成像观察并调节各元件的位置，最终达到共轴.

经过调节，可使所有光学元件的光轴重合，且公共的光轴与光具座的导轨严格平行.

实验步骤

1. 自准直法测定凸透镜的焦距

(1) 按图 4-20-1 设置好光路，放好光源、凸透镜、物屏和平面镜，在表 4-20-1 中记录物屏位置读数 x_p.

(2) 移动待测凸透镜，使物屏上出现一个等大、倒立的清晰实像，记录透镜的位置读数 x. 由于实际透镜有一定的厚度，其光心位置不好确定，而且光心位置与滑座的读数准线位置在光具座导轨的标尺上也不一定重合. 为了消除这种系统误差，在记录凸透镜某一位置 x_i 后，将透镜连同透镜夹以支杆为轴旋转 180°，再进行测量得到 x_i'，将两次测量值及修正值 $\overline{x}_i=\dfrac{x_i+x_i'}{2}$

记录在表 4-20-1 中.

(3) 重复步骤(2),共测 6 次,计算凸透镜焦距的平均值 $\overline{f}=|x_p-\overline{x}|$.

2. 二次成像法测定凸透镜的焦距

(1) 按图 4-20-2 设置好光路,使物屏与像屏之间的距离 $L>4f$,在表 4-20-2 中记录物屏位置 x_p 与像屏位置 x' 读数.

(2) 移动待测凸透镜,当像屏上出现放大的清晰实像时,记录凸透镜位置 x_1 的读数,再移动凸透镜,当像屏上出现缩小的清晰实像时,记下位置 x_2 的读数.

(3) 重复步骤(2),共测 6 次,将数据记录在表 4-20-2 中,由式(4-20-5) 计算凸透镜的焦距.

3. 物距像距法测定凹透镜的焦距

(1) 按图 4-20-3 设置好光路,令物屏与凸透镜 L_1 之间的距离略大于 $2f_1$,移动像屏,使屏上出现缩小的清晰实像 $A'B'$,在表 4-20-3 中记录像屏的位置读数 x'.

(2) 保持物屏和凸透镜位置不变,在凸透镜 L_1 与像屏之间放入凹透镜 L_2,使虚物 $A'B'$ 到凹透镜之间的距离小于凹透镜焦距的绝对值 $|f_2|$,移动凹透镜 L_2 并同时移动像屏,使屏上出现放大的清晰实像 $A''B''$,在表 4-20-3 中记录此时像屏的位置读数 x''.

(3) 保持物屏、凸透镜和像屏位置不变的条件下,采用左右逼近读数法测量凹透镜位置,即先从左向右移动凹透镜,当像屏上出现放大的清晰实像时,记录此时透镜的位置读数 x_0;再从右向左移动凹透镜,当像屏上出现放大的清晰实像时,记录此时透镜的位置读数 x_0.

(4) 重复步骤(3),共测 3 次,将数据记录在表 4-20-3 中.

(5) 对于凹透镜,虚物的物距 $u=-|x_0-x'|$,实像的像距 $v=|x_0-x''|$,代入式(4-20-6) 中,计算凹透镜的焦距.

注意事项

1. 光学元件要轻拿轻放,不要触摸光学表面,不要擦拭,以防破损,用后整齐归位.
2. 测量前要先调好各光学元件的共轴等高.
3. 测量过程中物屏的位置固定不变. 测量时,为减小误差,应采取左右逼近读数法.

数据表格

表 4-20-1　自准直法测定凸透镜的焦距

物屏 $x_p=$ ________ cm,单位:cm

测量次序 i	1	2	3	4	5	6	平均值
凸透镜位置 x_i							
凸透镜位置 x_i'							
修正值 $\overline{x}_i$							

表 4-20-2　二次成像法测定凸透镜的焦距

物屏位置 $x_p =$ ________ cm，像屏位置 $x' =$ ________ cm，$L = |x_p - x'| =$ ________ cm，单位：cm

测量次序 i	1	2	3	4	5	6
透镜位置 x_{1i}						
透镜位置 x_{2i}						
$l_i = \|x_{1i} - x_{2i}\|$						
平均值 $\overline{l}$						

表 4-20-3　物距像距法测定凹透镜的焦距

第一次像屏位置(凹透镜虚物) $x' =$ ________ cm，第二次像屏位置(凹透镜实像) $x'' =$ ________ cm，单位：cm

测量次序 i	1(左向右)	2(右向左)	3(左向右)	4(右向左)	5(左向右)	6(右向左)
凹透镜位置 x_{0i}						
凹透镜位置平均值	$\overline{x}_0 = \frac{1}{6}\sum_{i=1}^{6} x_{0i} =$					
物距 $u = -\|\overline{x}_0 - x'\| =$ ________ cm，像距 $v = \|\overline{x}_0 - x''\| =$ ________ cm，焦距 $f =$ ________ cm						

数据处理

1. 自准直法测定凸透镜的焦距

凸透镜位置的平均值 $\overline{x} =$ ________；

凸透镜的焦距的最佳估计值 $\overline{f} =$ ________.

自准直法测定凸透镜的焦距的结果表示为

$$f = \_\_\_\_\_\_\_\_.$$

2. 二次成像法测定凸透镜的焦距

凸透镜两次位置间距的平均值 $\overline{l} =$ ________；

凸透镜位移平均值的A类不确定度为

$$u_A(l) = \sqrt{\frac{1}{6 \times 5}\sum_{i=1}^{6}(l_i - \overline{l})^2} = \_\_\_\_\_\_\_\_.$$

钢卷尺的仪器误差 $\Delta_m = 0.08$ cm，L 和 l 的B类不确定度 $u_B(L) = u_B(l) = \frac{\Delta_m}{\sqrt{3}}$. 因为 L 只测了一次，所以 L 的合成标准不确定度为

$$u(L) = u_B(L) = \frac{\Delta_m}{\sqrt{3}} \approx 0.047 \text{ cm}.$$

l 的合成标准不确定度为

$$u(l) = \sqrt{[u_A(l)]^2 + [u_B(l)]^2} = \sqrt{[u_A(l)]^2 + \left(\frac{\Delta_m}{\sqrt{3}}\right)^2} = \_\_\_\_\_\_\_\_.$$

凸透镜的焦距的最佳估计值为

$$\bar{f}=\frac{L^2-\bar{l}^2}{4L}=\_\_\_\_\_\_\_\_\_\_;$$

凸透镜的焦距的合成标准不确定度为

$$u(f)=\sqrt{\left(\frac{L^2+\bar{l}^2}{4L^2}\right)^2[u(L)]^2+\left(\frac{\bar{l}^2}{2L}\right)^2[u(l)]^2}=\_\_\_\_\_\_\_\_\_\_;$$

凸透镜的焦距的相对不确定度为

$$E_r(f)=\frac{u(f)}{\bar{f}}\times 100\%=\_\_\_\_\_\_\_\_\_\_.$$

二次成像法测定凸透镜的焦距的测定结果表示为

$$f=\bar{f}\pm u(f)=\_\_\_\_\_\_\_\_\_\_.$$

3. 物距像距法测定凹透镜的焦距

将表 4 - 20 - 3 中的测量值代入式(4 - 20 - 6),计算凹透镜的焦距.

物距像距法测定凹透镜的焦距的结果表示为

$$f=\_\_\_\_\_\_\_\_\_\_.$$

思考题

1. 如何用简单的光学方法判断透镜的凸凹性?在日常生活中如何估测凸透镜的焦距?
2. 比较用自准直法和二次成像法测定同一块凸透镜焦距的结果,说明两种方法的优缺点.
3. 试证明:用二次成像法测定凸透镜的焦距时,应使物和像屏之间的距离 $L>4f$.

附录

附表　凸透镜和凹透镜的成像规律

<table>
<tr><th rowspan="2">透镜种类</th><th rowspan="2">物距</th><th rowspan="2" colspan="2">像的位置</th><th colspan="3">像的性质</th><th rowspan="2">应用实例</th></tr>
<tr><th>大小</th><th>正倒</th><th>虚实</th></tr>
<tr><td rowspan="6">凸透镜
($f>0$)</td><td>$u\to\infty$</td><td>$v=f$</td><td rowspan="5">与物
异侧</td><td>成一点</td><td rowspan="5">倒立</td><td rowspan="5">实像</td><td rowspan="5">照相机
幻灯片</td></tr>
<tr><td>$u>2f$</td><td>$f<v<2f$</td><td>缩小</td></tr>
<tr><td>$u=2f$</td><td>$v=2f$</td><td>与物等大</td></tr>
<tr><td>$f<u<2f$</td><td>$v>2f$</td><td>放大</td></tr>
<tr><td>$u=f$</td><td>$v\to\infty$</td><td>不成像</td></tr>
<tr><td>$0<u<f$</td><td>$v<0$</td><td rowspan="3">与物
同侧</td><td>放大</td><td rowspan="3">正立</td><td rowspan="2">虚像</td><td>放大镜</td></tr>
<tr><td rowspan="2">凹透镜
($f<0$)</td><td>$u>0$(实物)</td><td>$f<v<0$</td><td>缩小</td><td rowspan="2"></td></tr>
<tr><td>$f<u<0$(虚物)</td><td>$v>0$</td><td>放大</td><td>实像</td></tr>
</table>

实验 4.21 阿贝折射仪测定液体折射率

折射率是透明或半透明材料的重要光学参数. 测定这类材料折射率的方法很多,最常用的方法是最小偏向角法和全反射法. 前者具有测量精度高、待测材料折射率的大小不受限制等优点,但要求将待测材料制成棱镜,且对棱镜的技术条件要求高,不便于快速测量. 后者属于比较测量,测量准确度不高(精度在 10^{-4} 数量级),折射率大小受到限制(范围为 1.300 0 ~1.700 0),且对固体材料还需要将其制成试件,但具有测量方便快捷、对环境要求不高、不需要单色光源等特点,因此仍被广泛应用在一些精度要求不高的测量中.

拓展阅读

阿贝折射仪是根据全反射原理制备的一种专门测定透明或者半透明液体和固体折射率及平均色散的仪器. 改变入射光的波长,并测出相应波长的折射率,即可检测出相应浓度的折射率,若与测温装置连用,还可测定折射率与温度的变化关系. 阿贝折射仪是石油工业、油脂工业、制药工业、制漆工业、制糖工业、日用化学工业和地质勘察等有关工厂、学校及科研单位不可缺少的常用设备之一.

本实验介绍阿贝折射仪的原理、结构和调整使用方法,掌握用全反射法测定水、氯化钠溶液的折射率,以及蔗糖溶液的折射率和浓度的方法.

实验目的

1. 加深对全反射原理的理解,掌握全反射法测定液体折射率的原理.
2. 通过对几种液体折射率的测定,了解阿贝折射仪的结构和测定原理,熟悉其使用方法.
3. 通过对蔗糖溶液的折射率和浓度的测定,得到两者之间的关系.

实验仪器

WAY 型阿贝折射仪、光源、待测液体(蒸馏水、蔗糖溶液、氯化钠溶液)、滴管、脱脂棉及拭镜纸等.

实验原理

阿贝折射仪是根据全反射原理设计的,通过测量材料的临界角,可算出待测液体或固体样品的折射率. 测量方式分透射式(掠入射) 和反射式(全反射) 两种. 本实验室只要求采用透射式测定透明液体的折射率.

若光线从光密介质进入光疏介质,则入射角小于折射角. 逐渐增大入射角,可使折射角达到 90°. 折射角等于 90° 时的入射角称为**临界角**. 反过来,若光线从光疏介质进入光密介质,则入射角大于折射角. 当光线以 90° 角入射(掠射) 时,仍有光线进入光密介质,此时的折射角亦为临界角. 本实验测定折射率的原理及阿贝折射仪的工作原理,就是基于测定临界角的原理.

如图 4-21-1 所示,单色光首先穿过进光棱镜进入待测液体,由棱镜磨砂面 $A'B'$ 产生漫散射光穿过液层进入折射棱镜 ABC,因此到达液体和折射棱镜的接触面 AB 上点 E 的光线(如光线 1,2,3 等) 具有各种不同的入射角,最大的入射角是 90°. 设折射棱镜的 AB 面上方的待测透明液体的折射率为 n_x，折射棱镜的折射率 $n > n_x$，从图 4-21-1 可看出，入射角为 90° 的光线 3 将掠射到 AB 界面而折射进入折射棱镜内. 显然，光线 3 经折射面 AB 后的折射角 α 正好是发生全反射时的临界角，因而满足

$$n_x = n\sin\alpha. \tag{4-21-1}$$

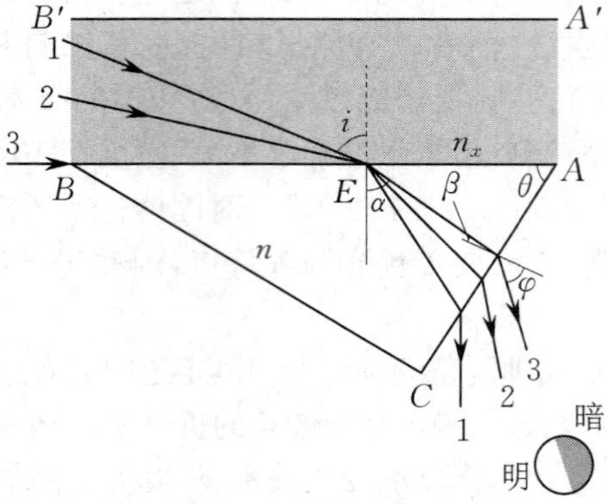

图 4-21-1　掠入射法光路图

当掠射光线 3 经过折射到达 AC 面，再经过折射而进入空气时，设在 AC 面上的入射角为 β，折射角为 φ，则有

$$n\sin\beta = \sin\varphi. \tag{4-21-2}$$

由式(4-21-2) 可得

$$n\cos\beta = n\sqrt{1-\sin^2\beta} = \sqrt{n^2 - \sin^2\varphi}.$$

除掠射光线 3 外，其他光线如光线 1、光线 2 在 AB 面上的入射角均小于 90°，因此经棱镜折射，最后都从 AC 面射入空气时，它们都在光线 3 的左侧，故称 φ 为极限角. 当阿贝折射仪的望远镜对准出射面 AC 观察时，视场中将看到明暗两部分. 明暗分界线对应于以 φ 角出射的光线方向，折射率不同的液体有不同的临界角 α，因而出射角 φ 也不同. 也就是说，一定的 φ 对应于一定的折射率.

由式(4-21-1) 及角度关系 $\alpha = \theta - \beta$，可得

$$\begin{aligned} n_x &= n\sin(\theta-\beta) = n(\sin\theta\cos\beta - \cos\theta\sin\beta) \\ &= \sin\theta\sqrt{n^2-\sin^2\varphi} - \cos\theta\sin\varphi. \end{aligned} \tag{4-21-3}$$

因此，当折射棱镜的折射率 n 和 θ 已知时，测出 φ 就可以由式(4-21-3) 计算出待测液体的折射率 n_x.

仪器介绍

阿贝折射仪是测定透明或半透明液体折射率的常用仪器. WAY 型阿贝折射仪的测量范围为 1.300 0 ～ 1.700 0(精度为 ±0.000 02). 液体的折射率与温度有关，若将该仪器接上恒温器，则可测定温度为 0 ～ 70 ℃ 时的折射率. 任何物质的折射率都与测量时使用的光波的波长有关，因为阿贝折射仪有消色散装置(阿米奇棱镜组)，所以测量时可以用白光光源，且测量结果相当于待测液体对钠黄光($\lambda = 589.3$ nm) 的折射率.

阿贝折射仪是用望远镜观察和进行角度测量的一种直读式仪器，仪器中直接刻有与 φ 直接对应的折射率，故无须计算，可以在调节明暗分界现象后，直接读出分界线对应的折射率的

值. 下面分别从仪器结构和光学系统两部分介绍阿贝折射仪.

1. 结构部分

阿贝折射仪的结构图如图 4－21－2 所示.

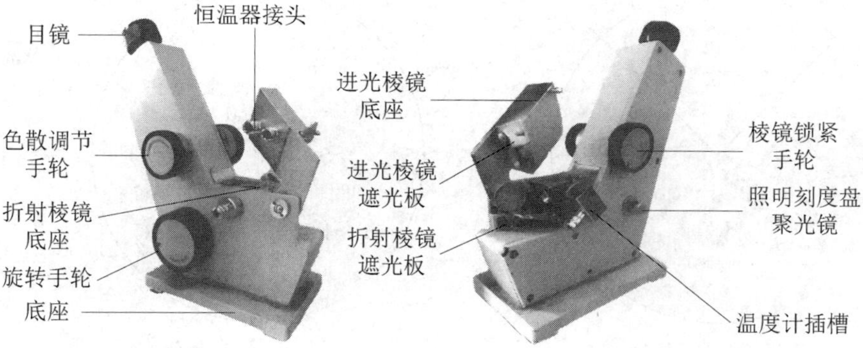

图 4－21－2　阿贝折射仪的结构图

2. 光学系统部分

阿贝折射仪的光学系统由望远系统和读数系统两部分组成.

(1) 望远系统. 如图 4－21－3 所示，阿贝折射仪中的阿贝棱镜组由两个棱镜组成，一个是进光棱镜，它的下表面是磨砂的，其作用是形成均匀的扩展面光源，另一个是折射棱镜. 进光棱镜与折射棱镜之间有一微小均匀的间隙，待测液体就放在此间隙内. 当光线（自然光或白炽灯光）射入进光棱镜时，在其磨砂面上产生漫散射，使待测液层内有各种不同角度的入射光，经过折射棱镜产生一束折射角均大于极限角 φ 的光线，由摆动反光镜将此束光线射入消色散棱镜组，此消色散棱镜组由一对等色散阿米奇棱镜组成，其作用是获得一可变色散来抵消棱镜对不同待测液体所产生的色散. 消色散后的光线由望远镜将此明暗分界线成像于分划板上. 分划板上有十字划线，通过目镜放大成像于观察者眼中，能看到如图 4－21－4(a) 所示的像.

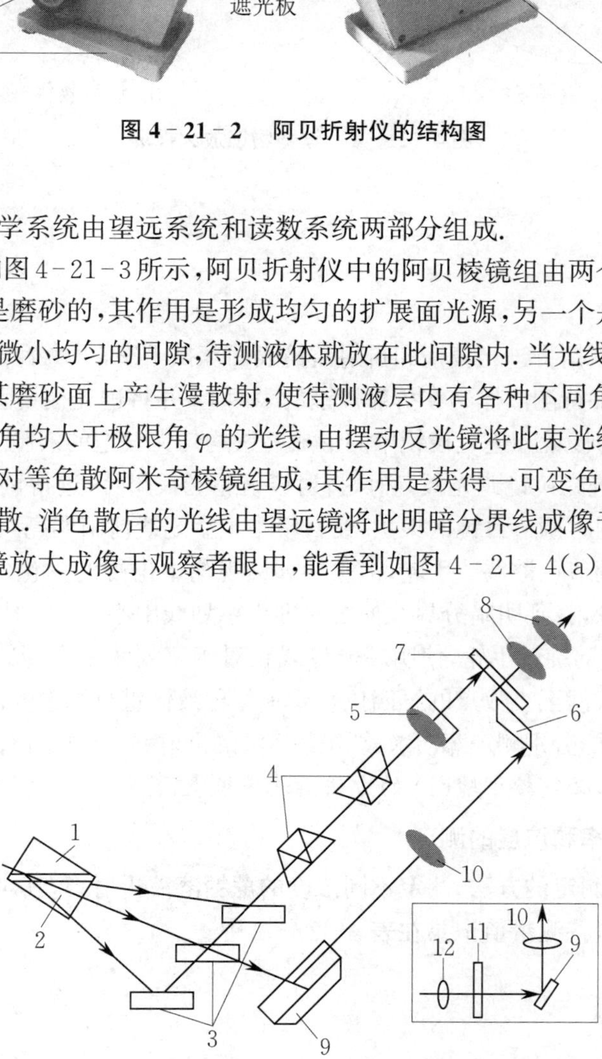

1 —进光棱镜；2 —折射棱镜；3 —摆动反光镜；4 —消色散棱镜组；5 —望远物镜组；6 —平行棱镜；7 —分划板；8 —目镜；9 —反光镜；10 —读数物镜；11 —刻度盘；12 —聚光镜.

图 4－21－3　望远系统、读数系统光路图

(2) 读数系统. 光线经聚光镜照亮刻度盘（刻度盘与摆动反光镜连成一体，同时绕刻度中心做回转运动). 通过反射镜、读数物镜、平行棱镜将刻度盘上不同部位折射率示值成像于分划板上，再经目镜放大成像，如图 4－21－4(b) 所示. 读数物镜视场下方为液体折射率刻度，图示折射率为 1.330 0；上方为蔗糖溶液浓度，读数范围为 0 ～ 95%.

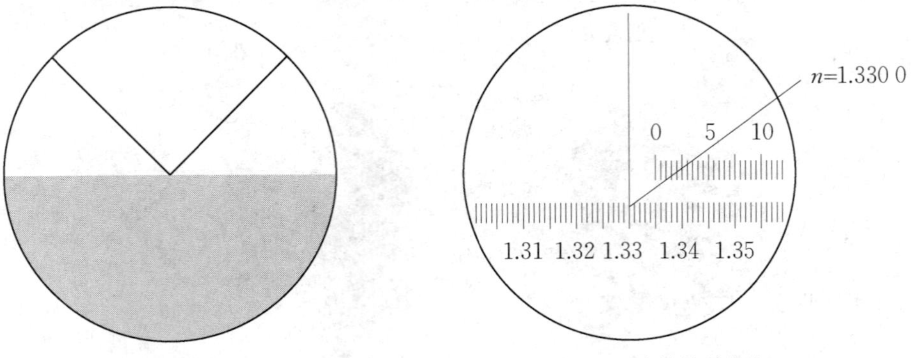

(a) 望远镜视场　　(b) 读数物镜视场

图 4－21－4　读数物镜放大视场

实验步骤

1. 折射率的测定

(1) 用脱脂棉沾酒精将进光棱镜和折射棱镜表面擦拭干净，干燥后备用.

(2) 用滴管将少许待测液体滴在折射棱镜的表面上，并将进光棱镜盖上，旋紧棱镜锁紧手轮，则待测液体在折射棱镜和进光棱镜中间形成一层均匀无气泡的液膜.

(3) 打开光源与进光棱镜遮光板，确认折射棱镜遮光板闭合，进行调光：调节摆动反光镜，使入射光进入棱镜，同时调节目镜的聚焦，使目镜中十字划线清晰明亮. 调节照明盘刻度镜，使读数物镜视场清晰. 调节色散调节手轮，消除望远镜视场中出现的彩色，使视场中只有明暗分界线. 再调节旋转手轮，找到明暗分界线使之对准十字划线中心.

(4) 读数：缓慢转动旋转手轮，使明暗分界线正对十字划线中心，从读数望远镜中读出刻度盘上的折射率的值(读至小数点的第四位). 要求每种液体重复测量 6 次并记录室温.

(5) 按照上述方法，分别测定蒸馏水、氯化钠溶液的折射率，将测量值记录在表 4－21－1 中.

注　换置液体前，必须按步骤(1) 的方法清洗棱镜表面.

2. 蔗糖溶液折射率和浓度的测定

按照上述折射率测定的方法，测定不同浓度的蔗糖溶液折射率，其对应的浓度即为读数物镜视场中上部的数值，将测量值记录在表 4－21－2 中.

注意事项

1. 使用时要注意保护棱镜，清洗时只能用拭镜纸而不能用滤纸等；加试样时不能将滴管口触及镜面；酸碱等腐蚀性液体不能使用阿贝折射仪测定.

2. 用滴管将待测液体滴在折射棱镜表面测样时，试样不可加太多，一般只需要 2 ～ 3 滴即可.

3. 加入待测液体时，应防止留有气泡，以免影响测量结果.

4. 读数时，若在望远镜中观察不到清晰的明暗分界线，而是畸形的，可能是由于棱镜间未充满液体. 若出现弧形光环，则可能是由于光线未经过棱镜.

5. 实验后，用专用的清洁液擦洗棱镜并擦干，关闭遮光板，整理仪器并妥善放置.

数据表格

表 4-21-1　水和氯化钠溶液的折射率

室温 $t=$ ＿＿＿＿＿ ℃

测量次序	水的折射率 n_1	氯化钠溶液的折射率 n_2
1		
2		
3		
4		
5		
6		
平均值		
A类不确定度		
B类不确定度	(1) 阿米奇棱镜对钠光灯偏折引起折射率的误差不应大于 0.000 2； (2) 目视式折射率重复性为 ±0.000 3，因此仪器误差 $\Delta_m=0.0005$，$u_B(n)=\frac{\Delta_m}{\sqrt{3}}=0.00029$	
合成标准不确定度		

表 4-21-2　蔗糖溶液的折射率和浓度

测量次序	折射率 n_3	浓度 c
1		
2		
3		
4		

数据处理

1. 折射率的测定

(1) 计算待测液体的折射率及其不确定度，并填入表 4-21-1 中.

(2) 写出结果表达式：

$$n_1=\bar{n}_1+u(n_1)=\_\_\_\_\_\_\_\_,\quad n_2=\bar{n}_2+u(n_2)=\_\_\_\_\_\_\_\_.$$

2. 蔗糖溶液的折射率和浓度的测定

(1) 计算蔗糖溶液的折射率和浓度及其不确定度，并写出结果表达式：

$$n_3=\overline{n}_3+u(n_3)=\_\_\_\_\_\_\_\_,\quad c=\overline{c}+u(c)=\_\_\_\_\_\_\_\_.$$

(2) 根据表 4-21-2 的数据，以蔗糖溶液的浓度 c 为横坐标，折射率 n_3 为纵坐标，得到n_3-c 关系图.

思考题

1. 阿贝折射仪使用什么光源？所测得的折射率是对哪个波长的折射率？

2. 进光棱镜的工作面为什么要做成磨砂面？

3. 若待测物质的折射率大于折射棱镜的折射率，阿贝折射仪能否测定？写出本实验测定折射率的范围.

实验 4.22　分光计的调整和三棱镜折射率的测定

分光计是用来精确测量光线偏折角度的仪器. 光线在传播过程中，会在不同介质的分界面(如平面反射镜、三棱镜等光学表面) 发生反射和折射，从而改变传播方向，在入射光和反射光或折射光之间产生一定夹角. 利用分光计对反射角、折射角等进行测量，可以检验三棱镜的顶角是否合格、玻璃砖的两表面是否平行，也可以计算介质折射率、光波波长等物理量.

折射率是物质的一种物理性质，在我们的生活中有很广泛的应用. 例如，通过检测液体食物的折射率，可以初步识别食物的成分，测定成分的浓度、纯净度和质量.

实验目的

1. 了解分光计的结构，学习正确调整分光计的方法.

2. 观察三棱镜对汞灯的色散现象.

3. 测量三棱镜的顶角.

4. 测定三棱镜的折射率.

实验仪器

JJY-1 型分光计、光源(汞灯)、双面平面镜、三棱镜.

实验原理

1. 分光计的结构和原理

分光计是用来测量角度的光学仪器，其结构如图 4-22-1 所示，要测准入射光和出射光传播方向之间的角度，根据反射定律和折射定律，分光计必须满足以下两个要求：

(1) 入射光和出射光都是平行光.

(2) 入射光线、出射光线与反射面(或折射面) 的法线所构成的平面应当与分光计的刻度圆盘平行.

为此,分光计必须具备四个主要部件:望远镜、载物台、平行光管和读数装置. 下面具体介绍.

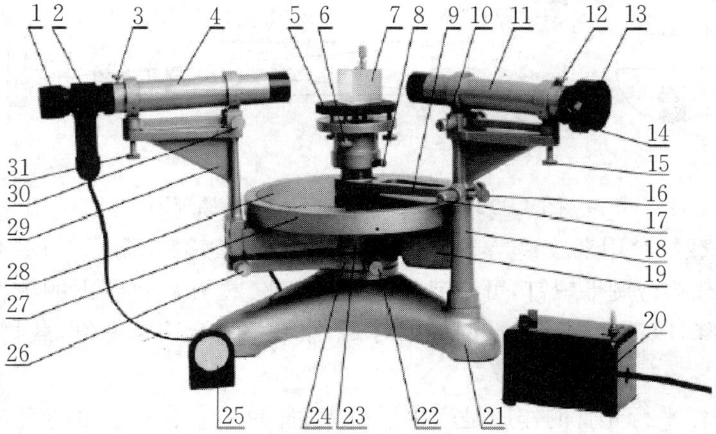

1 —目镜视度调节手轮;2 —目镜;3 —目镜锁紧螺钉;4 —望远镜;5 —载物台;6 —载物台调平螺钉(3 个);7 —三棱镜;8 —载物台锁紧螺钉;9 —制动架 2;10 —平行光管水平调节螺钉;11 —平行光管;12 —狭缝装置锁紧螺钉;13 —狭缝装置;14 —狭缝宽度调节手轮;15 —平行光管高低调节螺钉;16 —游标盘锁紧螺钉;17 —游标盘微调螺钉;18 —立柱;19 —转座;20 — 6.3 V 变压器;21 —底座;22 —望远镜制动螺钉;23 —转座制动螺钉(背面);24 —制动架 1;25 —连座平面镜;26 —望远镜微调螺钉;27 —刻度盘;28 —游标盘;29 —支臂;30 —望远镜水平调节螺钉;31 —望远镜高低调节螺钉.

图 4 - 22 - 1　分光计的结构图

2. 分光计的主要部件

(1) 望远镜. 分光计中采用的是自准直望远镜. 它由物镜、目镜组、分划板等组成,分别装在三个套管上,彼此可以相对滑动以便调节. 中间的一个套管里装有一块分划板,其上刻有“丰”形叉丝,分划板下方与一小棱镜的一个直角面紧贴着. 在小棱镜与分划板相邻的直角面上涂有不透光的薄膜,薄膜上刻有十字形透光窗口(十字水平线与分划板上叉丝的水平线对称),小电珠发出的光从管侧射入后,调节目镜的前后位置,可在望远镜目镜视场中看到图 4 - 22 - 2(a) 所示的像.

若在物镜前放一平面镜,前后调节目镜(连同分划板) 与物镜间的距离,根据自准直关系,当分划板位于物镜的焦平面处时,十字形的光经物镜投射到平面镜上,反射回来的光经物镜后在分划板上成像. 若望远镜的光轴与平面镜垂直,则此像的水平线应落在分划板上叉丝的水平线处,如图 4 - 22 - 2(b) 所示.

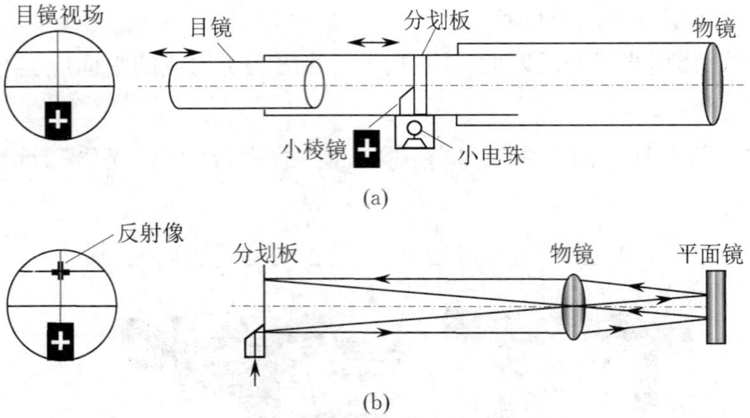

图 4-22-2　自准直望远镜调平原理图

(2) 载物台. 载物台用来放置光学元件,如平面镜、三棱镜、光栅等. 如图 4-22-3 所示,其平面下方有 3 个载物台调平螺钉,可调节载物台的水平. 松开载物台下的载物台锁紧螺钉,可使载物台沿轴升降,以适应不同高低的待测对象. 拧紧载物台锁紧螺钉,载物台将与游标盘固定在一起.

(3) 平行光管. 平行光管的作用是产生平行光,管的一端装有会聚透镜,另一端装有一套筒,其顶端为一宽度可调的狭缝. 改变狭缝和透镜的距离,当狭缝位于透镜的焦平面上时,就可使照在狭缝的光经过透镜后成为平行光,射向位于载物台的光学元件,如图 4-22-4 所示.

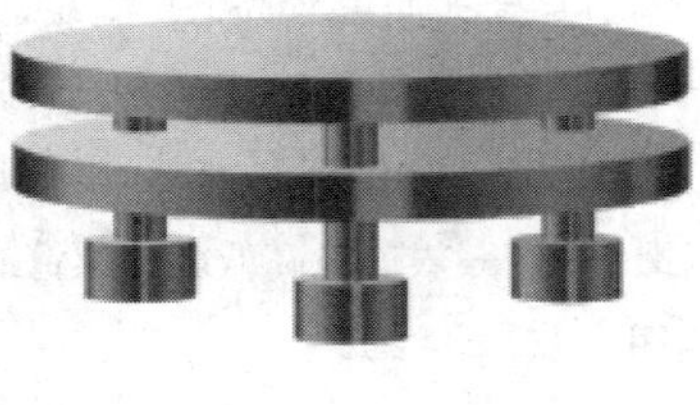

图 4-22-3　载物台

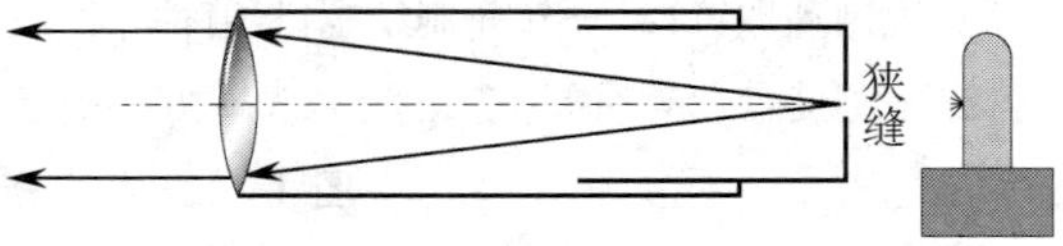

图 4-22-4　平行光管

(4) 读数装置. 读数装置由圆环形刻度盘和一个与之同心的游标盘组成. 刻度盘最大读数为 360°,共有 720 个刻度,因此最小刻度为半度(30′). 待测角度小于半度的部分则利用游标读数,游标盘上刻有 30 个刻度,因此游标盘分度值为 1′. 游标读数方法与游标卡尺的读数方法相似,例如图 4-22-5 所示的位置读数为 $\varphi = 96° + 8' = 96°8'$.

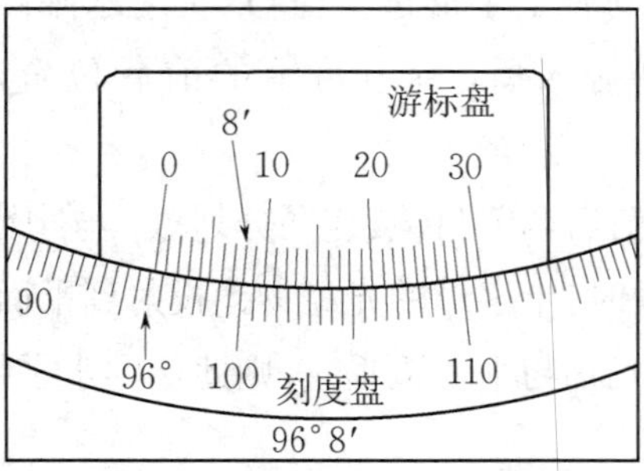

图 4-22-5　刻度盘与游标盘

另外,载物台可与游标盘固定,望远镜可与刻度盘固定,此时望远镜对载物台的转角可借助刻度盘与游标盘读出.

为了消除刻度盘的中心与分光计中心轴之间的偏心差，在刻度盘同一直径的左右两端各装一个游标读数装置. 测量时两个游标都应读数，然后算出每个游标两次读数的差，再取平均值. 这个平均值可作为游标盘相对于刻度盘转过的角度，并且消除了偏心差.

3. 自准直法测量三棱镜顶角

图 4-22-6 为自准直法测量三棱镜顶角的示意图. 三棱镜主截面为正三角形 ABC，其中 BC 面为毛玻璃面，称为底面，三棱镜顶角指 AB 面与 AC 面的夹角.

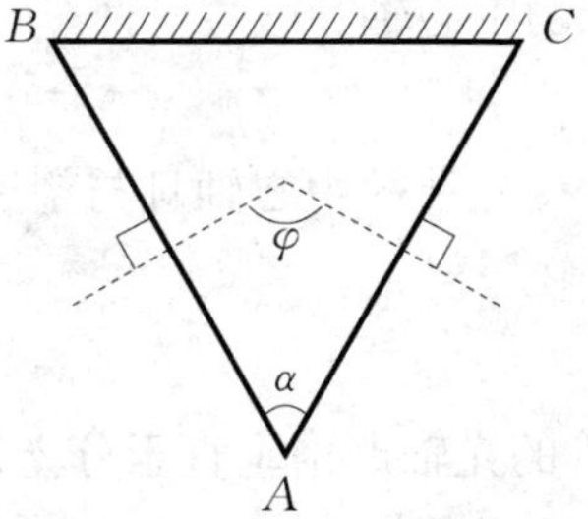

图 4-22-6　三棱镜顶角测量示意图

望远镜自身发出的光若沿光学面的法线入射，则反射光依然沿法线方向回到望远镜，即望远镜能看到自身反射光的方向就是光学面的法线方向. 分别测出两光学面法线方向所在位置的角度，从而计算出两法线的夹角 φ，又由四边形内角和为 360°，可得

$$\alpha+\varphi+2\times 90^\circ=360^\circ,$$

于是三棱镜顶角

$$\alpha=180^\circ-\varphi. \tag{4-22-1}$$

4. 测定三棱镜的折射率

如图 4-22-7 所示，某种波长的光线从 AB 面射入三棱镜，经两次折射后由 AC 面射出. 棱镜的入射光线与出射光线之间的夹角为 δ（称为偏向角）. 随着入射角 i 的改变，偏向角 δ 也随之改变. 可以证明，在入射光线和出射光线处于光路对称的情形下，即当 $i=i'$ 时，偏向角 δ 最小，称为**最小偏向角** $\delta_{\min}$. 此时三棱镜的折射率 n 与 $\delta_{\min}$ 和 α 有如下关系：

$$n=\frac{\sin\dfrac{\alpha+\delta_{\min}}{2}}{\sin\dfrac{\alpha}{2}}. \tag{4-22-2}$$

实验中用分光计测出 α 和 $\delta_{\min}$，就可由式(4-22-2) 求出三棱镜对这种波长的光的折射率.

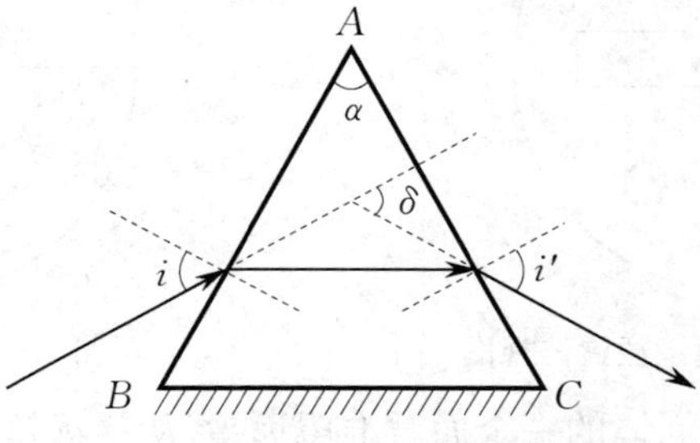

图 4-22-7　测定三棱镜的折射率

实验步骤

1. 分光计的调整

分光计调整的目的包含以下四点：

(1) 望远镜能够接收平行光；

(2) 望远镜光轴垂直于分光计的中心轴；

(3) 平行光管能够发出平行光；

(4) 平行光管的主光轴垂直于分光计的中心轴且与望远镜主光轴等高.

为此，必须按下列步骤进行调整.

(1) 粗调.

要使望远镜的光轴和平行光管的光轴严格垂直于分光计的中心轴，可先用目测粗调. 具体方法为：凭肉眼观察，调节望远镜高低调节螺钉和平行光管高低调节螺钉，使望远镜和平行光管的光轴大致在同一水平面上. 再调节3个载物台调平螺钉，使载物台的法线大致与望远镜和平行光管的光轴垂直.

(2) 望远镜调焦于无限远.

① 点亮望远镜上的小电珠，调节目镜视度调节手轮，改变目镜与分划板间的距离(目镜对分划板调焦)，使视场可以看到清晰的“丰”形叉丝.

② 将双面平面镜参照图4-22-8放置在载物台上. 图中a，b和c是3个载物台调平螺钉，轻缓地转动载物台，寻找从平面镜反射回来的十字形光斑，松开目镜锁紧螺钉，改变目镜(连同分划板)与物镜之间的距离，直到成像最清晰，并且十字形光斑与“丰”形叉丝无视差. 如果找不到十字形光斑，说明粗调没有达到要求，应重新调整.

(3) 调整望远镜光轴与分光计中心轴垂直.

平面镜仍竖直置于载物台上，如果望远镜光轴与平面镜镜面垂直，则反射回来的十字形光斑与分划板中上叉丝完全重合，如图4-22-9所示. 将载物台旋转180°(平面镜旋转180°)之后，如果十字形光斑与上叉丝仍然完全重合，则说明望远镜光轴与分光计的中心轴垂直.

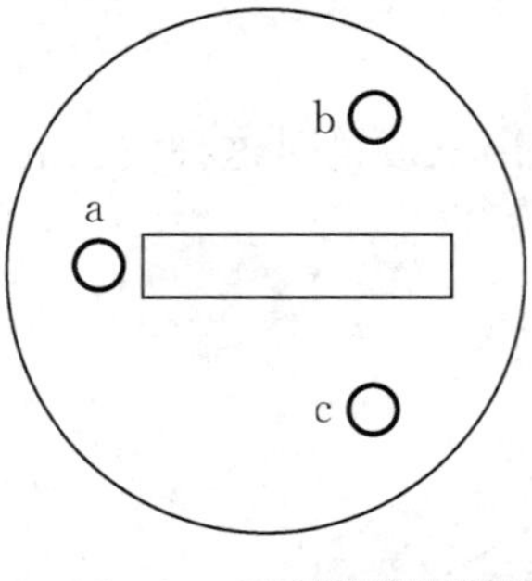

图4-22-8　平面镜放置俯视图

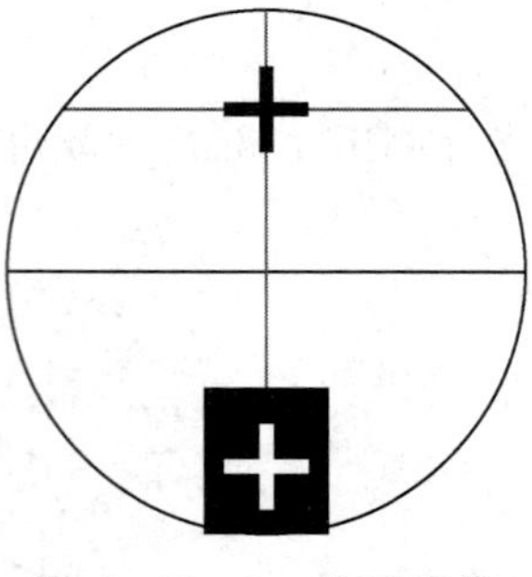

图4-22-9　自准直像

① 首先转动载物台使平面镜的一个面对准望远镜，从望远镜中找到由平面镜反射的十字形光斑，然后再转动载物台，使平面镜旋转180°(不能直接旋转平面镜，为什么)，从望远镜中再一次看到由另一面反射的十字形光斑(此时不用考虑十字形光斑与上叉丝是否重合).

② 若两次的十字形光斑都位于上叉丝的上方或下方，则说明望远镜光轴倾斜. 此时可直接调节望远镜高低调节螺钉，使两次的十字形光斑都与上叉丝重合（完成调节）或分别位于上叉丝的上、下方. 若开始时两次的十字形光斑就分别位于上叉丝的上、下方，则可省略该步骤.

③ 用逐次逼近各半调整法，仔细调节每一个反射十字形光斑的位置. 先用望远镜找到一个反射十字形光斑，当它与上叉丝不重合，如图 4－22－10(a) 所示时，调节望远镜高低调节螺钉使十字形光斑与上叉丝之间的距离减小一半，再调节载物台调平螺钉 b(或 c) 消除另一半距离，使上叉丝与十字形光斑重合. 再将载物台旋转 180°，使望远镜对准平面镜的另一面，十字形光斑处于如图 4－22－10(b) 所示的位置，采用同样的方法调节. 如此重复调整，直至转动载物台时，十字形光斑始终处于图 4－22－10(c) 所示的位置.

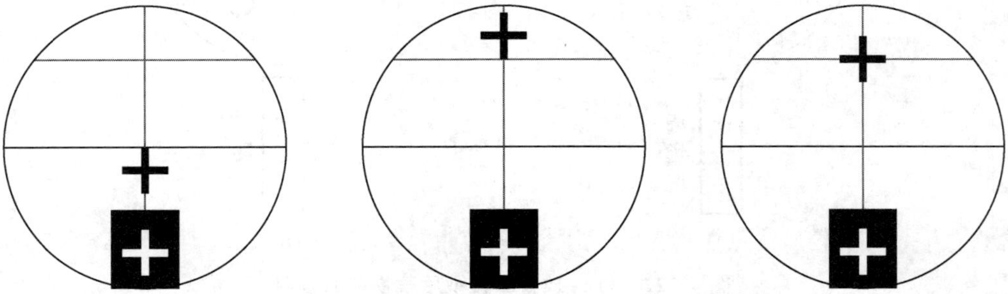
(a)　(b)　(c)

图 4－22－10　逐次逼近各半调整法

(4) 调整平行光管，使平行光管发出平行光，且平行光管的光轴与分光计的中心轴垂直.

以前面已调好的望远镜为标准调节平行光管.

① 调整平行光管产生平行光. 取下载物台上的平面镜，用钠灯照亮狭缝，从望远镜中观察来自平行光管的狭缝像，松开狭缝装置锁紧螺钉，移动狭缝筒，改变狭缝到会聚透镜之间的距离，直到看见清晰的狭缝像，且与分划板上的叉丝无视差. 此时狭缝处于透镜的焦平面上，平行光管产生平行光.

② 调整平行光管的光轴与分光计的中心轴垂直. 看到清晰的狭缝像后，转动狭缝（但前后不能移动），令狭缝像呈水平状态，调节平行光管高低调节螺钉，使水平狭缝像被分划板的中央叉丝上下平分，这时平行光管的光轴已与望远镜的光轴在同一平面内，并与分光计的中心轴垂直. 再把狭缝转至铅直位置，并保持狭缝像最清晰而且无视差.

至此，分光计已调节完毕，除目镜视度调节手轮可进行微调外，望远镜和平行光管的调节螺钉就不能再动，否则须重新调节.

2. 三棱镜顶角的测量

(1) 用三棱镜进行自准直微调.

因为平面镜底座与镜面不垂直等因素，在测量三棱镜顶角前还必须对载物台进行微调. 调整分以下两步进行.

① 在前面对分光计调整好的基础上，将三棱镜按照图 4－22－11 所示位置放置在载物台中央，三棱镜的 3 条边应分别与 3 个载物台调平螺钉的连线垂直.

② 转动载物台，使三棱镜 AB 面正对望远镜，如图 4-22-11(a) 所示，调节载物台调平螺钉 b 或 c，使反射的十字形光斑与分划板上叉丝重合；再转动载物台，使 AC 面正对望远镜，如图 4-22-11(b) 所示，调节另一载物台调平螺钉 a，使反射的十字形光斑与上叉丝重合. 反复旋转载物台进行调节，直到两反射像都与分划板上叉丝重合.

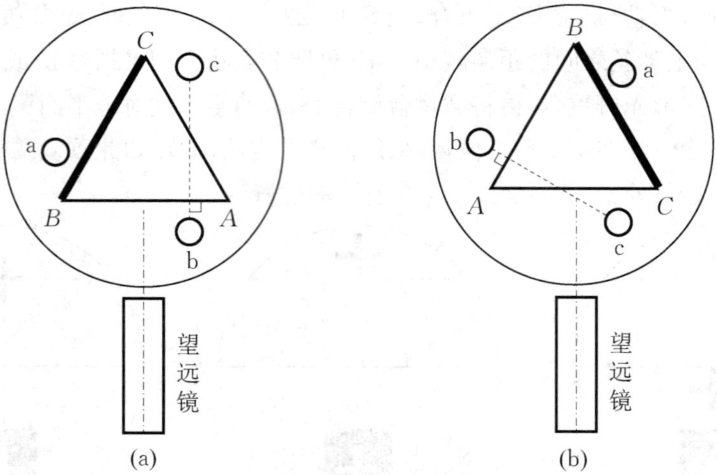

图 4-22-11　放置三棱镜后载物台的微调

(2) 自准直法测量三棱镜顶角.

① 将游标盘转到合适位置，防止测量过程中平行光管和望远镜挡住游标. 锁紧载物台锁紧螺钉和游标盘锁紧螺钉，以固定载物台和游标盘的位置. 同时锁紧转座制动螺钉，使望远镜与刻度盘能一起转动.

② 如图 4-22-12 所示，首先转动望远镜，使望远镜正对三棱镜的光学面 AB 后，锁紧望远镜制动螺钉，再旋转望远镜微调螺钉，观察望远镜的视场正好如图 4-22-10(c) 所示，记下望远镜初始位置时左游标盘和右游标盘的读数 θ_{10} 和 θ_{20}.

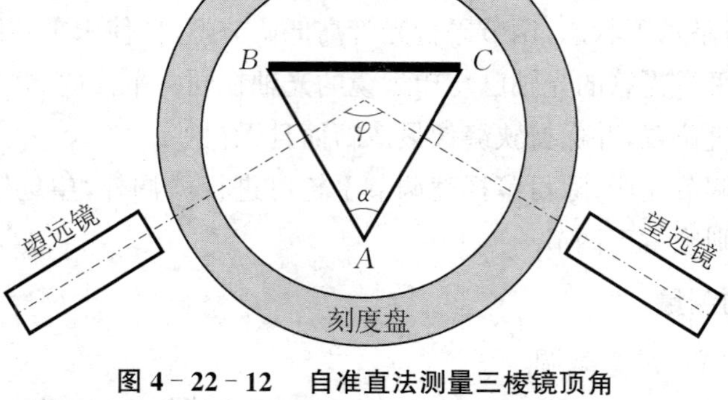

图 4-22-12　自准直法测量三棱镜顶角

③ 松开望远镜制动螺钉，旋转望远镜对准 AC 面，如步骤 ② 一样调节后，记下望远镜在此位置时两个游标盘的读数 θ_1 和 θ_2，则望远镜转过的角度为

$$\varphi=\frac{1}{2}(|\theta_1-\theta_{10}|+|\theta_2-\theta_{20}|). \tag{4-22-3}$$

④ 重复测量 4 次，将结果记录在表 4－22－1 中. 根据式(4－22－1)，可测出三棱镜的顶角 α.

注 望远镜旋转过程中，若遇到刻度盘的零点经过游标的情况，应加上 360° 后再减去初始角度. 例如，设 $\theta_1 \to \theta_2$ 是从 $355°45' \to 0 \to 115°43'$，则转过的角度

$$\theta_2 - \theta_1 = (115°43' + 360°) - 355°45' = 119°58'.$$

(3) 测量最小偏向角.

① 松开游标盘锁紧螺钉，关闭小电珠光源，用汞灯照亮狭缝. 调节狭缝装置调节螺钉，使平行光管的狭缝宽度为 0.3 mm 左右. 根据折射定律，判断经过三棱镜的折射光线的出射方向，用眼睛观察出射光线的光学表面，同时慢慢转动载物台. 当眼睛正对出射光线时，就会在三棱镜的这个光学面上看到平行光管的物镜镜头和由于色散而发出的彩色谱线. 把望远镜对准其中的蓝紫色谱线，选择蓝紫光偏向角减小的方向，继续缓慢转动载物台，同时用望远镜追踪蓝紫色谱线，这时会发现蓝紫色谱线移至某一位置后将反向移动，这说明偏向角存在一个最小值 $\delta_{\min}$，如图 4－22－13 所示. 入射光线与出射光线形成最小偏向角时，这两条光线对三棱镜顶角的角平分线而言是左右对称的.

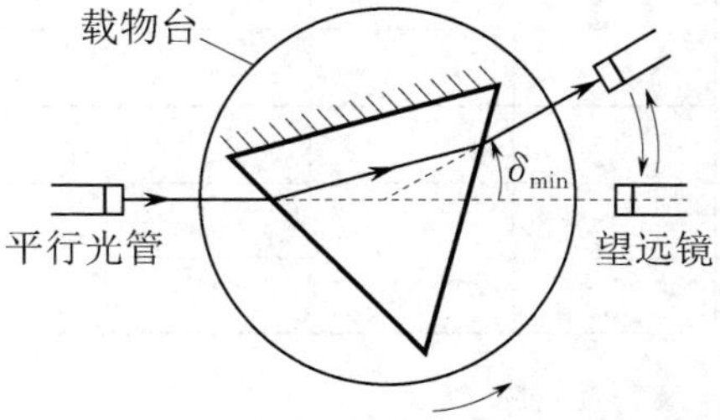

图 4－22－13 测量最小偏向角

② 观察最小偏向角时，应锁紧望远镜制动螺钉和游标盘锁紧螺钉，微调望远镜微调螺钉和游标盘微调螺钉，当蓝紫色谱线刚反向移动、分划板竖线与谱线重合时，记下此时两个游标的读数 θ, θ'. 然后捏住三棱镜的棱脊，从载物台上取下三棱镜(绝不能触碰光学面 AB 和 AC)，放到不会被碰倒的地方. 松开望远镜制动螺钉，把望远镜对准平行光管，然后锁紧望远镜制动螺钉，微调望远镜微调螺钉，测出狭缝像与分划板竖线重合时两个游标的读数 θ_0, θ_0'，则蓝紫光的最小偏向角为

$$\delta_{\min} = \frac{1}{2}(|\theta - \theta_0| + |\theta' - \theta_0'|). \qquad (4-22-4)$$

将 α 和 $\delta_{\min}$ 的值代入式(4－22－2)，就可求出三棱镜对蓝紫光的折射率.

同理，对绿色、黄色谱线进行实验，可得到三棱镜对绿光、黄光的折射率. 将实验数据记录在表 4－22－2 中.

注意事项

1. 调节光学仪器螺钉的动作要轻柔. 锁紧螺钉也是指锁住即可，不可用力太大，以免损坏仪器.

2. 保持光学面的清洁，不要用手摸三棱镜、平面镜、物镜和目镜的光学面.

3. 转动望远镜时，应手持着其支架转动，不能直接用手持望远镜转动.

4. 转动载物台时，应用手转动游标盘，不能直接用手转动载物台.

数据表格

表 4-22-1　三棱镜顶角测量数据表

测量次序	望远镜正对 AB 面		望远镜正对 AC 面		$\varphi=\frac{1}{2}(\vert\theta_1-\theta_{10}\vert+\vert\theta_2-\theta_{20}\vert)$
	左游标 θ_{10}	右游标 θ_{20}	左游标 θ_1	右游标 θ_2	
1					
2					
3					
4					

表 4-22-2　最小偏向角测量数据表

谱线波长 /nm	θ	θ'	θ_0	θ_0'	$\delta_{\min}=\frac{1}{2}(\vert\theta-\theta_0\vert+\vert\theta'-\theta_0'\vert)$
435.83(蓝紫色)					
546.07(绿色)					
576.96(黄色 Ⅰ)					
579.07(黄色 Ⅱ)					

数据处理

1. 自准直法测量三棱镜顶角

(1) 望远镜转过的角度的平均值 $\overline{\varphi}=$__________.

(2) 根据式(4-22-1),计算出三棱镜的顶角的最佳估计值 $\alpha=$__________.

(3) 三棱镜的顶角的理论值为 60°,由此计算出顶角的相对误差 $\varepsilon_r(\alpha)=$__________.

2. 计算三棱镜折射率

由式(4-22-2)可得对给定波长的光线,$n=$__________. n 的相对不确定度

$$E_r(n)=\sqrt{\frac{1}{4}\cot^2\frac{\overline{\alpha}+\delta_{\min}}{2}\cdot\{[u(\alpha)]^2+[u(\delta_{\min})]^2\}+\frac{1}{4}\cot^2\frac{\overline{\alpha}}{2}\cdot[u(\alpha)]^2}=\_\_\_\_\_\_\_\_\_\_,$$

式中 $u(\delta_{\min})=u_B(\delta_{\min})=\frac{1'}{\sqrt{3}}\approx1.68\times10^{-4}$ rad. 计算时注意 $u(\alpha)$ 和 $u(\delta_{\min})$ 的单位只能用 rad.

n 的合成标准不确定度

$$u(n)=E_r(n)\cdot n=\_\_\_\_\_\_\_\_\_\_.$$

折射率的结果可表示为 $n=$__________.

思考题

1. 调好望远镜与分光计的中心轴垂直并拿下平面镜后,哪些螺钉能动,哪些不能动?
2. 为什么分光计在刻度盘的同一直径的左右两端装有两个游标?

3. 用自准直法调节望远镜的光轴与分光计的中心轴垂直时，是否可以只调节望远镜高低调节螺钉？为什么？

4. 测量各种谱线的最小偏向角时，为什么在转动望远镜观测的同时还必须转动载物台？

实验 4.23　光栅衍射实验

衍射光栅简称光栅，是利用多缝衍射原理使光发生色散的一种光学元件. 光栅通常分为透射光栅和平面反射光栅. 透射光栅是用金刚石刻刀在平面玻璃上刻出许多平行线制成的，被刻出的线是光栅中不透光的间隙. 而平面反射光栅是在磨光的硬质合金上刻出许多平行线制成的. 实验室中通常使用的光栅是由上述原刻光栅复制而成的，一般每毫米有 250～600 条线. 20 世纪 60 年代以来，随着激光技术的发展，又制造出了全息光栅. 因为光栅衍射条纹狭窄细锐，分辨本领比棱镜高，所以光栅常用作摄谱仪、单色仪等光学仪器的分光元件，也常用来测定谱线波长、研究光谱的结构和强度等. 另外，光栅还可用于计量、光通信及信息处理等领域.

拓展阅读

实验目的

1. 了解光栅的主要特征，掌握光栅的衍射规律.
2. 进一步熟悉分光计的调整和使用.
3. 利用分光计测定光栅常量.

实验仪器

JJY－1 型分光计、透射式平面光栅、双面平面镜、汞灯.

实验原理

1. 光栅简介

本实验使用的是透射式平面光栅，如图 4－23－1 所示. 透光狭缝宽度为 b，相邻狭缝间不透光的宽度为 b'，而 $d=b+b'$ 即为光栅常量.

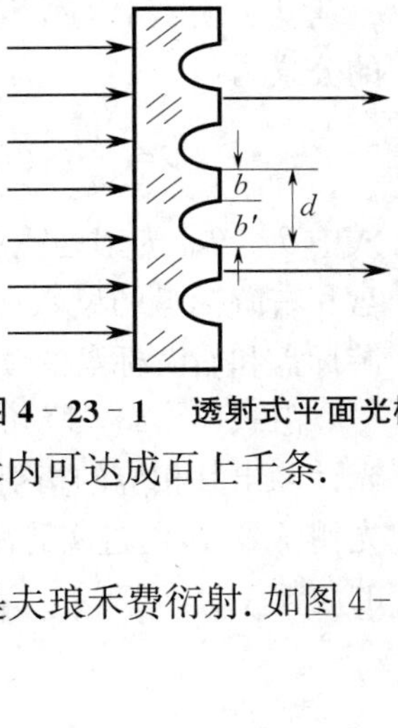

图 4－23－1　透射式平面光栅

实用光栅的透光缝数在每毫米内可达成百上千条.

2. 光栅衍射

本实验装置产生的光栅衍射是夫琅禾费衍射. 如图 4－23－2 所示，S 为位于透镜 L_1 物方焦平面上的细长狭缝光源，G 为光栅常量为 d 的光栅，自 L_1 射出的平行光垂直地照射在 G 上.

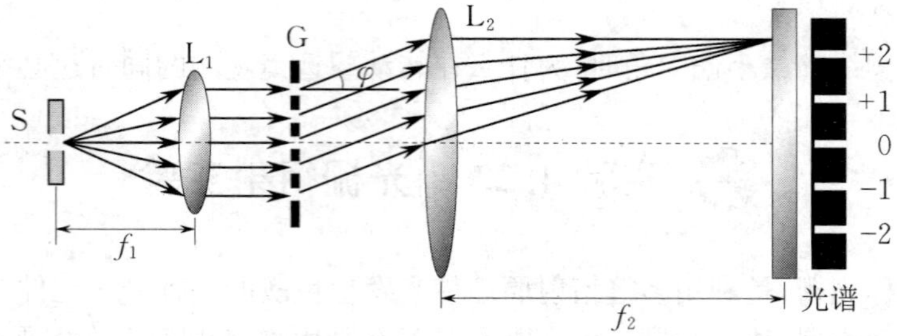

图 4－23－2　光栅衍射光路图

根据光栅衍射理论，通过光栅狭缝的光彼此发生干涉，其结果是在透镜 L_2 的焦平面上得到一排分立的细锐明纹，衍射明纹的位置由下式决定：

$$d\sin\varphi = k\lambda,\quad k=0,\pm 1,\pm 2,\cdots. \tag{4-23-1}$$

当衍射角 φ 满足式(4－23－1)时，该衍射角方向上的光将会得到加强，在透镜 L_2 的焦平面上形成明纹，称为主极大；而其他方向的光完全抵消，在透镜 L_2 的焦平面上形成暗背景. $k(k=0,\pm 1,\pm 2,\cdots)$ 是光谱谱线的级次. 当 d 很小时，光栅衍射的各级明纹将分得很开. 波长 λ 越大，衍射角 φ 也越大.

当入射光为包含几种波长的复色光时，由式(4－23－1)可知，波长不同，衍射角也不同，于是复色光被分解，从而在不同的地方形成不同颜色的谱线. 而在中央，即 $k=0,\varphi=0$ 处，各色光仍然重叠在一起，形成中央明纹，呈光源的原色. 在中央明纹两侧对称分布着 $k(k=\pm 1,\pm 2,\cdots)$ 级谱线，各级谱线都按波长由小到大，依次排列成一组彩色谱线. 每级谱线中，短波谱线(如紫色谱线)靠近中央明纹，长波谱线(如红色谱线)远离中央明纹.

3. 测量原理

实验中用汞灯照射平行光管的狭缝，经平行光管后的平行光垂直照射到放在载物台上的光栅上，衍射光用望远镜观察，在可见光范围内比较明亮的谱线如图 4－23－3 所示. 这些谱线的波长都是已知的(参见本实验附录). 用分光计判别它的级次 k 并测出相应的衍射角 φ.

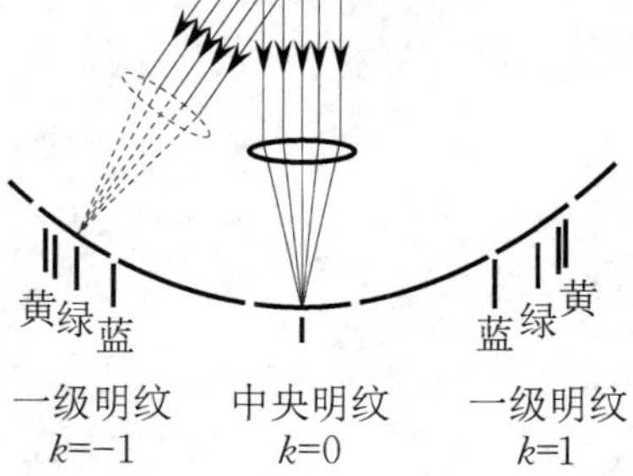

图 4－23－3　汞的衍射光谱

为了减少测量误差，对于每一条谱线，应测出其正、负两级谱线位置，两个位置差值的一半即为相应的衍射角 φ. 考虑到分光计每个位置都需要在两个游标读数，衍射角的公式为

$$\varphi = \frac{1}{4}(|\theta_1-\theta_{10}|+|\theta_2-\theta_{20}|), \tag{4-23-2}$$

式中 θ_{10},θ_{20} 为望远镜对准所要测定的正极谱线时左游标盘和右游标盘的读数；θ_1,θ_2 为望远镜对准负极谱线时左游标盘和右游标盘的读数.

由式(4－23－1)可知，若已知某个谱线的波长 λ，用分光计测出其相应的衍射角 φ，即可求出光栅常量 d；若已知光栅常量 d，通过实验测出谱线的衍射角 φ，即可计算谱线的波长 λ.

实验步骤

1. 调整分光计

在载物台上放上平面镜，利用平面镜，用自准直法对分光计进行调整，具体调节步骤参阅实验 4.22 要求.

(1) 调节目镜，使得在目镜中能看到清晰的“+”形叉丝.

(2) 调节望远镜对无限远聚焦，即能看到平面镜反射的十字形光斑.

(3) 载物台平面、望远镜光轴和平行光管光轴必须与分光计中心轴垂直.

2. 调节平行光管与其狭缝宽度

调节平行光管产生平行光，且其光轴与望远镜光轴同轴，狭缝宽度在望远镜视场中 1 mm 左右.

(1) 取下平面镜，关闭望远镜小电珠. 用汞光照亮平行光管的狭缝，转动望远镜，对准平行光管.

(2) 调节狭缝宽度，前后移动狭缝，使望远镜看到清晰的狭缝像(大约 1 mm 宽)，并且狭缝像和“+”形叉丝之间无视差.

(3) 调节平行光管高低调节螺钉，使望远镜看到的狭缝像与竖直叉丝重合，并被中心叉丝平分. 调好后锁紧望远镜和平行光管的有关螺钉.

3. 调节光栅

(1) 按图 4-23-4 所示将光栅放在载物台上，使光栅面垂直于载物台下两调节螺钉 b，c 的连线，并用压片固定光栅.

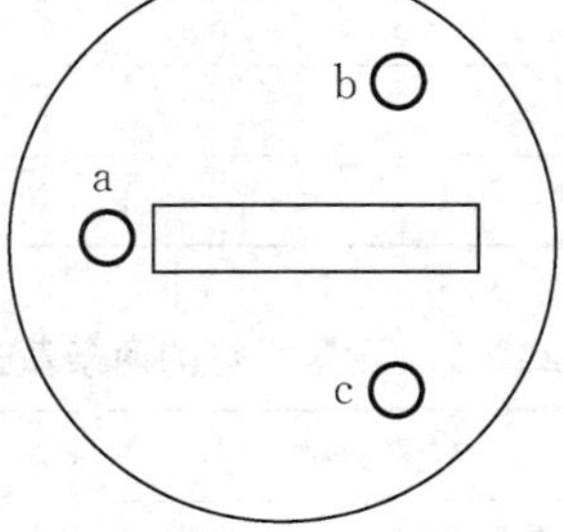

图 4-23-4　光栅放置俯视图

(2) 先目测使光栅面与平行光管光轴大致垂直，再打开望远镜小电珠，观察望远镜，通过调节载物台下方的两个螺钉 b，c，使得从光栅面反射回来的十字形光斑与分划板上叉丝重合，然后固定载物台(注意：此时望远镜和平行光管都已调好，不能再动).

(3) 关闭望远镜的小电珠，缓慢转动望远镜观察光栅，调节载物台螺钉 a，使叉丝两侧的衍射图像在同一水平面内.

4. 观察汞灯的光栅衍射谱线

通过望远镜的目镜观察条纹是否清晰明亮. 一级谱线的四条谱线，特别是两条黄线应明亮锐利. 同时注意在转动过程中，两侧的游标是否通过刻度盘的零点，以便测量角度时对数据进行修正，也可预先调整刻度盘(或游标盘) 避免此情况.

5. 测量光栅常量 d

以汞灯绿光波长 $\lambda=546.07$ nm 作为理论值，通过测量一级谱线中绿光衍射角 φ，计算光栅常量 d.

(1) 转动望远镜，先使望远镜分划板的竖直叉丝对准光栅光谱一侧的一级绿色谱线，记录左游标盘和右游标盘的读数 θ_{10} 和 θ_{20}，再将望远镜转动到另一侧的一级绿色谱线，记下左、右游标盘的读数 θ_1 和 θ_2.

注 为使分划板竖线对准光谱线，应锁紧望远镜制动螺钉，用望远镜微调螺钉调节对齐.

(2) 重复步骤(1) 3 次，求出其对应的衍射角 φ，将数据记录在表 4-23-1 中.

(3) 利用式(4-23-1) 的光栅方程计算光栅常量 d 及其不确定度.

6. 测量汞灯的两条一级黄色谱线波长

分光计望远镜中可观察到每一级都有两条很靠近的黄色谱线，设衍射角 φ 小的谱线为谱线 1，其波长为 λ_1，衍射角 φ 大的谱线为谱线 2，其波长为 λ_2.

从左向右缓慢转动望远镜，使望远镜分划板的竖直叉丝分别对准左侧的一级 λ_2，λ_1 黄色谱线及右侧的一级 λ_1，λ_2 黄色谱线，将数据记录在表 4-23-2 中，求出两条黄色谱线波长 λ_1 和 λ_2.

数据表格

表 4-23-1 测定光栅常量 d

测量次序	左侧一级绿色谱线位置		右侧一级绿色谱线位置		$\varphi=\frac{1}{4}(\lvert\theta_1-\theta_{10}\rvert+\lvert\theta_2-\theta_{20}\rvert)$
	左游标 θ_{10}	右游标 θ_{20}	左游标 θ_1	右游标 θ_2	
1					
2					
3					

表 4-23-2 测量汞灯的两条黄光波长

谱线	左侧谱线位置		右侧谱线位置		$\varphi=\frac{1}{4}(\lvert\theta_1-\theta_{10}\rvert+\lvert\theta_2-\theta_{20}\rvert)$
	左游标 θ_{10}	右游标 θ_{20}	左游标 θ_1	右游标 θ_2	
1					
2					

数据处理

(1) 计算光栅常量 d.

波长 $\lambda=546.07$ nm 绿色谱线的一级衍射角的平均值 $\overline{\varphi}=$__________，

$$u_A(\varphi)=\sqrt{\frac{1}{3\times 2}\sum_{i=1}^{3}(\varphi_i-\overline{\varphi})^2}=\_\_\_\_\_\_\_\_\_\_,$$

$\Delta_m = 1' = \frac{1}{180 \times 60} \cdot \pi \text{ rad} \approx 2.91 \times 10^{-4} \text{ rad}$，$u_B(\varphi) = \frac{\Delta_m}{\sqrt{3}} \approx 1.68 \times 10^{-4} \text{ rad}$，

$u(\varphi) = \sqrt{[u_A(\varphi)]^2 + [u_B(\varphi)]^2} =$ ________.

光栅常量的最佳估计值为 $\bar{d} = \frac{\lambda}{\sin \bar{\varphi}} =$ ________，

$u(d) = \lambda \frac{\cos \bar{\varphi}}{\sin^2 \bar{\varphi}} u(\varphi) =$ ________，

$E_r(d) = \frac{u(d)}{\bar{d}} \times 100\% =$ ________（保留一到两位有效数字）.

光栅常量的测量结果表示为 $d = \bar{d} \pm u(d) =$ ________.

(2) 根据表 4-23-2 的两条一级黄色谱线衍射角 φ，利用 $\lambda = d \sin \varphi$ 计算出这两条谱线的波长并与公认值比较，计算相对误差.

$\lambda_1 =$ ________， $\lambda_2 =$ ________，

相对误差 $\varepsilon_r(\lambda_1) =$ ________， $\varepsilon_r(\lambda_2) =$ ________.

思考题

1. 调节光栅的过程中，如果发现光栅谱线倾斜，则说明有什么问题？应如何调整？
2. 当狭缝太窄或太宽时，将会出现什么现象？为什么？
3. 在光栅衍射实验中垂直入射的复合光，不同波长的光为什么能分开？中央明纹是什么光？

附录

附表 汞灯的几条主要谱线

谱线	紫 1	紫 2	蓝	绿	黄 1	黄 2
波长 /nm	404.68	407.79	435.83	546.07	576.96	579.07

实验 4.24 用牛顿环干涉测量透镜的曲率半径

等厚干涉是一种振幅分割干涉现象，典型代表有劈尖干涉和牛顿环干涉. 在工业上，常利用等厚干涉原理测量细丝直径及检验透镜曲率和平面的平整度. 利用干涉法检验产品既简便又能达到很高的准确度.

拓展阅读

实验目的

1. 掌握等厚干涉的基本原理，学习用振幅分割法实现干涉的实验方法.
2. 掌握用牛顿环测量平凸透镜曲率半径的方法.

3. 熟练掌握用读数显微镜测距.

实验仪器

牛顿环仪、钠灯、SGH－1型读数显微镜.

实验原理

牛顿环仪由待测平凸透镜和光滑的平板玻璃叠合后装在金属框架中构成，其结构如图4－24－1所示. 金属框架为圆形，边上有3个对称分布的螺钉，可用来调节平凸透镜和平板玻璃之间的接触，以改变干涉环的形状和位置.（注意：调节时，螺钉不能旋得太紧，以免接触压力过大引起透镜弹性形变，甚至损坏透镜.）

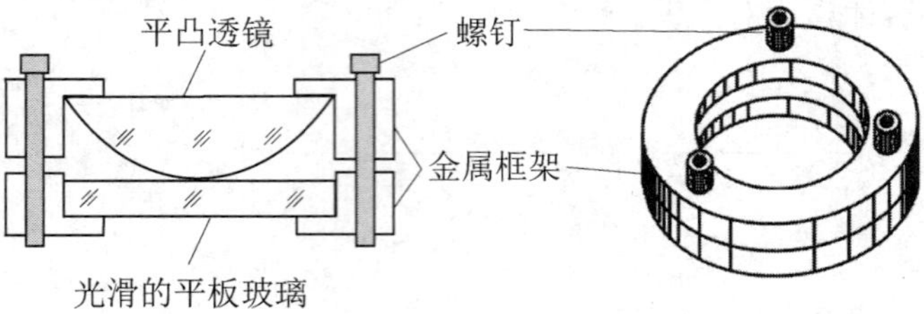

图 4－24－1　牛顿环仪结构图

当一块曲率半径很大的平凸透镜凸面与光滑的平板玻璃相接触时，在透镜的凸面与平板玻璃之间将形成以接触点为中心的厚度不均匀的空气薄膜. 在与接触点等距的地方，薄膜厚度相同. 若波长为λ的单色平行光垂直入射到该装置上，则在入射点处，空气薄膜上、下表面反射的光将互相干涉. 这种干涉是等厚干涉，形成的干涉条纹为膜的等厚点轨迹，即以接触点为中心的明暗相间的圆环. 在反射方向观察时，干涉圆环的中心是暗斑；在透射方向观察时，干涉圆环的中心是亮斑. 两组干涉圆环的光强恰好形成互补，如图4－24－2所示.

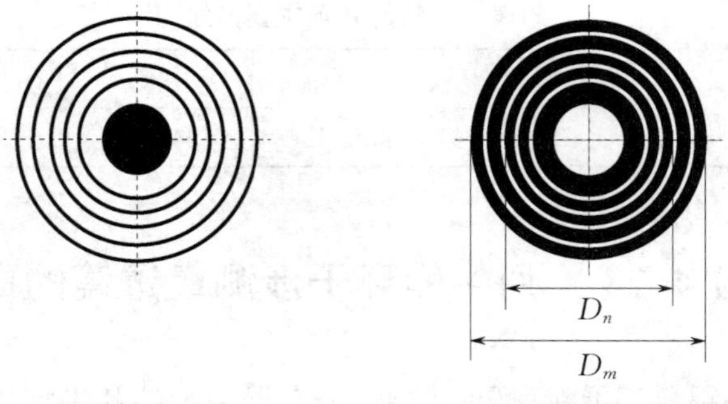

(a) 反射光干涉　　(b) 透射光干涉

图 4－24－2　牛顿环干涉图样

牛顿环干涉光路图如图4－24－3所示，设平凸透镜的曲率半径为R，空气薄膜厚度为e处形成的干涉圆环的半径为r，则在此处反射方向形成干涉的两束反射光的光程差为（考虑半波损失）

$$\Delta = 2e + \frac{\lambda}{2}. \quad (4-24-1)$$

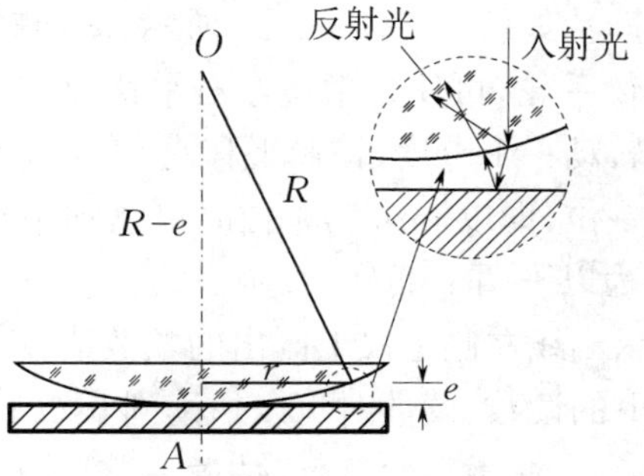

图 4-24-3　牛顿环干涉光路图

由几何关系有 $R^2=r^2+(R-e)^2$，当 $R\gg e$ 时，化简得到

$$e=\frac{r^2}{2R}. \tag{4-24-2}$$

又已知干涉的明、暗纹条件为

$$\Delta=\begin{cases}k\lambda, & \text{明纹},\\ (2k+1)\dfrac{\lambda}{2}, & \text{暗纹},\end{cases}\quad k=0,1,2,\cdots, \tag{4-24-3}$$

则将式(4-24-1)和式(4-24-2)代入式(4-24-3)，可得

$$r^2=\begin{cases}(2k+1)R\dfrac{\lambda}{2}, & \text{明环},\\ kR\lambda, & \text{暗环},\end{cases}\quad k=0,1,2,\cdots. \tag{4-24-4}$$

可以看出，只要测出明环或暗环的半径 r，即可结合波长算出平凸透镜的曲率半径. 在实际测量中，暗环比较容易观察，故以测量暗环半径为宜. 考虑到玻璃的弹性形变及接触点不干净等因素，牛顿环的中心位置不易确定，通常可利用两个暗环直径的平方差来计算曲率半径 R. 由式(4-24-4)得到平凸透镜的曲率半径为

$$R=\frac{D_m^2-D_n^2}{4(m-n)\lambda}, \tag{4-24-5}$$

式中 D_m 和 D_n 分别为 m 和 n 级暗环的直径，如图 4-24-2(b) 所示.

实验仪器

1. 钠灯

钠灯是一种光学仪器，可以提供钠双线 589.0 nm，589.6 nm 光谱线作为标准波长的光源. 实验室中常用的钠灯是一种低压钠灯，管胆由与钠不发生化学反应的抗钠玻璃制成，管胆内封有金属钠. 钠灯点燃后，管胆内的钠原子被激发，处于 $3^2p_{3/2}$ 和 $3^2p_{1/2}$ 激发态的钠原子在返回基态时，分别发射出波长为 589.0 nm 和 589.6 nm 的黄光. 在对入射光波长精度要求不高时，通常取其平均波长值 589.3 nm 为入射钠光的波长. 钠灯在电源打开后要经过 5 min 左右的预热过程，才可以发出明亮而稳定的黄色光，在关闭后要等 5 ～ 10 min 的冷却过程，在钠凝结后才能重新启动. 因此，一定要注意不能频繁开关钠灯.

2. SGH-1 型读数显微镜

读数显微镜是将测微螺旋装置与显微镜组合起来的精确测量长度的仪器，其测微原理是光学放大法和机械放大法的综合. 如图 4-24-4(a) 所示,活动螺杆与显微镜筒通过螺旋相互啮合,转动活动螺杆右侧的测微手轮,可使显微镜左右平移. 测微螺旋的螺距为 1 mm,手轮边缘上均匀刻有 100 个分度,每转动一个分度,镜筒平移 0.01 mm. 显然,读数显微镜的分度值为 0.01 mm,读数时要向下估读一位,即以 mm 为单位时可读到小数点后三位. 读数显微镜的读数方法与螺旋测微器类似,分为以下两个部分.

(1) 主尺读数:镜筒上指示刻线左侧主尺上露出的整数读数,以 mm 为单位.

(2) 游标读数:测微手轮上的读数,读数时可以估读到 0.001 mm.

实际读数为(主尺整数刻度 + 测微手轮读数(估读一位) × 0.01) mm.

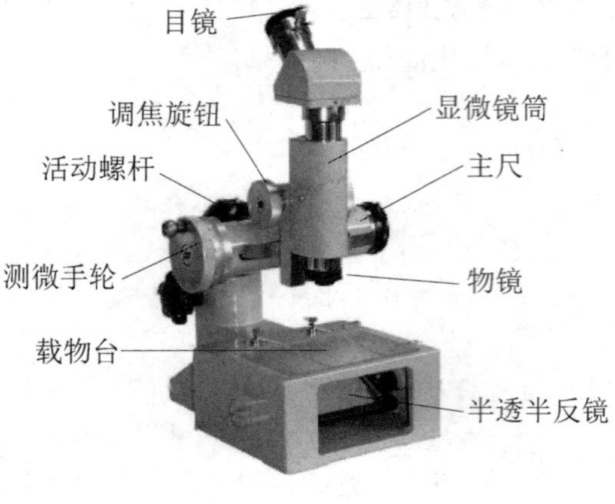

(a)

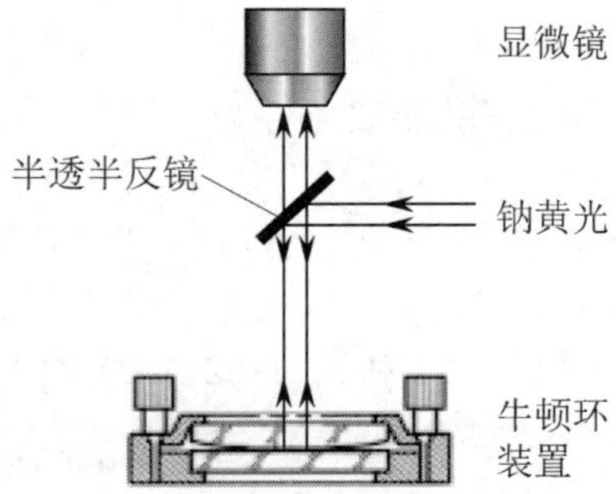

(b)

图 4-24-4　读数显微镜结构及实验光路图

在牛顿环实验中,显微镜的下方通常连有一块与水平方向成 45° 的半透半反镜,它的方向和角度可以手动调节. 如图 4-24-4(b) 所示,从钠灯发出的黄光经半透半反镜反射后垂直入射到牛顿环仪上,利用读数显微镜观察干涉条纹并测量所形成的干涉圆环直径.

SGH-1 型读数显微镜将读数显微镜和钠灯集成在一起,其结构如图 4-24-5 所示. 在平移台上放置牛顿环仪,通过调节平移台一侧的测微手轮使干涉圆环在显微镜视场中移动并测量.

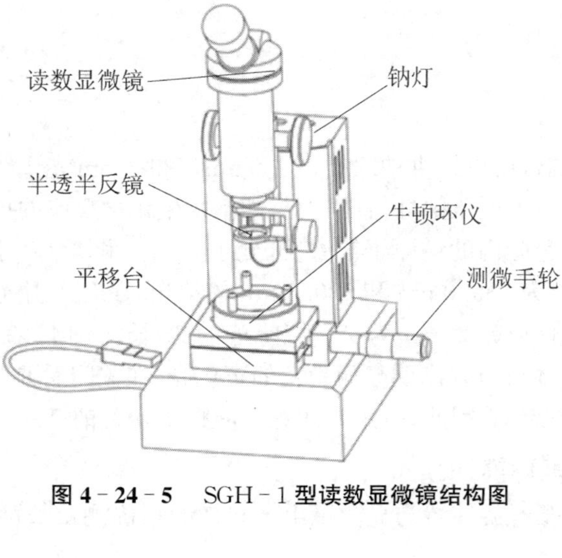

图 4-24-5　SGH-1 型读数显微镜结构图

实验步骤

1. 调整实验光路，观察牛顿环的干涉图样

(1) 用眼睛直接观察牛顿环上的干涉条纹，通过调整金属框架上的螺钉使干涉环位于透镜中心. 注意螺钉不能旋得太紧，避免干涉环变形.

(2) 点燃钠灯，进行约 5 min 的预热.

(3) 调整显微镜下方的半透半反镜，使镜面与显微镜光轴成 45°，钠黄光被垂直反射到牛顿环仪上. 此时在显微镜中可以观察到黄色明亮的视场.

(4) 调节读数显微镜目镜，使目镜中看到的十字叉丝最为清晰. 将显微镜对准牛顿环中心，转动调焦旋钮，先将显微镜筒放到最低，然后自下而上移动镜筒，对干涉条纹进行调焦，使观察到的干涉圆环尽量清晰，且与显微镜叉丝间无视差.

(5) 微微转动测微手轮，使干涉圆环与叉丝相切，便于观察测量.

2. 用读数显微镜测量干涉圆环直径

(1) 转动测微手轮，使干涉圆环沿一个方向移动. 先将干涉圆环中心移动到读数显微镜的十字叉丝处，随后继续转动测微手轮使干涉圆环向左移动，同时对视场中的竖直叉丝所经过的暗环数计数(中心为 0 级暗环). 当竖直叉丝与第 17 个暗环相切时，反向旋转测微手轮，使干涉圆环向右移动 2 环. 当竖直叉丝与第 15 个暗环相切时，将读数显微镜的示数记录在表 4-24-1 中.

(2) 继续向右移动干涉圆环，当竖直叉丝分别与干涉圆环中心左侧的第 14 ～ 6 个暗环相切时，在表 4-24-1 中记录各暗环所在位置.

(3) 记录完左侧干涉圆环的位置后，继续向右移动干涉圆环，依次记下干涉圆环中心右侧第 6 ～ 15 个暗环与竖直叉丝相切时的读数，记录在表 4-24-1 中.

3. 利用表 4-24-1 中的数据计算各级干涉圆环的直径，代入式(4-24-5) 中计算透镜的曲率半径

注意事项

1. 牛顿环金属框架上的 3 个螺钉不要旋得过紧，以免发生形变. 实验完毕，应将螺钉松开.
2. 记录数据时应沿一个方向转动测微手轮，避免因反复转动手轮引起回程误差.
3. 实验过程中应避免实验装置震动和摇晃引起干涉圆环的变化.

数据表格

表 4-24-1　牛顿环各级干涉圆环位置

暗环级数 m	15	14	13	12	11
左侧环位置 /mm					
右侧环位置 /mm					
暗环直径 D_m/mm					

续表

暗环级数 n	10	9	8	7	6
左侧环位置 /mm					
右侧环位置 /mm					
暗环直径 D_n/mm					
$(D_m^2-D_n^2)$/mm^2					

数据处理

(1) 将表4-24-1中的数据代入式(4-24-5)中,计算平凸透镜的曲率半径的最佳估计值 $\overline{R}=$__________(钠光波长取 $\lambda=589.3$ nm).

(2) 计算 R 的不确定度.

本实验主要考虑A类不确定度.令 $x=D_m^2-D_n^2$,$u_{\mathrm{A}}(x)=\sqrt{\dfrac{\sum\limits_{i=1}^{5}(x_i-\overline{x})^2}{5\times 4}}=$__________,曲率半径的合成标准不确定度为 $u(R)=u_{\mathrm{A}}(R)=\dfrac{u(x)}{20\lambda}=$__________,相对不确定度为 $E_{\mathrm{r}}(R)=\dfrac{u(R)}{\overline{R}}\times 100\%=$__________.

(3) 平凸透镜的曲率半径的结果表示为

$$R=\overline{R}\pm u(R)=\_\_\_\_\_\_\_\_\_\_.$$

思考题

1. 牛顿环实验中反射光干涉圆环与透射光干涉圆环的强度为什么是互补的?
2. 将入射光换为白光,观察到的干涉圆环有何特征? 为什么?

实验 4.25 旋光度的测定

19世纪初,法国物理学家阿拉戈发现当平面偏振光通过石英晶体时,偏振面会发生转动,这就是旋光性,具有这种性质的物质称为旋光性物质.旋光度又称旋光率,定义为偏振光透过单位长度(1 dm),且单位浓度(每1 ml中含有旋光性物质1 g)的溶液,在一定波长与温度下旋转的角度.旋光度是旋光性物质的重要物理常数,可以用来区别药物或检查药物的纯杂程度,也可用来测定溶质的含量.制糖、制药、食品、化工、石油等领域的工业生产及科研、教学部门经常用旋光法测量药物或商品的浓度.物质的旋光度不仅与其化学结构有关,还与测定时溶液的浓度、光路长度、温度和偏振光的波长有关.

拓展阅读

实验目的

1. 观察偏振光通过旋光性物质的旋光现象.

2. 了解旋光仪的结构原理,学习用旋光仪测定旋光性溶液的旋光度.

实验仪器

旋光仪、不同浓度的旋光性溶液、试管等.

实验原理

1. 光的偏振性

光是一种横波,即光矢量的振动方向垂直于光的传播方向. 普通光源发出的光,其光矢量的振动在垂直于光的传播方向上的取向是无规则的,但从统计平均的角度来说,在空间所有可能方向上的分布可看作机会均等的,即光矢量具有轴对称性、均匀分布、各方向振动的振幅相同的特点,这种光就称为**自然光**. 除自然光外,某些光的光矢量振动方向不变,或有规则地变化,这种光称为**偏振光**. 按照其性质不同,偏振光又可分为线偏振光(平面偏振光)、圆偏振光、椭圆偏振光、部分偏振光几种. 若光垂直纸面出射,则光矢量的分布示意图如图 4-25-1 所示.

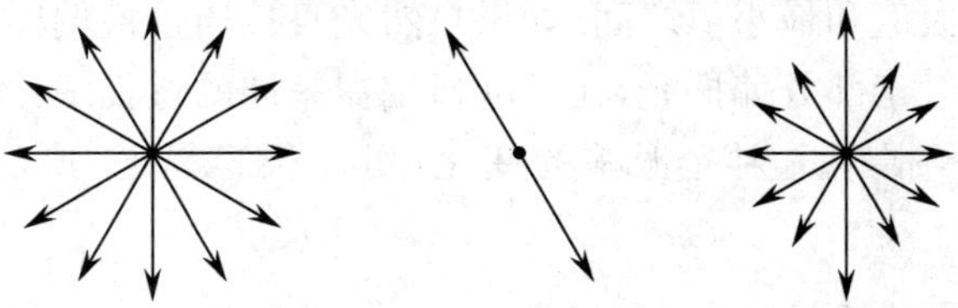

图 4-25-1 光矢量的分布示意图

(1) 线偏振光. 若光矢量的振动方向只局限于某一确定的方向,其末端的轨迹为一直线,则称这种偏振光为线偏振光. 因为光矢量与光传播方向所构成的面(称为振动面) 始终为同一个平面,所以该偏振光也称为平面偏振光.

(2) 圆偏振光(或椭圆偏振光). 若光矢量不断旋转,其大小、方向随时间有规则地变化,即光矢量末端轨迹在垂直于传播方向的平面上呈圆形(或椭圆形),则称这种偏振光为圆偏振光(或椭圆偏振光).

(3) 部分偏振光. 若在垂直于光传播方向的平面上,含有各种振动方向的光矢量,但光矢量的振动在某一方向上占有相对优势,即光振动在某一方向上较强,则称这种偏振光为部分偏振光. 显然,部分偏振光可看作自然光和线偏振光的叠加.

光的偏振性是光横波性质最直接和最有力的证据,是横波区别于纵波的一个最明显的标志,只有横波才有偏振现象. 光的偏振现象可以借助实验装置进行检测. 获得偏振光的方法很多,将自然光变成偏振光可以通过反射、多次折射、双折射和选择性吸收等方法. 本实验中采用具有选择吸收的偏振片来产生线偏振光.

自然光通过偏振片后,只有与偏振片的偏振化方向一致的光矢量可以通过,这样我们就得到了一束与偏振片的偏振化方向平行的线偏振光. 偏振片除了可以将自然光变成线偏振光外,还可以检测光的偏振状态. 由于功能不同,又可以将其称为**起偏器**和**检偏器**. 自然光的起偏和检偏过程如图 4-25-2 所示.

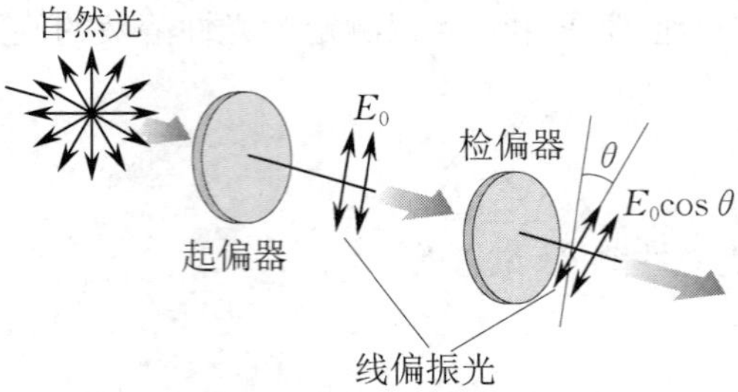

图 4-25-2　自然光的起偏和检偏过程

自然光通过起偏器后，变成振幅为 E_0 的偏振光，振动方向与起偏器的偏振化方向平行. 该束偏振光随后通过检偏器，其振动方向与检偏器的偏振化方向夹角为 θ. 根据偏振片的特性，只有与检偏器偏振化方向平行的光矢量才能通过检偏器，即出射光束的振动方向与检偏器的偏振化方向相同，其强度减小. 根据马吕斯定律，偏振光通过检偏器后的透射光振幅为

$$E = E_0 \cos\theta. \tag{4-25-1}$$

当以光线传播方向为轴转动检偏器时，θ 发生变化，透射光振幅也将发生周期性变化. 当 $\theta=0$ 时，透射光振幅最大；当 $\theta=90^\circ$ 时，透射光振幅最小，为消光状态；当 θ 介于 0 和 90° 之间时，透射光振幅介于最大值和最小值之间. 如果自然光直接通过检偏器，不管如何转动检偏器，透射光振幅始终不变. 对于部分偏振光，在转动检偏器一周的过程中，透射光振幅虽然有变化，但没有消光状态. 因此，根据透射光振幅的变化，可以很容易区分线偏振光、自然光和部分偏振光.

2. 旋光现象

偏振光通过某些晶体或物质的溶液时，其振动面以光的传播方向为轴线发生旋转的现象，称为**旋光现象**，具有旋光性的晶体或溶液称为旋光性物质. 旋光现象最早在石英晶体内发现，后来在糖溶液、松节油、硫化汞、氯化钠溶液等液体和其他一些晶体中均都发现了此现象. 逆着光传播的方向看，使偏振光的振动面顺时针方向旋转的旋光性物质，称为**右旋物质**，反之称为**左旋物质**.

实验证明，振动面旋转的角度（旋光角）ψ 与其所通过旋光性物质的长度 x 成正比. 对溶液来说，旋转角又正比于溶液的质量浓度 c（每 1 cm^3 溶液中所含溶质的质量），即

$$\psi = \alpha x c, \tag{4-25-2}$$

式中 α 为比例系数，即为该物质的旋光度. 若溶液长度 x 单位取 cm，溶液浓度 c 单位取 g/cm^3，旋光角 ψ 单位取 °，则 α 的单位为(°) · cm^2/g.

影响物质旋光度的主要因素包括入射光波长、温度、溶液左右旋方向等. 实验表明，同一旋光性物质对不同波长的光有不同的旋光度，在一定温度下，它的旋光度与入射光波长的平方成反比，这个现象称为旋光色散. 本实验采用钠黄光（波长为 589.3 nm）来测定物质的旋光度. 旋光度还与旋光性物质的温度有关，如对于蔗糖水溶液，在室温条件下温度每升高（或降低）1 ℃，其旋光度约减小（或增加）0.024(°) · cm^2/g. 旋光度还有正负之分，右旋溶液，如葡萄糖、麦芽糖、蔗糖水溶液等，它们的旋光度用正值表示；左旋溶液，如转化糖、果糖水溶液等，它们的旋光度用负值表示. 此外，旋光度还与溶液的质量浓度有关，但在要求不太高的情况下，此项影响可以忽略.

仪器介绍

旋光仪如图 4－25－3 所示，主要可分为以下三部分.

（1）观测与读数部分：包括检偏器、望远镜、度盘和游标、游标读数放大镜、望远镜调焦手轮、度盘转动粗调手轮和度盘转动微调手轮几部分，位于旋光仪的前段位置.

（2）放置待测溶液试管区域：位于旋光仪的中段位置.

（3）偏振光产生装置：包括钠灯、会聚透镜、滤色镜、起偏器和石英片，位于旋光仪的后段位置.

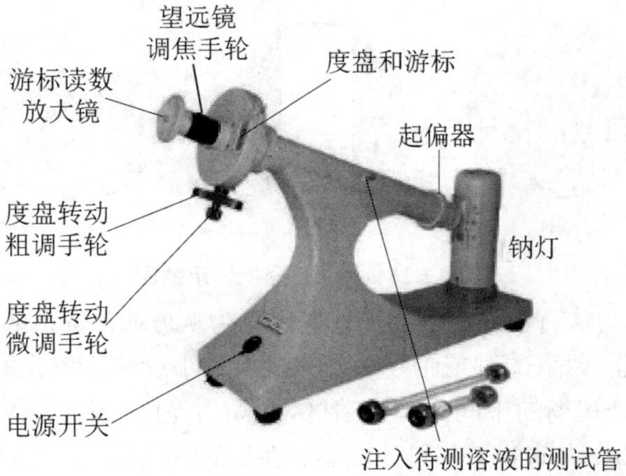

图 4－25－3　旋光仪

钠灯发出的黄色光（波长为 589.3 nm）首先经过旋光仪后段的会聚透镜进入，随后经过滤色镜和起偏器，变为线偏振光. 线偏振光经过装满待测溶液的试管后，光矢量将旋转一定角度 φ. 在旋光仪前段转动检偏器，在望远镜中可观察到视场的明暗变化，视场最亮时的方向即为透射光的偏振化方向. 分别测出放置溶液前后出射光的偏振化方向，两者之差即为旋光角. 若已知待测溶液的长度和质量浓度，则由式（4－25－2）可以得到该溶液的旋光度.

由于人眼无法准确地判定视场明暗的绝对强度，在测量时容易造成误差，因此我们通常采用半荫法来进行实际测量. 旋光仪内部结构如图 4－25－4 所示.

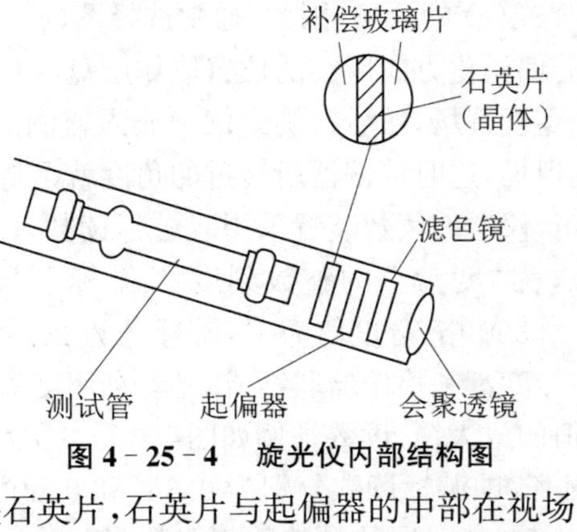

图 4－25－4　旋光仪内部结构图

在起偏镜后面放置一块石英片，石英片与起偏器的中部在视场中重叠，在石英片两边装上一定厚度的玻璃片，以补偿入射光由于石英片的吸收而发生的亮度变化. 这样，整个圆形视场被分为三部分，经过起偏器后的线偏振光通过中间部分的石英片后将发生双折射现象，透过石英片的线偏振光与两侧通过补偿玻璃片的线偏振光将具有不同的偏振化方向，两者之间的夹角为 2θ（θ 是石英片的光轴与起偏器的偏振化方向间的夹角，称为影荫角）. 这时在旋光仪前段转动检偏器，望远镜中观察到的视场为三分视场，如图 4 - 25 - 5 所示.

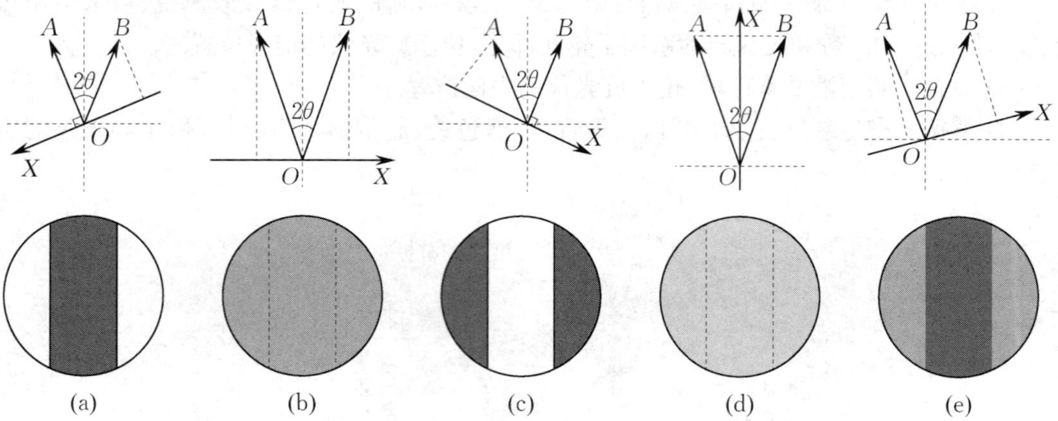

图 4 - 25 - 5　三分视场示意图

图 4 - 25 - 5 中 $\overrightarrow{OA}$ 为从石英片透射的光矢量，$\overrightarrow{OB}$ 为从玻璃片透射的光矢量，$\overrightarrow{OX}$ 为检偏器的偏振化方向. 旋转检偏器，两束透射光在 $\overrightarrow{OX}$ 上的投影大小反映透射光的强度. 图(a) 中，$\overrightarrow{OA}$ 在 $\overrightarrow{OX}$ 上的投影为零，三分视场的中间部分为暗区，两侧为亮区. 图(c) 中，$\overrightarrow{OB}$ 在 $\overrightarrow{OX}$ 上的投影为零，三分视场的两侧部分为暗区，中间为亮区. 在这两种情况下，亮区与暗区的反差最大. 图(b) 和(d) 中，$\overrightarrow{OA}$ 和 $\overrightarrow{OB}$ 在 $\overrightarrow{OX}$ 上的投影值大小相等，整个三分视场的亮度一致，没有分别. 但图(b) 中的投影值小于图(d)，因此图(b) 中的三分视场是一个暗黄色的视场，而图(d) 为一个亮黄色视场. 当 $\overrightarrow{OA}$ 和 $\overrightarrow{OB}$ 在 $\overrightarrow{OX}$ 上的投影值大小不等时，对应于图(e)，三分视场中两部分的亮度不同.

在测量旋光角时，需要选择一个参考视场（零视场）. 图 4 - 25 - 5(a)，(c) 两个视场虽然反差最大，但实际测量时很难确定反差最大的位置；图(d) 的视场透射光强度大，但人眼辨别亮度微小变化的能力较弱，同样很难确定最亮的状态；而对于图(b) 的视场，在亮度较弱的情况下，人眼容易辨别三分视场的亮度是否一致，一旦检偏器方向发生微小变化，视场的亮度就不再一致，而是出现偏向图(a) 或(c) 的视场. 因此，通常选择图(b) 的视场作为参考视场（称为零度视场），并将此时检偏器的偏振化方向所在的位置取作度盘的零点. 实验时，先观察偏振光通过空气后的三分视场，找到零度视场，然后在旋光仪中放入盛满旋光性溶液的测试管，转动检偏器，使视场再次回到零度视场，这时检偏器所转过的角度就是待测溶液的旋光角.

为了准确地测量旋光角，仪器的读数装置采用双游标读数，以消除度盘的偏心差. 旋光仪的读数方法与分光计类似，为“度盘上的整数刻度 + 游标上与度盘刻线对齐的刻线数 × 0.05°”. 旋光仪的度盘等分为 360 格，分度值为 1°，游标分为 20 个小格，对应度盘上的 19°，因此，角游标的分度值为 0.05°. 度盘和检偏器联结成一体，利用度盘转动手轮做粗、细调节，游标窗前装有方便读取游标数值的放大镜. 读数举例如图 4 - 25 - 6 所示，左、右游标的第 7 小格和第 6 小格分别与度盘上刻线对齐，即游标读数分别为 0.35° 和 0.30°（注意：若是在游标上读取的是半刻度线数目，则乘以 0.05°；若读取的是整数刻线数（如 0.5，1，1.5，2，…），则乘以 0.1°）. 图 4 - 25 - 6 中整体的读数如下.

左游标读数：$9°+7\times0.05°=9.35°$；

右游标读数：$9°+6\times0.05°=9.30°$.

在本实验中，若盛满待测溶液前、后两个游标读数分别为 θ_0,θ_0' 与 θ,θ'，则旋光角为

$$\varphi=\frac{1}{2}(|\theta-\theta_0|+|\theta'-\theta_0'|). \tag{4-25-3}$$

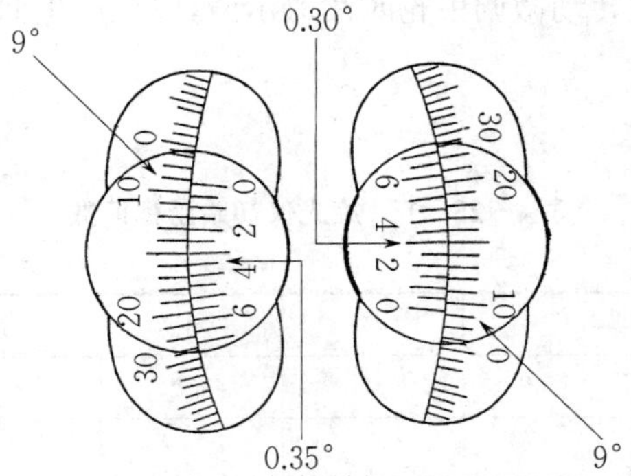

图 4-25-6　旋光仪读数举例

实验步骤

1. 调节旋光仪，观察光的偏振

(1) 接通旋光仪电源，打开钠灯，经过 5 min 预热后可以开始实验.

(2) 调节望远镜调焦手轮，使偏振光通过空气后的三分视场最清晰. 调节度盘转动粗调手轮，观察三分视场变化的规律.

(3) 找到三分视场处于零度视场的位置，这时整个视场应为较暗的黄色视场. 记录左、右游标的读数 θ_0,θ_0'，测量 6 次取其平均值作为零点位置. 测量数据记录在表 4-25-1 中.

2. 测量旋光角

(1) 事先配制成不同质量浓度的待测溶液已注入测试管内，可以根据需要选择不同浓度溶液的测试管. 注意测试管内应尽量没有气泡，如果存在小气泡，可以放平测试管，使气泡处于试管的凸起部分. 在表 4-25-2 中记录选定试管的长度 x 和相应溶液浓度 c，将试管放入旋光仪内，注意试管的凸起部分要朝上，保证气泡位于试管上方的凸起部分.

(2) 调节望远镜调焦手轮，使三分视场清晰. 调节度盘转动微调手轮，观察三分视场的变化，使视场再次回到零度视场，在表 4-25-2 中记录左、右两游标的读数 θ_i,θ_i'，测量 6 次，求出平均值.

(3) 按照表 4-25-2 选择不同质量浓度或长度的溶液，重复以上两个步骤，测出 3 组相应溶液的旋光角.

3. 测量溶液的质量浓度

(1) 将配好的待测溶液注入测试管内，记录选定溶液的长度，将试管放入旋光仪内.

(2) 测出偏振光通过该溶液后的旋光角，测量 6 次，测量数据记录在表 4-25-3 中.

(3) 利用实验步骤 2 中求得的溶液旋光度或利用 $\psi-xc$ 曲线得到待测溶液的质量浓度.

注意事项

1. 测试管中如果有气泡,一定不能遮挡光路,如果气泡太大,则必须重新灌装溶液.
2. 测试管应轻拿轻放,使用完毕后将测试管集中放置在盒子中.
3. 不要在来回调节度盘转动微调手轮时读取示值,以免产生回程误差.

数据表格

表 4-25-1　旋光仪初始游标读数

单位:(°)

测量次序	1	2	3	4	5	6	平均值
左游标读数 θ_0							
右游标读数 θ_0'							

表 4-25-2　放入溶液后旋光仪的游标读数

单位:(°)

溶液质量浓度(百分浓度)和长度	游标读数	1	2	3	4	5	6	平均值
$c_1=0.025\ \mathrm{g/cm^3}$(2.5%),	左游标 θ_1							
$x_1=$　　　cm	右游标 θ_1'							
$c_2=0.05\ \mathrm{g/cm^3}$(5%),	左游标 θ_2							
$x_2=$　　　cm	右游标 θ_2'							
$c_3=0.10\ \mathrm{g/cm^3}$(10%),	左游标 θ_3							
$x_3=$　　　cm	右游标 θ_3'							

表 4-25-3　待测溶液的游标读数

单位:(°)

溶液长度	游标读数	1	2	3	4	5	6	平均值
$x=$　　　cm	左游标 θ							
	右游标 θ'							

数据处理

(1) 由表 4-25-1 和表 4-25-2 中的数据,根据式(4-25-3)分别计算出 3 种溶液的旋光角.

$\psi_1=$__________,　$\psi_2=$__________,　$\psi_3=$__________.

(2) 根据式(4-25-2),求出 3 种溶液的旋光度 α_i ($i=1,2,3$),并计算出旋光度的最佳估计值 $\overline{\alpha}=$__________.

(3) 作图绘出 ψ-xc 曲线,根据图解法,由图线的斜率求出该物质的旋光度.标明实验时溶液的温度和所用的光波波长.

(4) 计算出表 4-25-3 中待测溶液的旋光角，并利用 $\varphi - xc$ 曲线得到的旋光度，求出待测溶液的质量浓度 $c =$ ________.

思考题

1. 为什么旋光仪上的双游标可以消除偏心差?
2. 实验中可能产生误差的主要原因有哪些?

*实验 4.26　空气密度和普适气体常量的测定

空气密度是非常重要的物理量，在质量、压力、流量等物理量的测量和空气成分分析、大气污染监测中，常要测定空气密度. 许多精密测量都要考虑空气阻力和浮力的影响，这也涉及空气密度的测定. 通过对一定体积空气质量的称量，对气体状态参数 p, V, T 的测量，以及理想气体物态方程的运用，可求得普适气体常量 R，进而建立起对空气密度的定性认识.

实验目的

1. 了解真空泵的工作原理，用抽真空法测定环境空气的密度，并换算成干燥空气在标准状态(0 ℃，1 atm) 下的数值，与标准状态下的理论值比较.

2. 从理想气体物态方程出发，推导变压强下 $p - m$(含有普适气体常量) 的表达式，利用逐次降压的方法测出气体压强 p 与质量 m 的关系并作图，由线性拟合求得普适气体常量 R，与理论值比较.

实验仪器

空气密度和普适气体常量测定仪(如图 4-26-1 所示，包含真空泵、真空表、真空电磁阀、比重瓶)、游标卡尺、电子天平(量程为 1 kg，分度值为 0.01 g) 及水银温度计(测温范围为 0 ～ 50 ℃，分度值为 0.1 ℃).

图 4-26-1　空气密度和普适气体常量测定仪实物图

实验原理

1. 真空

气压低于一个标准大气压(1 atm,约 10^5 Pa) 的空间,统称为真空. 其中,按气压的高低,通常又可分为粗真空($10^5 \sim 10^3$ Pa)、低真空($10^3 \sim 10^{-1}$ Pa)、高真空($10^{-1} \sim 10^{-6}$ Pa)、超高真空($10^{-6} \sim 10^{-12}$ Pa) 和极高真空($< 10^{-12}$ Pa) 五种. 在物理实验和研究工作中经常用到的是低真空、高真空和超高真空三种.

用以获得真空的装置称为真空系统. 用以获得低真空的常用设备是机械式真空泵,用以测量低真空的常用仪器有真空表、温差电偶真空规.

2. 真空表读数

大气压:地球表面上的空气柱因重力而产生的压强. 它和所处的海拔高度、纬度及气象状况有关.

差压(压差):两个压强之间的相对差值.

绝对压强:以绝对真空作为参考点,介质(液体、气体) 所处空间的压强.

负压(真空表压强读数):如果绝对压强和大气压的差值是一个负值,那么这个负值就是负压,即负压 = 绝对压强 − 大气压 < 0,此读数为本实验中使用的读数.

3. 空气的密度

空气的密度 ρ 由 $\rho = \dfrac{m}{V}$ 求出,式中 m 为空气的质量,V 为相应的体积. 取一只比重瓶,设瓶中有空气时的质量为 m_1,而比重瓶内抽成真空时的质量为 m_0,那么瓶中空气的质量 $m = m_1 - m_0$. 如果比重瓶的容积为 V,则空气的密度 $\rho = \dfrac{m_1 - m_0}{V}$. 由于空气的密度与大气压、温度和绝对湿度等因素有关,因此测得的是在当时实验室条件下的空气密度. 若要把所测得的空气密度换算为干燥空气在标准状态下的数值,则可采用下述公式:

$$\rho_n = \rho \frac{p_n}{p}(1 + \alpha t)\left(1 + \frac{3}{8}\frac{p_w}{p}\right), \tag{4-26-1}$$

式中 ρ_n 为干燥空气在标准状态下的密度,ρ 为在实验室条件下测得的空气密度,p_n 为标准大气压,p 为实验室条件下的大气压,α 为空气的压强系数(0.003 674 ℃$^{-1}$),t 为空气的摄氏温度,p_w 为空气中所含水蒸气的分压强,p_w = 相对湿度 × p_{w0},p_{w0} 为该温度下饱和水蒸气的分压强. 在通常的实验室条件下,空气比较干燥,标准大气压 p_n 与实验室条件下的大气压 p 的比值接近于 1,$p_w \ll p$,于是式(4-26-1) 可近似为

$$\rho_n = \rho(1 + \alpha t). \tag{4-26-2}$$

4. 普适气体常量的测定

理想气体物态方程为

$$pV = \frac{m}{M}RT. \tag{4-26-3}$$

本实验将空气作为实验气体. 空气的平均摩尔质量 M = 28.8 g/mol(空气中氮气约占 80%,氮气的摩尔质量为 28.0 g/mol;氧气约占 20%,氧气的摩尔质量为 32.0 g/mol).

取一只比重瓶，设瓶中装有空气时的总质量为 m_1，而比重瓶的质量为 m_0，则瓶中空气的质量为 $m=m_1-m_0$. 若此时瓶中空气的压强为 p，热力学温度为 T，体积为 V，则理想气体物态方程可改写为

$$p=\frac{mT}{MV}R,$$

即

$$p=\frac{m_1T}{MV}R+C', \tag{4-26-4}$$

式中 $C'=-\frac{m_0T}{MV}$ 为常数. 设实验室环境下的大气压为 p_0，真空表读数为 p'，则 $p'=p-p_0<0$，式(4-26-4)可改写为

$$p'=\frac{m_1T}{MV}R+C'-p_0=\frac{m_1T}{MV}R+C, \tag{4-26-5}$$

式中常数 $C=C'-p_0$. 测出在不同的真空表负压读数 p' 下 m_1 的值，然后作出 p'-m_1 关系图，求出直线的斜率 $k=\frac{RT}{MV}$，便可得到普适气体常量的值.

仪器介绍

1. 旋片式真空泵工作原理

旋片式真空泵的主要部件为定子、偏心转子和旋片，其结构如图 4-26-2 所示.

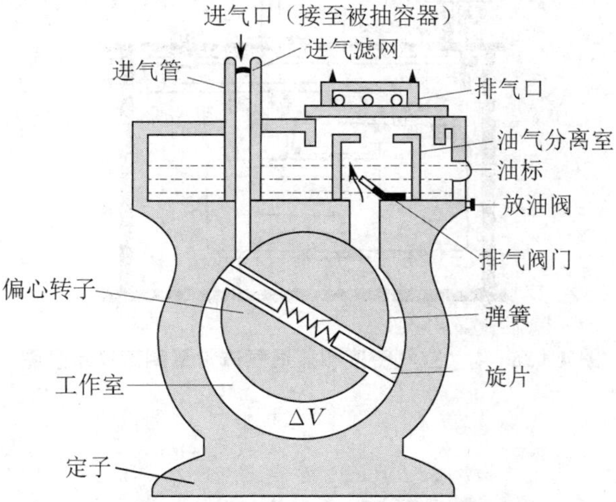

图 4-26-2　旋片式真空泵的结构图

偏心转子绕自身中心轴逆时针转动，转动过程中偏心转子和定子上端保持接触，旋片靠弹簧作用始终与定子接触. 旋片转动时的几个典型位置如图 4-26-3 所示. 当旋片 A 通过进气口[图 4-26-3(a) 所示的位置]时开始吸气，随着旋片 A 的运动，吸气腔容积不断增大，到图 4-26-3(b) 所示位置时达到最大. 旋片 A 继续运动，当旋片 A 运动到图 4-26-3(c) 所示位置时，开始压缩气体，压缩到压强大于一个标准大气压时，排气阀门自动打开，气体被排到大气中，如图 4-26-3(d) 所示. 之后就进入下一个循环.

排气阀门浸在油里用以防止大气流入泵中，油通过泵体上的间隙、油孔及排气阀门进入泵

腔，使泵腔内所有运动的表面都被油覆盖，形成了吸气腔与排气腔的密封，同时油还充满了一切“死角”空间，以消除它们对极限真空度的影响.

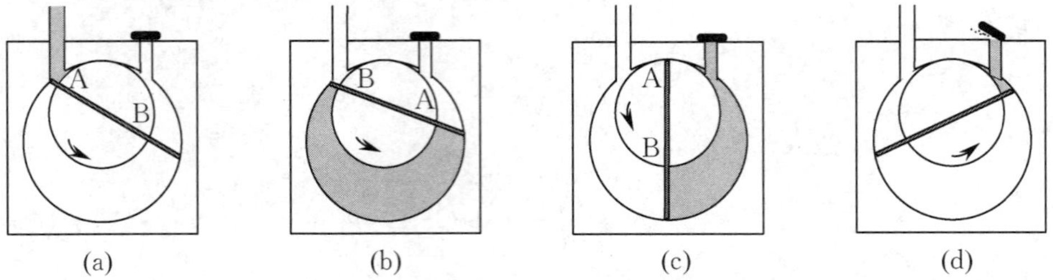

图 4-26-3　旋片式真空泵的工作原理示意图

2. 空气密度和普适气体常量测定仪

图 4-26-4 为空气密度和普适气体常量测定仪示意图. 实验过程中，已知比重瓶的容积，通过称量比重瓶抽真空前后的质量，可以算出空气的密度. 在测定普适气体常量时，首先把比重瓶抽到真空，然后通过放气阀、真空阀和真空表，依次放入气体到合适的气压值，再称出各个气压下的比重瓶总质量，最后作图算出普适气体常量.

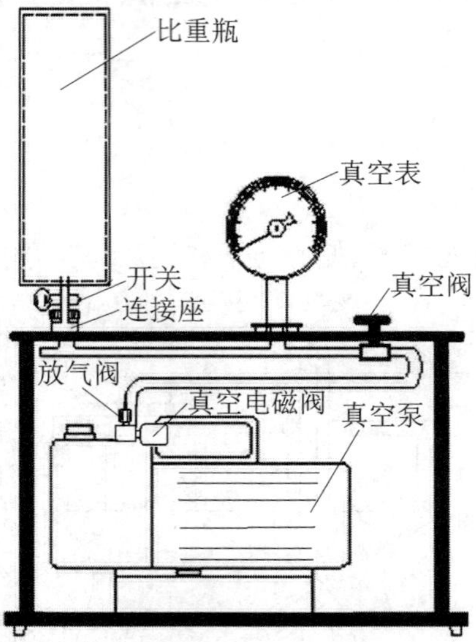

图 4-26-4　空气密度和普适气体常量测定仪示意图

实验步骤

1. 测定空气的密度

(1) 测量比重瓶的容积. 从连接座上取下比重瓶（一手拿住比重瓶，一手压下连接座的连接圈，将比重瓶从连接座上拔下来），用游标卡尺量出比重瓶的外径 D 与长度 L，各测量 5 次，记录在表 4-26-1 中，并算出比重瓶的容积 V.

(2) 将比重瓶开关打开，放到电子天平上称出含空气的比重瓶总质量 m_1，然后将其竖直插入连接座（连接座与真空表和真空阀相接）.

(3) 旋紧放气阀. 接上真空泵电源，打开真空泵开关（打开开关前应检查真空泵油位是否在油标中间位置），开始抽真空，待真空表读数非常接近 -0.1 MPa 时（注意：只需要等几分钟即可，连续抽真空最长不能超过 30 min)，先关闭比重瓶开关，再关闭真空泵.

(4) 将比重瓶从连接座上拔下来，注意这个动作应该缓慢进行. 将比重瓶放到电子天平上称出比重瓶内抽成真空时的质量 m_0，由公式 $\rho=\frac{m_1-m_0}{V}$ 算出实验室条件下的空气密度.

(5) 由水银温度计读出实验室摄氏温度 t，由式(4-26-2)算出标准状态下空气的密度，与理论值比较.

2. 测定普适气体常量 R

(1) 用水银温度计测量环境摄氏温度 t_1(此实验过程较长，环境温度可能发生变化，应该测出实验始末温度取平均).

(2) 在实验步骤1的基础上，将比重瓶重新插入连接座，打开比重瓶开关，缓慢旋松放气阀(微漏气)，整个系统的压强会缓慢升高，待真空表读数 p' 由 -0.1 MPa 变到 -0.09 MPa 时，迅速关闭比重瓶开关，旋紧放气阀.

(3) 动作缓慢地将比重瓶拔下来，称出比重瓶此时的质量 m_1.

(4) 将比重瓶重新插入连接座，打开比重瓶开关，缓慢旋松放气阀(微漏气)，待真空表读数变到 -0.08 MPa 时，迅速关闭比重瓶开关，旋紧放气阀.

(5) 动作缓慢地将比重瓶拔下来，称出比重瓶此时的质量 m_1.

(6) 重复步骤(4)到步骤(5)，再测出真空表读数分别为 -0.07 MPa，-0.06 MPa，-0.05 MPa，-0.04 MPa，-0.03 MPa，-0.02 MPa，-0.01 MPa，0.00 MPa 时比重瓶的质量 m_1.

(7) 再次测量环境的摄氏温度 t_2，取两次测温的平均值 $\bar{t}=\frac{t_1+t_2}{2}$ 为环境温度.

(8) 作出 $p'-m_1$ 图，线性拟合出直线的斜率 $k=\frac{RT}{MV}$，算出普适气体常量的值.

注意事项

1. 关阀门的顺序千万不能弄错，否则真空泵中的油可能会流入比重瓶中.
2. 将比重瓶从连接座上拔下来的过程应该缓慢进行，防止外界空气突然进入真空管中把真空表的指针打坏.
3. 应该保证环境温度变化不能太大，否则将影响实验结果.
4. 手不能长时间接触比重瓶，防止因传热引起瓶内气体温度改变.

数据表格

表 4-26-1　空气密度的测定

测量次序	1	2	3	4	5	平均值
D/mm						
L/mm						
m_1/kg						
m_0/kg						
V/m^3						
$\rho/(\text{kg/m}^3)$						

表 4-26-2　普适气体常量 R 的测定

p'/MPa	−0.09	−0.08	−0.07	−0.06	−0.05	−0.04	−0.03	−0.02	−0.01	0.00
m_1/kg										

数据处理

1. 空气密度的测定

(1) 比重瓶的平均外径 $\overline{D}=$________，长度 $\overline{L}=$________(比重瓶内部尺寸不可直接测量，提供比重瓶上底板厚度 $\delta_1=5.52$ mm，下底板厚度 $\delta_2=5.63$ mm，侧壁厚度 $\delta_0=4.78$ mm)，算出比重瓶的容积 $V=$________. 用电子天平称出装满空气的比重瓶质量 $m_1=$________. 抽真空后，将比重瓶放到电子天平上称出比重瓶内抽成真空时的质量 $m_0=$________，算出实验室条件下的空气密度 $\rho=\dfrac{m_1-m_0}{V}=$________.

(2) 根据式(4-26-2)算出标准状态下空气的密度 $\rho_n=$________. 已知干燥空气在标准状态下的密度 ρ_0(公认值)$=1.293\ \mathrm{kg/m^3}$，通过实验测量值与公认值比较计算相对误差 $\varepsilon_r(\rho_n)=$________，并进行误差分析.

2. 普适气体常量 R 的测定

(1) 作出 $p'-m_1$ 图，线性拟合出直线的斜率 $k=\dfrac{RT}{MV}$，其中热力学温度 $T=t+273.15$，算出普适气体常量的值

$$R=k\frac{MV}{T}=\underline{\qquad\qquad}.$$

(2) 已知普适气体常量 R_0(公认值)$=8.31\ \mathrm{J/(mol\cdot K)}$，$1\ \mathrm{atm}=1.013\times10^5\ \mathrm{Pa}$，通过实验测量值与公认值比较计算相对误差 $\varepsilon_r(R)=$________，并进行误差分析.

思考题

1. 在测量已抽真空比重瓶质量的过程中，若发现质量逐渐变大，这说明什么问题，该情况下是否需要继续测下去，为什么？

2. 如何测量比重瓶的容积？

3. 在称量比重瓶质量时，是否要考虑空气的浮力？

4. 有哪些因素影响实验结果的准确度？

*实验 4.27　线性、非线性电阻元件的伏安特性测试

电荷在物体中运动时会不断与其他离子或电子碰撞，这一结果形成了物体对电流的阻碍作用，其最明显的特征是物体会消耗电能而发热(或发光). 我们将物体对电流的这种阻碍作用，称为该物体的电阻. 电路中包含各种形形色色的电学元件，如色环电阻、光敏电阻、热敏电阻、压敏电阻、半导体二极管、三极管等. 所有元件

拓展阅读

的电阻均可用其两端的电压与通过的电流之比定义，该比例为常量的称为线性电阻，比例为非常量的称为非线性电阻. 测出电阻两端的电压U与通过的电流I，以U为横坐标、I为纵坐标画出的曲线，称为该元件的伏安特性曲线. 电阻的伏安特性常被用来研究电阻的变化规律，在电路设计中具有广泛的应用.

实验目的

1. 验证欧姆定律.
2. 掌握测量伏安特性的基本方法.
3. 学会直流电源、电压表、电流表、电阻箱等电学仪器的正确使用方法.

实验仪器

FB321型电阻元件伏安特性实验仪（包含待测元件、专用连接线等）.

实验原理

1. 电学元件的伏安特性

在某一电学元件两端加上直流电压，在元件内就会有电流通过，通过元件的电流与元件两端电压之间的关系称为元件的伏安特性. 在欧姆定律表达式中，采用国际单位制，电压的单位为伏[特]，电流的单位为安[培]，电阻的单位为欧[姆].

对于碳膜电阻、金属膜电阻、线绕电阻等电学元件，在一般情况下，通过元件的电流与加在元件两端的电压成正比，伏安特性曲线为过原点的直线. 具有这种性质的电学元件叫作线性元件，其电阻叫作线性电阻或欧姆电阻，如图 4-27-1 所示.

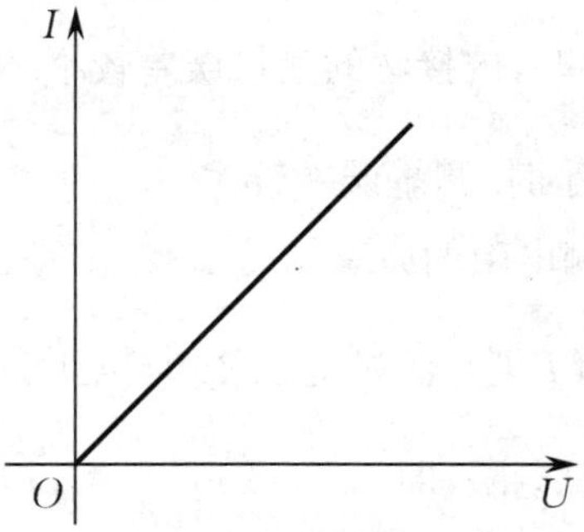

图 4-27-1　线性元件的伏安特性曲线

对于气态导体（如日光灯管中的汞蒸气）和其他的一些导电器件（如电子管、晶体管、半导体二极管、稳压管等元件），其伏安特性曲线不是直线，而是不同形状的曲线. 这种元件叫作非线性元件. 图 4-27-2 所示为两种常用的非线性元件的伏安特性曲线. 对于非线性元件，欧姆定律虽不适用，但其电阻仍可定义为电压与电流的比值，只不过它不再是常量，而是与元件上的电压和电流（工作条件）有关的变量.

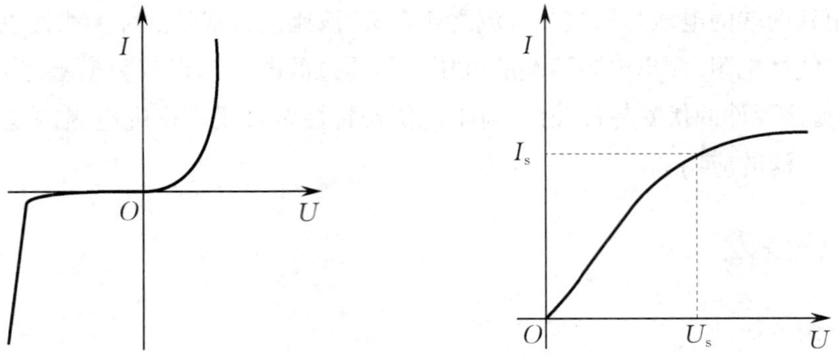

(a) 半导体二极管　　　(b) 真空二极管

图 4-27-2　非线性元件的伏安特性曲线

在设计测量电学元件伏安特性的线路时，必须了解待测元件的规格，使加在它两端的电压和通过的电流均不超过额定值. 此外，还必须了解测量时所需的其他仪器的规格（如电源、电压表、电流表、滑动变阻器等的规格），也不得超过其量程或使用范围. 根据这些条件所设计的线路，可以将测量误差减到最小.

2. 伏安法测电阻原理

伏安法测电阻一般有两种连接方式：内接法和外接法.

(1) 内接法测电阻. 内接法测电阻的原理如图 4-27-3 所示. 电流表的示值 I 是流过待测电阻 R_x 的准确电流，而电压表的示值 U 则是电阻 R_x 与电流表的总电压. 由 $\frac{U}{I}$ 计算得到的电阻值是 R_x 与电流表内阻 r_A 串联的总电阻，即

$$R_x + r_A = \frac{U}{I}.$$

可以看出，内接法测电阻的误差主要与选定电流表的内阻 r_A 有关，当待测电阻的阻值远大于电流表内阻 $r_A\left(\frac{R_x}{r_A} > 100\right)$ 时，内接法的测量误差较小. 但当待测电阻的阻值较小，如 R_x 量级与电流表内阻 r_A 相当或更小时，测量误差较大.

(2) 外接法测电阻. 外接法测电阻的原理如图 4-27-4 所示，电压表的示值 U 为待测电阻 R_x 两端的电压，而电流表的示值 I 则是流过电阻 R_x 与电压表的总电流. 用 $\frac{U}{I}$ 计算得到的是电阻 R_x 与电压表内阻 r_V 并联的总电阻，即

$$\frac{1}{R_x} + \frac{1}{r_V} = \frac{I}{U}.$$

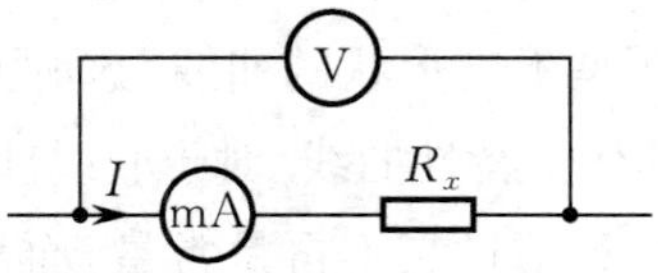

图 4-27-3　内接法原理图

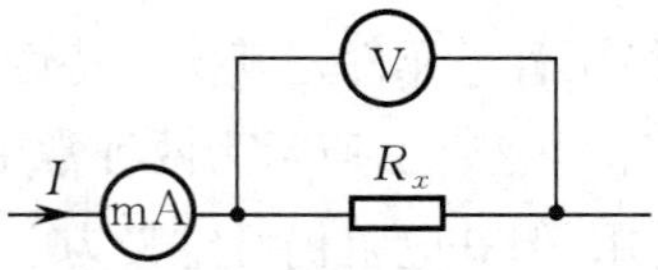

图 4-27-4　外接法原理图

外接法测电阻的误差主要与选定的电压表内阻 r_V 有关，当待测电阻的阻值远小于电压表内阻 $r_V\left(\dfrac{r_V}{R_x}>100\right)$ 时，外接法测电阻的测量误差较小. 反之，当 R_x 较大，与 r_V 基本相当或更大时，测量误差较大.

为了减少上述系统误差，测量电阻的线路方案可以粗略地按待测电阻值的大小来选择，高电阻$\left(\text{相对 } r_A \text{ 而言}, \dfrac{R_x}{r_A}>100\right)$采用内接法，低电阻$\left(\text{相对 } r_V \text{ 而言}, \dfrac{r_V}{R_x}>100\right)$采用外接法.

仪器介绍

FB321 型电阻元件伏安特性实验仪由直流稳压电源、可变电阻器、电流表、电压表及待测元件五部分组成，面板图如图 4-27-5 所示.

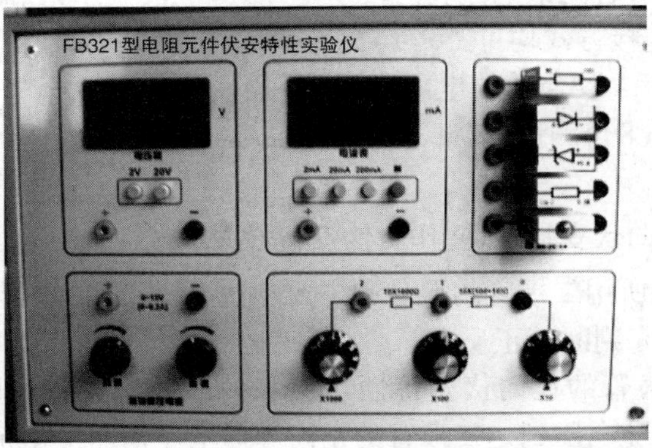

图 4-27-5　FB321 型电阻元件伏安特性实验仪面板图

可变电阻器的电阻变化范围为 0 ～ 11 100 Ω，最小步长为 10 Ω. 待测元件包括线性电阻元件(10 Ω，10 kΩ)、半导体二极管、稳压二极管和钨丝灯泡.

电压表和电流表采用四位半数显表头，输出电压有 0 ～ 2 V 和 0 ～ 20 V 两挡可选，电流有 0 ～ 2 mA，0 ～ 20 mA 和 0 ～ 200 mA 三挡可选. 表 4-27-1 列出了不同电表的测量挡位对应的内阻，实验中须合理配接电压表和电流表，才能使系统误差最小.

表 4-27-1　电压表和电流表内阻

	电压表		电流表		
测量挡位	0 ～ 2 V	0 ～ 20 V	0 ～ 2 mA	0 ～ 20 mA	0 ～ 200 mA
内阻	1 MΩ	10 MΩ	100 Ω	10 Ω	2 Ω

实验步骤

1. 测定线性电阻的伏安特性，并作出伏安特性曲线

(1) 判断电流表的内外连接方式.

按照图 4-27-6 连接电路. 选择的电源输出电压为 10 V 挡，电压表量程为 20 V，电流表量程为 20 mA.

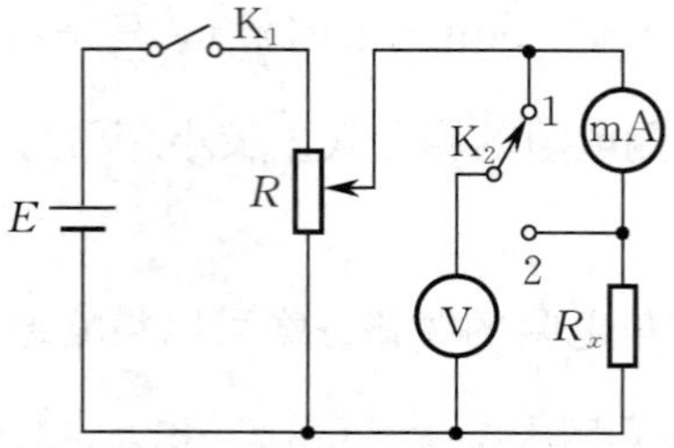

图 4-27-6　FB321 伏安法的内接和外接电路图

选择内接法连接方式，调节分压输出滑动端使电压表(可设置电压值$U_1=2.00$ V)和电流表有一合适的指示值，记下此时的内接电压值和电流值. 再按外接法连接线路，记下此时的外接电压和电流值. 将数据记录在表 4-27-2 中，对两组数据进行比较，若电流表示值有显著变化(增大)，则待测电阻为高电阻，应采用内接法；若电压表示值有显著变化(减小)，则待测电阻为低电阻，应采用外接法；若无论电流表内接还是外接，电流表示值和电压表示值均没有显著变化，则采用任何一种连接方式均可.

(2) 选定连接方式后，取合适的电压变化值(如变化范围 3.00 ～ 10.00 V，变化步长为 1.00 V)，改变电压，测量 8 个测量点，将对应的电压与电流值记录在表 4-27-3 中，并作出相应的伏安特性曲线.

2. 测定二极管的正向伏安特性，并作出伏安特性曲线

(1) 连线前，先记录所用二极管的型号和主要参数(最大正向电流和最大反向电压). 根据在二极管元件上的标志来判断其正反向.

(2) 测量半导体二极管的正向伏安特性. 按图 4-27-7 连接电路，图中保护电阻 $R_2=100\ \Omega$ 用于限制电流，避免电压到达二极管的正向导通电压值时的电流太大，导致损坏二极管或电流表. 电源输出电压调至 3 V，调节分压输出滑动端，缓慢增大电压，取 0.01 V，0.02 V，0.03 V，…(到电流变化大的地方，可适当减小测量间隔)，读出相应电流值. 将数据记入表 4-27-4，并作出相应的伏安特性曲线.

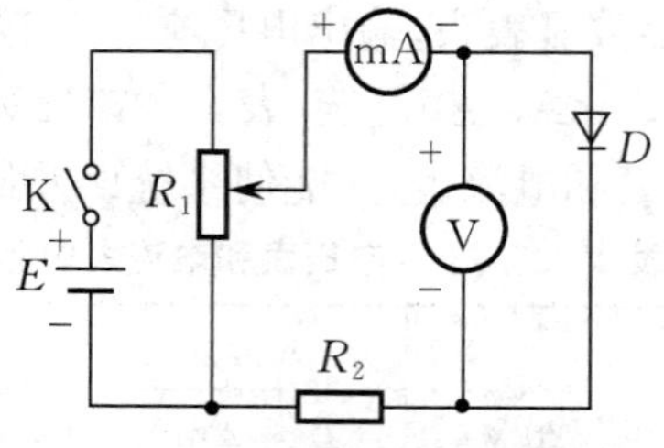

图 4-27-7　二极管的伏安特性实验电路图

数据表格

表 4-27-2　线性电阻伏安法内外接连接方式的确定

电压表准确度等级 $c=$ ________，电压表量程 $U_m=$ ________，

电流表准确度等级 $c=$ ________，电流表量程 $I_m=$ ________

	U/V	I/mA	R/Ω
内接法			
外接法			

表 4-27-3　线性电阻伏安特性实验数据

测量次序	1	2	3	4	5	6	7	8
U/V								
I/mA								

表 4-27-4　二极管正向伏安特性实验数据

测量次序	1	2	3	4	5	6	7	8
U/V								
I/mA								

数据处理

(1) 由表 4-27-2 中的数据分别计算内接法和外接法测量的电阻值及其误差.

电阻值测量值为 $\overline{R}=$________,相对不确定度为

$$\frac{u(R)}{\overline{R}}=\_\_\_\_\_\_=\sqrt{\left[\frac{u(U)}{\overline{U}}\right]^2+\left[\frac{u(I)}{\overline{I}}\right]^2}=\_\_\_\_\_\_,$$

测量结果可以表示为

$$R=\overline{R}+u(R)=\_\_\_\_\_\_.$$

(2) 按表 4-27-3 中的数据等精度作图,从图上求出电阻值 $R=$________.

(3) 按表 4-27-4 中的数据等精度作图,作出二极管的正向伏安特性曲线.

思考题

1. 可变电阻器在电路中主要有几种基本接法？它们的功能分别是什么？

2. 用伏安法测电阻时,先用内接法测出通过电阻的电流值,再用外接法测出电阻两端的电压,用此电流、电压计算电阻能否减小测量误差？为什么？

*实验 4.28　菲涅耳双棱镜干涉实验

光的干涉是普遍的光学现象之一,是光的波动性的重要实验依据. 光的干涉现象是指两列频率相同、振动方向相同和相位差恒定的光在空间相交区域光强发生相互加强或减弱的现象. 可见光的波长虽然很短($4\times10^{-7}\sim8\times10^{-7}$ m),但干涉条纹的间距和条纹数却很容易用光学仪器测得. 根据干涉条纹数目和间距的变化与光程差、波长等的关系式,可以计算出微小长度变化(光波波长数量级)和微小角度变化等,因此干涉现象在测量技术、平面角检测技术、照相技术、材料应力及形变研究等领域有着广泛的应用.

实验目的

1. 观察菲涅耳双棱镜产生的干涉现象,掌握获得双光束干涉的一种方法.
2. 用菲涅耳双棱镜测量光波的波长.

实验仪器

钠灯、可调狭缝、光具座、菲涅耳双棱镜、双棱镜调节架、测微目镜、测微目镜架、透镜架、凸透镜.

实验原理

菲涅耳双棱镜是通过将一块玻璃薄板的上表面加工成两块楔形板制备而成的,楔角很小,棱与端面垂直.

图 4-28-1 是菲涅耳双棱镜产生光的干涉现象的原理图,双棱镜干涉实验与双缝干涉实验等一样,都曾为光的波动学说的建立起过决定性作用,同时也是测量光波波长的一种简单的实验方法. 双棱镜干涉属于波阵面分割干涉,由狭缝光源 S 发出的单色光经双棱镜 B 后,其波阵面便分割成两部分,各自向不同方向传播,相当于从两个虚光源(狭缝虚像)S_1 和 S_2 射出的两束相干光在它们相互叠加的区域内发生干涉,从而使接收屏上形成平行于狭缝、等间距的明暗交替的干涉条纹.

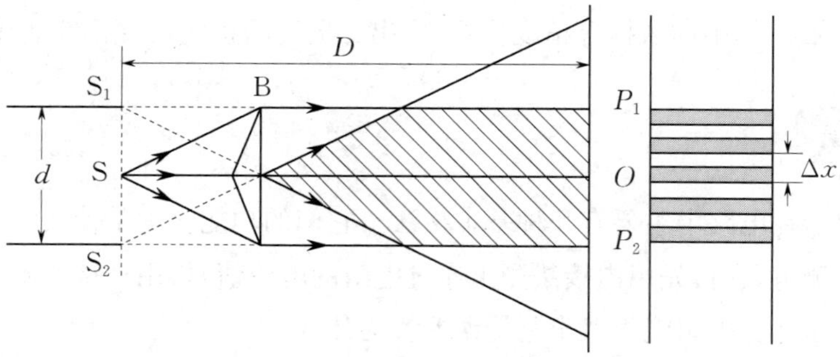

图 4-28-1　菲涅耳双棱镜干涉原理图

根据光的干涉理论能够得出相邻两明(或暗)纹的间距为

$$\Delta x=\lambda\frac{D}{d},$$

式中 λ 为波长,d 为两虚光源 S_1,S_2 的间距,D 为虚光源到接收屏的距离. 可以看出,只要测出 Δx,D 和 d,即可算出光的波长

$$\lambda=\frac{d}{D}\Delta x. \tag{4-28-1}$$

由于干涉条纹宽度很小,实验中可使用测微目镜测量 Δx,这时接收屏就是测微目镜的焦平面(分划板平面). D 可由光具座导轨读出. d 可用二次成像法求出,即在双棱镜与测微目镜

之间放置一已知焦距 f 的凸透镜 L，只要 $D>4f$，当前后移动透镜时，就可以在两个不同位置上，通过测微目镜观测到虚光源 S_1，S_2 各自的一个放大的和一个缩小的实像．若测得两放大的实像间距为 d_1，缩小的实像间距为 d_2，则两虚光源的间距为

$$d=\sqrt{d_1 d_2}. \qquad (4-28-2)$$

实验步骤

1. 仪器调节

（1）粗调．按要求放置各元件．先将可调狭缝的位置放好，调至竖直，再根据狭缝的位置来调节其他元件的左右和高低位置，使各元件中心大致等高．

（2）细调．根据透镜成像规律，用共轭法进行调节，使得狭缝到测微目镜的距离大于透镜的四倍焦距，这样通过移动透镜能够在测微目镜处找到两次成像．首先将双棱镜拿掉，此时狭缝为物，将放大像与缩小像中心调至等高，然后调节测微目镜使其能够接收到两次成像，最后放入双棱镜，调双棱镜的左右位置，使得两虚光源成像亮度相同，则细调完成．此时各元件中心基本达到同轴．

2. 观察调节干涉条纹

（1）调出清晰的干涉条纹．视场不可太亮，缝不可太宽，同时双棱镜棱脊与狭缝应严格平行．取下凸透镜，为方便调节可先将测微目镜移至近处，待调出清晰的干涉条纹后再将测微目镜移到满足大于透镜四倍焦距的位置．

（2）随着 L 的增大，观察干涉条纹的变化规律．

3. 测量

（1）测条纹间距 Δx．连续测量 20 个条纹的位置 x_i，记录在表 4－28－1 中．

（2）用二次成像法测量两虚光源 S_1 和 S_2 的间距 d．d_1，d_2 各测量 4 次，记录在表 4－28－2 中．

（3）在光具座导轨上分别读取狭缝与测微目镜分划板平面的位置读数，计算 D 并记录在表 4－28－2 中（注意记录原始数据）．

4. 代入式（4－28－1）中计算波长 λ

注意事项

1. 严格进行共轴调节，该实验对共轴性要求非常严格，调节时可用白屏在外观察双缝所产生的光束是否亮度均匀，狭缝宽度必须适当．

2. 使用测微目镜读数时，读数手轮必须沿一个方向旋转，动作要平稳、缓慢，以免产生回程误差．

3. 测狭缝与测微目镜分划板平面之间的距离时要注意修正．

4. 注意直接测量量与间接测量量单位的统一．

数据表格

表 4-28-1　干涉条纹间距测量数据记录表

单位:mm

测量次序 i	1	2	3	4	5	6	7	8	9	10
x_i										
x_{i+10}										
$10\Delta x$										

表 4-28-2　二次成像法测两虚光源的间距数据记录表

$D=$ ________ mm

测量对象	放大像间距 d_1				缩小像间距 d_2			
测量次序	1	2	3	4	1	2	3	4
左像位置 x_{li}/mm								
右像位置 x_{ri}/mm								
d_{1i}/mm					—	—	—	—
d_{2i}/mm	—	—	—	—				
$\overline{d}_1=$　　mm，$\overline{d}_2=$　　mm，$\overline{d}=$　　mm								

数据处理

(1) 用逐差法得到干涉条纹间距 $\overline{\Delta x}=$________.

(2) 利用式(4-28-2)计算二次成像法测两虚光源的间距 $\overline{d}=$________.

(3) 利用式(4-28-1)计算波长的最佳估计值 $\overline{\lambda}=$________.

(4) 推导不确定度计算公式并进行计算:$u(\lambda)=$________.

(5) 写出正确的结果表示 $\lambda=\overline{\lambda}+u(\lambda)=$________.

思考题

1. 干涉条纹的亮度、明暗对比度及干涉条纹的数目分别与哪些因素有关?

2. 狭缝到双棱镜的距离影响哪个待测量? 对实验结果有何影响?

3. 本实验测量光波波长时,哪个量的测量误差对实验结果的影响最大? 应采用哪些措施来减小误差?

*实验 4.29　杨氏双缝干涉实验

光学的应用范围极为广泛,一方面它在科技领域内有着很大的作用,另一方面它跟人类的日常生活有密切的关系. 物理学发展史上,不少有关于物质的结构、原子的结构和新元素的发现都离不开它们的光学性质的应用. 人类利用光的干涉和衍射发明出的光学仪器,可用于研究天体具体位置的变化及其包含的各种元素的信息. 光学的发展推动着人类科学技术的不断进步.

实验目的

1. 了解杨氏双缝干涉现象的基本原理.
2. 了解杨氏双缝干涉实验装置的基本结构并掌握其光路调整方法.
3. 观察杨氏双缝干涉现象并掌握光波波长的一种测量方法.

实验仪器

钠灯、光具座、可调狭缝、双缝、测微目镜、测微目镜架、透镜架、凸透镜.

实验原理

如图 4-29-1 所示,两个狭缝 S_1,S_2 长度方向彼此平行,单缝 S 被照亮后相当于一个线光源,发出以光源 S 为轴的柱面波. 由于 S_1 和 S_2 关于 S 对称放置,因此 S 产生的光波在 S_1 和 S_2 处激起的振动相同,从而可将 S_1 和 S_2 看作两个同相的相干波源,它们发出的光波在接收屏 M 上相遇后发生相干叠加,出现了明暗相间的平行干涉条纹. 干涉条纹反映了光的全部信息:干涉的对比度包含两列光的振幅比的信息;条纹的形状和空间分布反映两列光的相位差的信息等.

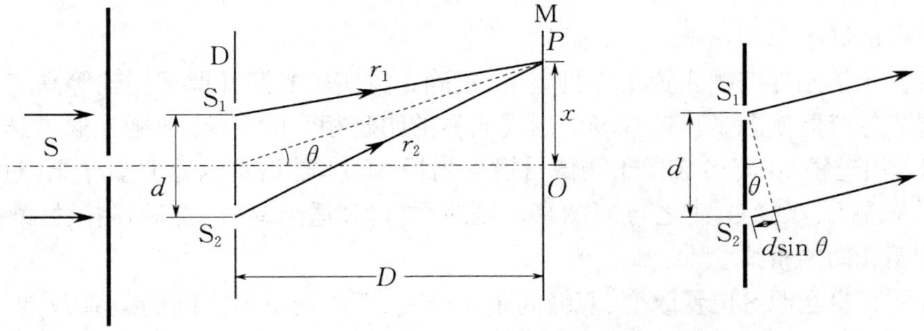

图 4-29-1　杨氏双缝干涉实验

设狭缝 S_1 和 S_2 的间距为 d,它们所在平面到接收屏 M 的距离为 D. 考察接收屏 M 上一点 P,设狭缝 S_1,S_2 到 P 点的距离分别为 r_1,r_2,$OP=x$,因一般情况下,$d \ll D$,$x \ll D$,故两列光波到达 P 点处的光程差为

$$\delta = r_2 - r_1 \approx d\sin\theta.$$

出现明纹和暗纹的条件是

$$\delta = d\sin\theta = \begin{cases} \pm k\lambda, & \text{明纹条件}, \\ \pm(2k-1)\dfrac{\lambda}{2}, & \text{暗纹条件}, \end{cases}$$

式中 $k\,(k=0,1,2,\cdots)$ 为干涉条纹的级次. 由于通常是在小角度范围内观察,因此可以得到

$$\sin\theta \approx \tan\theta = \frac{x}{D}.$$

代入明纹和暗纹的条件可得明纹和暗纹的位置

$$x_k=\begin{cases}\pm k\dfrac{D}{d}\lambda, & \text{明纹},\\ \pm(2k-1)\dfrac{D}{2d}\lambda, & \text{暗纹},\end{cases}$$

式中 $k=0,1,2,\cdots$,则相邻两明(或暗)纹的间距为

$$\Delta x=\lambda\frac{D}{d}.$$

上式说明,杨氏双缝干涉中相邻明(或暗)纹的间距与干涉条纹的级次无关,条纹呈等间距排列.只要测出 Δx,D 和 d,即可算得光的波长为

$$\lambda=\frac{d}{D}\Delta x. \tag{4-29-1}$$

本实验中,D 可以通过光具座导轨读出,d 可以通过测微目镜测得.D 和 d 确定的情况下,波长较长的红光所产生的相邻条纹的间距比波长较短的紫光大,因此用白光进行双缝实验时,除中央明纹是白色外,其余各级明纹因各色光互相错开而形成由紫到红的彩色条纹.

由于干涉条纹宽度很小,实验中可使用测微目镜进行测量,这时接收屏就是测微目镜的焦平面(分划板平面).

实验步骤

1. 观察干涉现象

(1) 开启钠灯电源预热钠灯.

(2) 将各光学元件按顺序置于光具座上,正确布置实验光路并调至同轴等高.

(3) 调节各仪器使测微目镜视场中出现明显的明暗相间的条纹.使钠光通过透镜 L_1 汇聚到狭缝 S 上,用透镜 L_2 将 S 成像于测微目镜分划板 M 上,然后将双缝 D 置于 L_2 近旁(S 与 L_2 之间).调节狭缝 S、双缝 D,使之与 M 的毫米刻线平行,并适当调窄 S 之后,测微目镜视场出现便于观察的明暗相间的条纹.

(4) 分别观察光源 S 位置改变、双缝间距 d 改变、双缝与屏幕之间的距离 D 改变时干涉条纹的变化.

2. 测量条纹间距与缝屏之间的距离

(1) 了解测微目镜的基本结构与使用方法,反复练习读数.

(2) 用测微目镜测量双缝间距 d,并将结果记录在表 4-29-1 中.

(3) 选 10 条暗纹为测量对象,利用测微目镜连续读取其位置读数,记录于表 4-29-1 中.

(4) 在光具座导轨上分别读取双缝与测微目镜分划板平面的位置读数,计算 D 并记录在表 4-29-1 中(注意记录原始数据).

3. 代入式(4-29-1)中计算波长 λ

注意事项

1. 严格进行共轴调节,该实验对共轴性要求非常严格,调节时可用白屏在外观察双缝所产生的光束是否亮度均匀,狭缝宽度必须适当.

2. 使用测微目镜读数时，读数手轮必须沿一个方向旋转，动作要平稳、缓慢，以免产生回程误差.

3. 注意直接测量量与间接测量量单位的统一.

数据表格

表 4－29－1　干涉条纹间距测量数据记录表

$d=$ ________ mm，$D=$ ________ mm，单位：mm

测量次序 i	1	2	3	4	5	6	7	8	9	10
x_i										
$x_{i+5}-x_i=5\Delta x$						—	—	—	—	—

数据处理

(1) 用逐差法得到干涉条纹间距 $\overline{\Delta x}=$ ________.

(2) 测量双缝至测微目镜分划板平面的距离 $D=$ ________，双缝的间距 $d=$ ________.

(3) 计算波长的最佳估计值 $\bar{\lambda}=$ ________.

(4) 推导不确定度计算公式并进行计算：$u(\lambda)=$ ________.

(5) 写出正确的结果表示 $\lambda=\bar{\lambda}\pm u(\lambda)=$ ________.

思考题

1. 干涉条纹的亮度、明暗对比度及干涉条纹的数目分别与哪些因素有关?

2. 光源 S 位置、双缝间距 d、双缝与屏幕之间的距离 D 改变时，干涉条纹的移动和变化是怎样的?

3. 本实验测量光波波长时，哪个量的测量误差对实验结果的影响最大? 应采用哪些措施来减小误差?

*实验 4.30　惯性秤的定标与物体惯性质量的测定

惯性质量和引力质量是由牛顿第二定律和万有引力定律引入的两个物理概念，前者是物体惯性大小的量度，后者是物体引力大小的量度. 现已证明，任一物体的引力质量和它的惯性质量相同，可以用物理量“质量”同时表示惯性质量和引力质量. 因此，可以有两种测定质量的方法：一种是通过待测物体和选作质量标准的物体达到力矩平衡的杠杆求得，用机械天平称量质量就是根据该原理；另一种是通过比较待测物体和标准物体在相同的外力作用下的加速度而求得，用惯性秤测定质量就是根据该原理. 惯性秤不直接比较物体的加速度，而是用振动法，通过比较反映物体加速度的振动周期来确定物体的质量，该方法对处于失重状态下物体质量的测定有独特的优点.

本实验的主要内容是用惯性秤测定待测金属圆柱体的惯性质量，并研究重力对惯性秤的影响.

实验目的

1. 了解惯性秤的构造并掌握用标准砝码对惯性秤定标的方法.
2. 学习用已定标的惯性秤测定待测物体的惯性质量.
3. 研究物体的惯性质量与引力质量之间的关系.
4. 研究重力对惯性秤的影响.

实验仪器

FB210D 型惯性秤实验仪(见图 4-30-1)、25 g 标准砝码(10 个)、待测圆柱体(2 个，质量分别为 180.48 g，104.64 g)、FB213B 型数显计时计数毫秒计(带光电门).

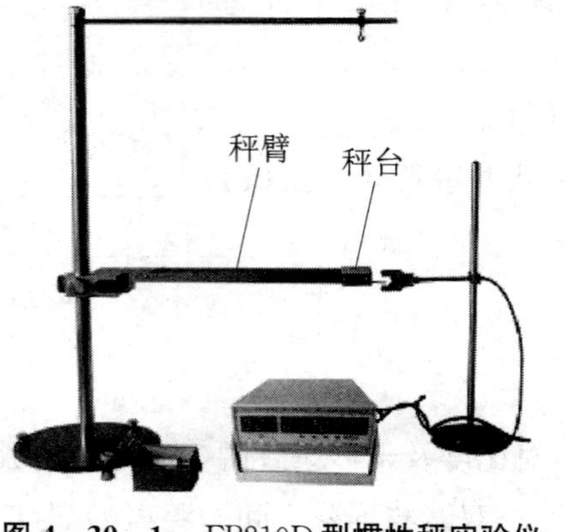

图 4-30-1　FB210D 型惯性秤实验仪

实验原理

惯性秤是用振动法来测定物体惯性质量的装置，将秤台沿水平方向推开一小段距离，手松开后，秤台及其上的负载将左右振动. 它们虽同时受重力及秤臂的弹性回复力的作用，但重力垂直于运动方向，与物体运动的速度大小无关，影响物体速度大小的只有秤臂的弹性回复力. 实验证明，在秤台上负载不大且秤台的位移较小的情况下，可以近似地认为弹性回复力和秤台的位移大小成正比且方向相反，即秤台在水平方向上做简谐振动.

设秤台质量为 m_0，其上的负载质量为 m_i，弹性回复力 $F=-kx$(式中 k 为秤臂的弹性系数，x 为秤台质心偏离平衡位置的距离)，则根据牛顿第二定律，可得

$$(m_0+m_i)\frac{d^2x}{dt^2}=-kx. \tag{4-30-1}$$

用 m_0+m_i 除式(4-30-1)两端，得

$$\frac{d^2x}{dt^2}=-\frac{k}{m_0+m_i}x. \tag{4-30-2}$$

此微分方程的解为 $x=A\cos\omega t$(设振动的初相位为零)，式中 A 为振幅，ω 为角频率. 将其代入式(4-30-2)，可得

$$\omega^2=\frac{k}{m_0+m_i}. \tag{4-30-3}$$

因为 $\omega=\frac{2\pi}{T}$，所以

$$T=2\pi\sqrt{\frac{m_0+m_i}{k}}. \tag{4-30-4}$$

设惯性秤空载时周期为 T_0，加负载 m_1 时周期为 T_1，加负载 m_2 时周期为 T_2，则由式(4-30-4)可得

$$\begin{cases} T_0^2=\frac{4\pi^2}{k}m_0, \\ T_1^2=\frac{4\pi^2}{k}(m_0+m_1), \\ T_2^2=\frac{4\pi^2}{k}(m_0+m_2). \end{cases} \tag{4-30-5}$$

从方程组(4-30-5)中消去 m_0 和 k，得

$$\frac{T_1^2-T_0^2}{T_2^2-T_0^2}=\frac{m_1}{m_2}. \tag{4-30-6}$$

式(4-30-6)表明，当 m_1 已知时，在测得 T_0，T_1 和 T_2 之后，便可求出 m_2. 同时，可以用图解法从 T-m_i 关系曲线上求出未知的惯性质量，即作 T^2-m_i 关系曲线，若该曲线是直线，则可用该直线的方程作为计算物体惯性质量的公式.

先测出惯性秤空载时($m_i=0$)的振动周期 T_0，再将具有相同惯性质量的砝码依次增放在秤台上，测出相应的振动周期 T_1，T_2，…，用这些数据作 T^2-m_i 关系曲线(见图4-30-2). 测定待测物体的惯性质量时，先取出定标砝码，将待测物体置于秤台中心圆孔位置(小物体也可以放在砝码孔中)，测出其周期 T_j，从图线上查出 T_j^2 对应的质量 m_j，就是待测物体的惯性质量.

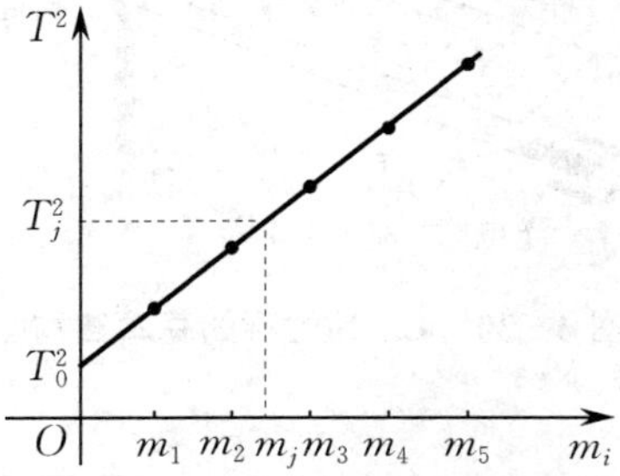

图 4-30-2　T^2-m_i **关系曲线**

注　惯性秤必须严格水平放置，否则重力将影响秤台的运动，导致所得 T^2-m_i 关系曲线将不单纯是惯性质量与周期的关系.

为了研究重力对惯性秤运动的影响，可从以下情况去考虑.

水平放置惯性秤，用长度 $L\approx 50$ cm 的细线将一圆柱体吊在铁架上，使圆柱体位于秤台圆

孔中(见图 4－30－3).当秤台振动时,将带动圆柱体一起运动,圆柱体所受拉力的水平分力将和秤臂的弹性回复力一起作用于秤台.这时测得的周期,要比该圆柱体直接放在秤台圆孔上的周期小.

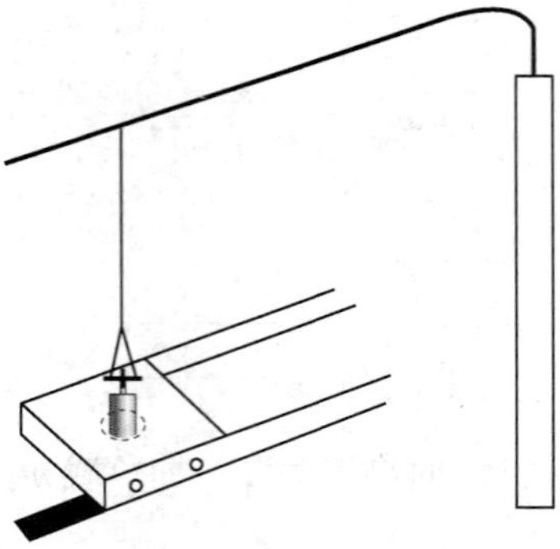

图 4－30－3　研究重力对惯性秤的影响

仪器介绍

惯性秤是测定物体惯性质量的一种装置.惯性秤不直接比较物体的加速度,而是通过用振动法比较反映物体运动加速度的振动周期,来确定物体的惯性质量的大小.

惯性秤的基本结构如图 4－30－4 所示,秤台和固定平台用两条相同的片状钢条(秤臂)连接起来,固定在铁架台上.秤台边缘放置光电门,如图 4－30－5 所示.秤台内侧有并行排列的十条圆柱形孔,可逐个插入 1 ～ 10 根圆柱形标准砝码,用来对惯性秤进行定标.秤台中心有一个上下贯通的圆孔,用以放置待测金属圆柱体(要做成一定的外形,加上后不会改变秤台的质心的位置).2 个待测圆柱体如图 4－30－6 所示,其中有 1 个待测金属圆柱体上方预先留有一小孔,可以用细线把它吊在横梁上,可以用来研究重力对惯性秤的影响.

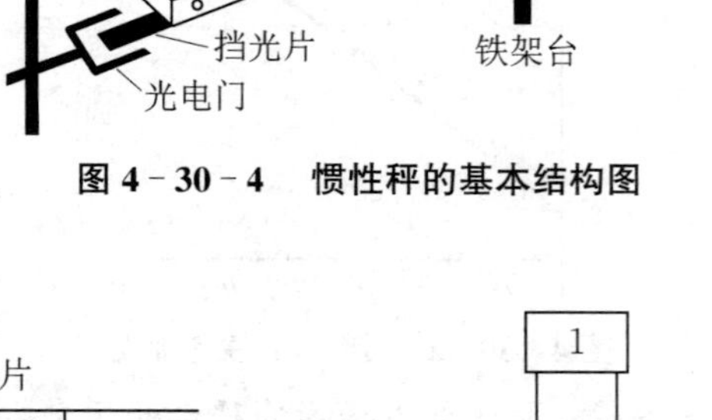

图 4－30－4　惯性秤的基本结构图

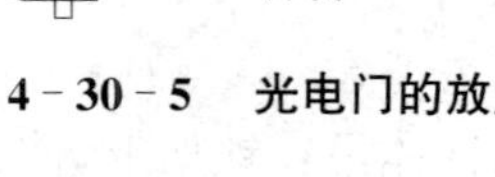

图 4－30－5　光电门的放置

图 4－30－6　2 个待测圆柱体

实验步骤

1. 惯性秤的定标与惯性质量的测定

水平放置惯性秤，分别测量惯性秤上依次增加每个砝码时的振动周期. 若各个振动周期之间差异不超过 1%，在此实验中可以认为它们具有相同的惯性质量. 可以取 1 个砝码进行惯性质量单位周期的测量(采用累积计时法).

(1) 接通 FB213B 型数显计时计数毫秒计的电源，把光电门与毫秒计连接. 打开毫秒计电源开关，预置计数次数为 20 次(可根据实验需要设置为 1～99 次). 设置计数次数时，按“置数”键的十位或个位按钮进行调节(注意数字调节只能按进位操作)，设置完成后自动保持设置值，直到再次改变设置为止.

(2) 按照表 4-30-1，依次增、减砝码，测量对应的 $20T$. 测量周期时，使惯性秤前端的挡光片位于光电门的正中间，用手将惯性秤前端移离平衡位置约 1 cm，松开惯性秤使之振动，毫秒计上最终显示的即为 $20T$. 注意每次测量都要将惯性秤移离平衡位置同样远. 将测量值记录在表 4-30-1 中.

(3) 将待测圆柱体 1，2 依次放在秤台中心的圆孔中，测量其周期，记录在表 4-30-1 中.

(4) 用物理天平称量各砝码及待测圆柱体的引力质量，记录在表 4-30-2 中.

2. 研究重力对惯性秤的影响

水平放置惯性秤，将圆柱体 2 通过长约 50 cm 的细线铅直悬吊在秤台的圆孔内，测量对应的 $20T$，记录在表 4-30-3 中.

注意事项

1. 要严格水平放置惯性秤，以避免重力对振动的影响.

2. 必须使砝码和待测物的质心位于通过秤台圆孔中心的竖直线上，并保证在测量时臂长固定不变.

3. 秤台振动时，摆角要尽量小些(不超过 5°)，秤台的水平位移在 1～2 cm 即可，并且要尽量保证各次测量时的水平位移都相同.

4. 由式(4-30-4)可得

$$\frac{\mathrm{d}T}{\mathrm{d}m_i}=\frac{\pi}{\sqrt{k(m_0+m_i)}}. \tag{4-30-7}$$

$\frac{\mathrm{d}T}{\mathrm{d}m_i}$ 即惯性秤的灵敏度，秤的灵敏度越高，分辨微小质量差异的能力越强. 而$\frac{\mathrm{d}T}{\mathrm{d}m_i}$ 为 $T-m_i$ 关系曲线上 m_i 点对应的斜率. 从式(4-30-7)可以看出，要提高灵敏度，须减小 k 和 m_0，并且待测物的质量也不宜太大.

数据表格

表 4-30-1 惯性质量的测定

测量状态	加砝码										
砝码个数	0	1	2	3	4	5	6	7	8	9	10
砝码质量 /g											
周期 $20T$/s											
周期 T/s											
T^2/s^2											
测量状态	减砝码										
砝码个数	10	9	8	7	6	5	4	3	2	1	0
砝码质量 /g											
周期 $20T$/s											
周期 T/s											
T^2/s^2											

测量物体	待测圆柱体 1	待测圆柱体 2
周期 $20T$/s		
周期 T/s		
T^2/s^2		

表 4-30-2 引力质量的测定

砝码个数	10	9	8	7	6	5	4	3	2	1
砝码质量 /g										
待测圆柱体 1 质量 /g										
待测圆柱体 2 质量 /g										

表 4-30-3 重力影响下的惯性质量测定

待测圆柱体质量	
周期 $20T$/s	

数据处理

(1) 以砝码的质量作为横坐标，测量到的周期数值作为纵坐标作图，作 $T-m_i$ 关系曲线，该曲线即是惯性秤的定标曲线. 由于 $T-m_i$ 关系曲线是非线性的，我们把纵坐标换成 T^2，作 T^2-m_i 关系曲线，通过最小二乘法可以得到线性方程.

(2) 用 WPS 表格软件绘制 T^2-m_i 关系曲线，得出拟合系数的标准差，并由此确定惯性秤测量时的误差范围.

(3) 在惯性秤误差范围内，分析表 4－30－1 与表 4－30－2 的数据，写出对惯性质量和引力质量得出的结论.

(4) 将表 4－30－3 中的周期和直接将圆柱体停放在圆孔上测得的周期进行比较，写出两者有何不同.

思考题

1. 惯性质量和引力质量的定义分别是什么？在普通物理力学课中是怎样表述两者的关系的？

2. 怎样测量惯性秤的周期，测量时要注意什么问题？

3. 惯性秤放在不同海拔高度处测量同一物体，所测结果是否相同？如果将其置于月球上做此实验，结果又将如何？如果用天平做以上的称量，结果将如何？用弹簧秤称量，结果又将如何？

4. 处于失重状态的某一空间里有两个物体，能用天平或弹簧秤区分它们引力质量的差异吗？能用惯性秤区分它们惯性质量的差异吗？

5. 作 T^2-m_i 关系曲线并分析惯性秤的振动周期的平方 T^2 是否与其上的负载质量 m_i 呈线性关系，如果呈线性关系，试估算空秤的惯性质量 m_0.

* 实验 4.31　集成电路温度传感器的特性测量及应用

实验目的

1. 学习 FD－WTC－D 型恒温控制温度传感器实验仪的工作原理.

2. 熟悉 AD590 型集成电路温度传感器的基本特性，测量传感器的输出电流与温度的关系.

3. 采用非平衡电桥法，设计一台 0 ～ 50 ℃ 数字式温度计.

实验仪器

AD590 型集成电路温度传感器、FD－WTC－D 型恒温控制温度传感器实验仪（见图 4－31－1）、水银温度计、电阻箱（3 个）、直流电源等.

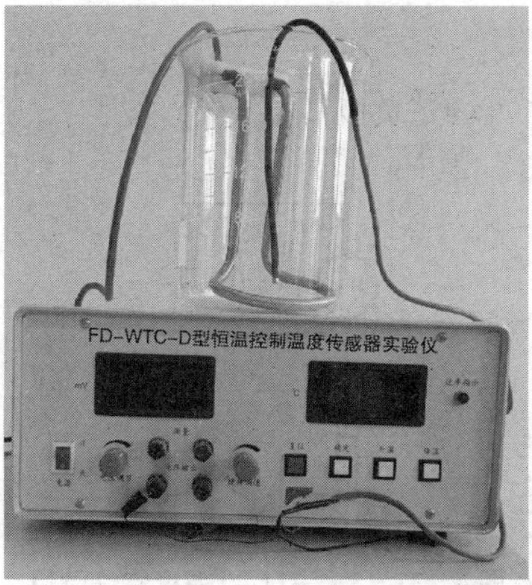

图 4－31－1　FD－WTC－D 型恒温控制温度传感器实验仪

实验原理

AD590 型集成电路温度传感器由多个参数相同的三极管和电阻组成. 当该器件的两端加有某一定直流工作电压时,它的输出电流与温度满足如下关系:

$$I = BT + I_0,$$

式中 I 为其输出电流,单位为 μA,T 为摄氏温度,B 为斜率(一般 AD590 的 B = 1.000 μA/℃,即如果该温度传感器的温度升高或降低 1 ℃,那么其输出电流增大或减小 1 μA),I_0 为 0 ℃ 时的电流值(一般 AD590 的 I_0 值从 273 ~ 278 μA 略有差异). 利用 AD590 集成电路温度传感器的上述特性,可以制成各种用途的温度计. 采用非平衡电桥线路,可以制作一台数字式摄氏温度计,使当 AD590 处于 0 ℃ 时,数字电压表显示值为"0",而当 AD590 处于 T ℃ 时,数字电压表显示值为"T".

仪器介绍

AD590 为两端式集成电路温度传感器,它的管脚引出端有三个,如图 4-31-2 所示,管脚引出端 1 接电源正极(红色引线),管脚引出端 2 接电源负极(黑色引线),管脚引出端 3 用于连接外壳(它可以接地). AD590 的工作电压为 4 ~ 30 V,通常工作电压为 6 ~ 15 V. 注意不能小于 4 V,小于 4 V 将出现非线性.

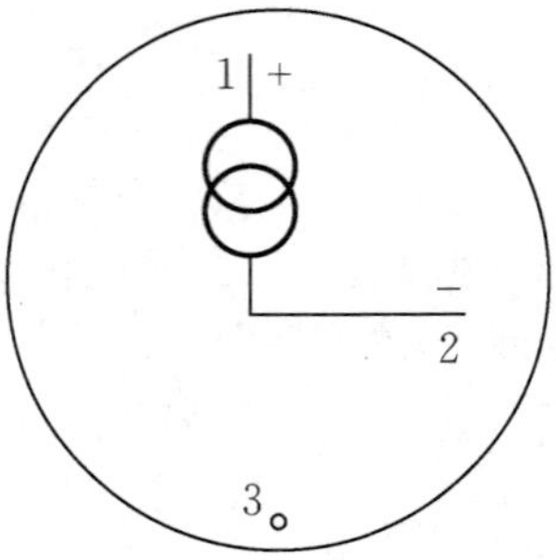

图 4-31-2 AD590 **管脚连接图**

实验步骤

1. AD590 **温度特性测量**

按图 4-31-3 接线(AD590 的正负极不能接错),按表 4-31-1 测量 AD590 的电流 I 与温度 T 的关系,记录在表 4-31-1 中.

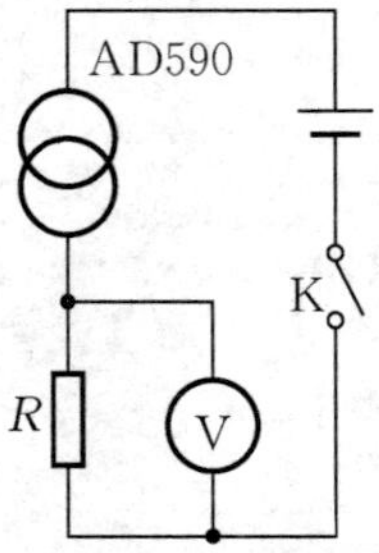

图 4-31-3 AD590 **温度特性测量**

电阻箱 R 的阻值设置为 1 000 Ω,把实验数据用最小二乘法进行拟合,求斜率 B、截距 I_0 和

相关系数 γ.

2. 制作测量范围为 0 ～ 50 ℃ 的数字式温度计

(1) 把 AD590、电阻箱、直流稳压电源及数字电压表按图 4 - 31 - 4 接好. 将 AD590 放入冰点槽中，R_2 和 R_3 各取 1 000 Ω，调节 R_4 使数字电压表示值为零. 然后把 AD590 放入其他温度如室温的水中，用标准水银温度计进行读数，测量 3 组数据并记录在表 4 - 31 - 2 中. 注意冰点槽中冰水混合物为湿冰霜状态才表示温度真正达到了 0 ℃.

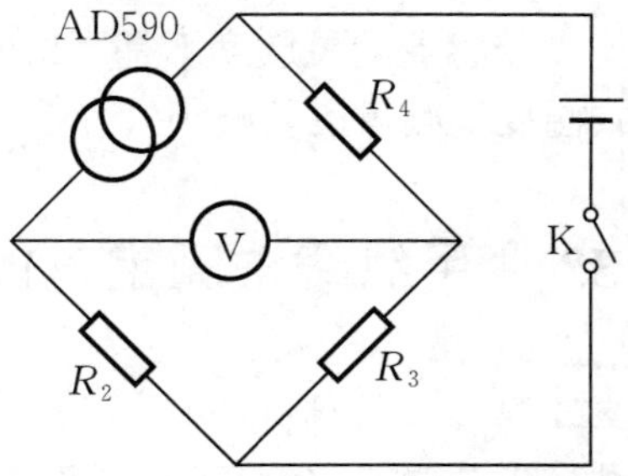

图 4 - 31 - 4　数字式摄氏温度计线路图

(2) 改变电源电压，如从 8 V 变为 10 V，观测 AD590 的输出电流的变化，并分析其原因.

注意事项

1. AD590 型集成电路温度传感器的正负极性不能接错.

2. AD590 型集成电路温度传感器为二端铜线引出，为防止极间短路，两铜线不能直接放入水中或冰水混合物中测量温度，若需要测量水温或冰水混合物的温度，须将铜线插入加有少量变压油的玻璃细管内，再插入待测温物体中测温.

3. 实验中应保证 AD590 型集成电路温度传感器与水银温度计处在同一温度位置.

数据表格

表 4 - 31 - 1　AD590 传感器温度特性测量

$R =$ ______ Ω

T/℃	29.0	34.2	37.0	40.0	42.8	45.8	49.2
U_R/V							
I/μA							

表 4 - 31 - 2　自制数字式温度计的校准

测量次数 i	1	2	3
自制温度计读数 /℃			
水银温度计读数 /℃			

注：表中数字电压表实际读数值单位应为 V，由 $I = BT + I_0$，可知电压表读数值即为摄氏温度值.

数据处理

1. 将表 4 - 31 - 1 中的数据由最小二乘法拟合 $I-T$ 曲线，求出斜率 B、截距 I_0 和相关系数

γ,写出 $I-T$ 关系的经验公式.

2. 制作摄氏温度计,根据表 4-31-2 中的数据计算相对误差.

思考题

1. 如何用 AD590 型集成电路温度传感器制作一个热力学温度计? 画出电路图并说明调节方法.

2. 如果 AD590 型集成电路温度传感器的灵敏度不是严格的 1.000 μA/℃,而是略有差异,如何通过改变 R_2 的值,使数字式温度计测量误差减小?

* 实验 4.32　用热线法测定气体的导热系数

气体的导热系数(又称热导率) 是反映气体热学性质的重要参数. 在气相色谱分析中,气体的导热系数常被用来鉴别不同的气体. 本实验的测量室可以看作气相色谱仪中热导池的原型,它为测定气体导热系数提供了一种简洁、直观的实验装置.

本实验依据热线法来测定气体的导热系数. 为了减小气体对流传热的影响,实验测量必须在低气压下进行,然后采用外推法来计算结果.

实验目的

1. 掌握低真空系统的基本操作方法,学会正确使用数显式电子真空计.
2. 掌握用热线法测定气体导热系数的基本原理和实验方法.
3. 学习应用线性回归和外推法对实验数据进行处理.
4. 学习应用 WPS 表格软件对实验数据进行计算和作图.

实验仪器

FB202 型气体导热系数测定仪(包含数显式电子真空计、真空泵等).

实验原理

1. 热线法测定气体导热系数的原理

将待测气体置于沿轴线方向有一根钨丝(作为热丝) 的圆柱形容器内,如图 4-32-1 所示,并给钨丝通电,使其升温至 T_1,设容器内壁的温度近似为室温 T_2. 若 $T_1 > T_2$,则容器中的待测气体必然形成一个沿径向分布的温度梯度. 由于待测气体的热传导,将迫使钨丝温度下降而无法维持测量室中温度梯度的稳定状态,因此只有设法维持钨丝的温度恒为 T_1,容器内待测气体的温度分布才能保持稳定的径向分布.

本实验采用热线恒温自动控制系统来维持钨丝的温度恒为 T_1,单位时间内气体热传导所耗散的热量就等于维持钨丝的温度恒为 T_1 时所消耗的电功率. 不同气体的导热性能(导热系数) 不同,因此维持钨丝的温度恒为 T_1 所消耗的电功率也不同,从而可以通过测量钨丝消耗

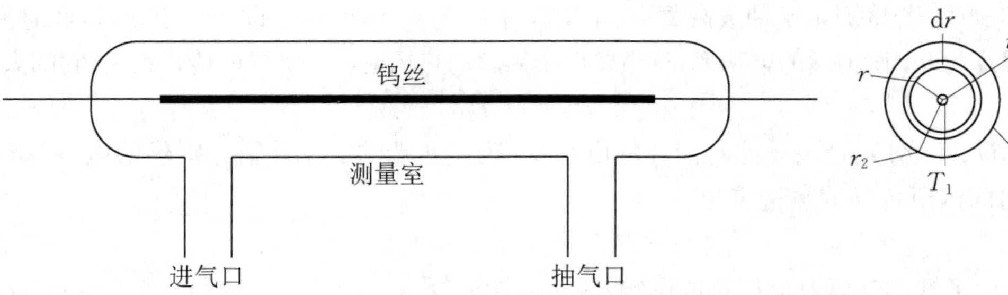

图 4-32-1　测量室示意图与其内部气体温度梯度分布图

的电功率来计算待测气体的导热系数.

图 4-32-1 是测量室的示意图. 设钨丝的半径为 r_1，测量室玻璃管的内半径为 r_2，长度为 l. 在距热源钨丝 r 处取一薄圆筒状气体层，设其厚度为 $\mathrm{d}r$，长为 l，内外圆柱面的温度差为 $\mathrm{d}T$，单位时间内通过该圆柱面传导的热量为 $q=\frac{\mathrm{d}Q}{\mathrm{d}t}$，由傅里叶定律有

$$q=-K\cdot\frac{\mathrm{d}T}{\mathrm{d}r}\cdot\Delta S=-K\cdot\frac{\mathrm{d}T}{\mathrm{d}r}\cdot 2\pi rl, \tag{4-32-1}$$

它可以改写为

$$q\frac{\mathrm{d}r}{r}=-2\pi lK\mathrm{d}T, \tag{4-32-2}$$

两边积分得

$$q\int_{r_1}^{r_2}\frac{\mathrm{d}r}{r}=-2\pi lK\int_{T_1}^{T_2}\mathrm{d}T, \tag{4-32-3}$$

则

$$q\ln\frac{r_2}{r_1}=2\pi lK(T_1-T_2), \tag{4-32-4}$$

$$K=\frac{q}{2\pi l}\cdot\frac{\ln\frac{r_2}{r_1}}{T_1-T_2}, \tag{4-32-5}$$

式中 K 就是要求的气体导热系数，l，r_2，r_1 均为仪器常量，测量室内壁温度 T_2 可以近似地看作室温. 问题在于如何对 q 与 T_1 进行测量?

我们知道，只有不断地为钨丝提供电能，才能保持钨丝的温度恒为 T_1，且单位时间内通过气体圆柱面传导的热量事实上就等于钨丝所耗散的电功率，而电功率可通过测量钨丝两端的电压和流经钨丝的电流获得，即 $q=W=UI$. 对长度为 l 的钨丝而言，在不同温度时，它的阻值是不同的，只要预先标定好钨丝的温度(其实就是标定好钨丝电阻 R_t)，根据材料电阻率与温度的关系，便可通过测量钨丝的电阻 R_t 值，由 R_t 与 t 的关系求出它的摄氏温度 t，再转换为热力学温度 T_1. R_t 与 t 的关系如下：

$$t=\frac{R_t-R_0}{\alpha R_0}, \tag{4-32-6}$$

式中 R_0 为 0 ℃ 时钨丝的阻值，α 为钨丝的电阻温度系数.

2. 二项修正

(1) 钨丝耗散的总功率，除气体传导的热量之外，还有钨丝热辐射及连接钨丝两端的电极棒的传热损失. 若将测量室抽成高真空(本实验中约为 0.133 3 Pa,即 10^{-3} Torr),此时为保持钨丝的温度为 T_1 所消耗的电功率,将主要用于钨丝的热辐射与电极棒的传热损失,它的大小为

$$P_0 = U_0 I_0, \tag{4-32-7}$$

式中 P_0, U_0, I_0 分别是钨丝此时消耗的电功率、钨丝两端的电压和通过钨丝的电流. 于是,气体单位时间内所传导的热量应为

$$q = P - P_0 = UI - U_0 I_0. \tag{4-32-8}$$

(2) 为了减小气体对流传热的影响,测量应在低气压(133.3～1 333 Pa 或 1～10 Torr) 条件下进行. 在低气压的情况下,通过 q_L(q_L 是低气压条件下气体单位时间内传导的热量) 算出的 K_L(K_L 是低气压下的气体导热系数) 和测量时测量室内的压强 p 存在着下述关系:

$$\frac{1}{K_L} = \frac{A}{p} + \frac{1}{K}. \tag{4-32-9}$$

由式(4-32-5) 可见,q 与 K 成正比(因为 l, r_2, r_1 为仪器常量,T_1, T_2 在测量时保持恒定),因此式(4-32-9) 中的 K_L 和 K 可以用 q_L 和 q 来代替,只是系数 A 要转换为另一系数 B,即

$$\frac{1}{q_L} = \frac{B}{p} + \frac{1}{q}. \tag{4-32-10}$$

本实验是在不同压强 p 的情况下,测出相应的 q_L,然后以 $\frac{1}{p}$ 为横坐标,$\frac{1}{q_L}$ 为纵坐标作图,所得到的实验曲线将近似为一直线. 此直线在纵坐标上的截距为 $\frac{1}{q}$,这就是所谓用外推法求 q 值,将所得的 q 值代入式(4-32-5) 中,便得到待测气体在 $T_1 \sim T_2$ 之间的平均导热系数.

仪器介绍

FB202 型气体导热系数测定仪的结构如图 4-32-2 所示,其中各部分的功能如下.

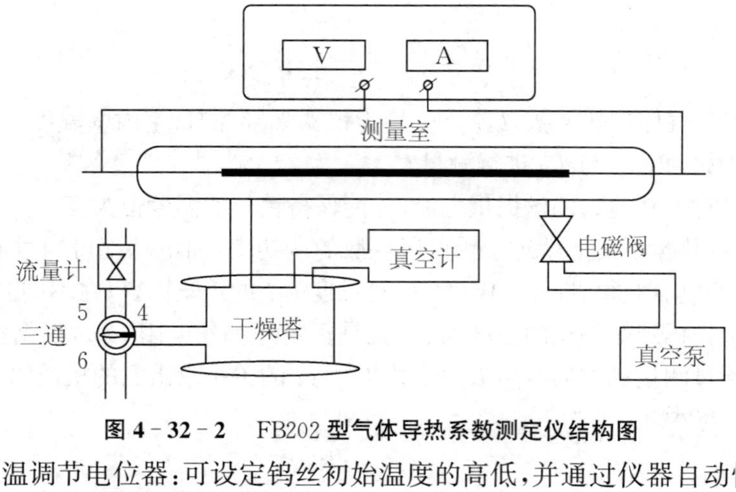

图 4-32-2　FB202 型气体导热系数测定仪结构图

(1) 热线恒温调节电位器:可设定钨丝初始温度的高低,并通过仪器自动恒温控制系统保证钨丝在不同气压条件下均保持同一设定温度.

(2) 测量室:作为待测气体的存储与测量空间.

(3) 真空计:用于测量系统的真空度.

(4) 干燥塔:用于对待测气体干燥除湿,同时减缓系统气压的变化速率,从而保护电子真空计的压力传感器.

(5) 流量计:用于调节待测气体的进气速率(注意:仅用于流量的调节,而不可作为截止阀使用).

(6) 电磁阀:用于接通测量系统,使真空泵对系统抽气,关闭它可以防止真空泵回油.

(7) 三通:可转换为 4,5 端口接通(流量计控制进气状态)或 4,6 端口接通(系统直接通大气状态)或旋钮尖端指向 4 端口(关闭状态). 若电磁阀接通,三通为关闭状态,则此时真空泵对测量室及全系统抽气.

FB202 型气体导热系数测定仪主机及实验装置图分别如图 4-32-3 与图 4-32-4 所示.

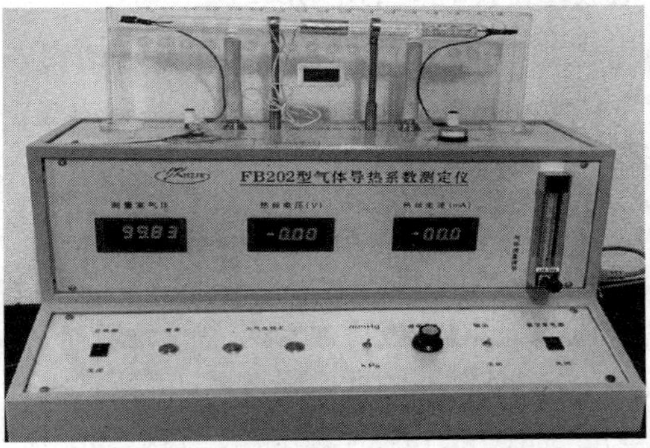

图 4-32-3　FB202 型气体导热系数测定仪主机

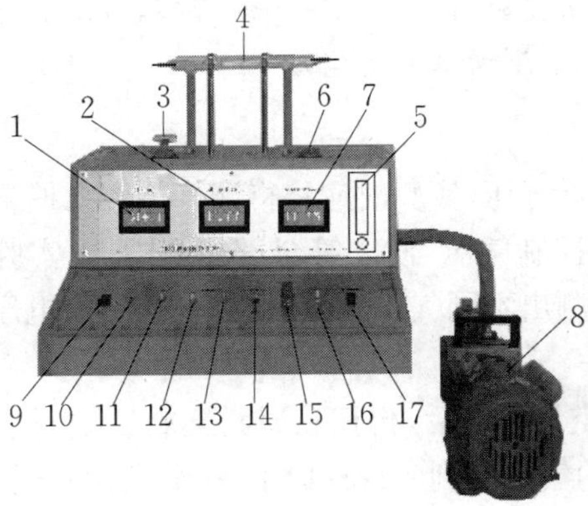

1—数字式气压(真空)表;
2—测量室热丝电压表;
3—三通;
4—测量室(中心有热丝);
5—流量计;
6—电磁阀指示;
7—测量室热丝电流表;
8—真空泵;
9—电源总开关;
10—电源指示灯;
11—真空计置零按钮;
12—真空计校准按钮(+);
13—真空计校准按钮(-);
14—真空计单位转换;
15—测量室温度设置;
16—测量室电源开关;
17—真空泵电源开关.

图 4-32-4　实验装置图

注　真空泵必须低于仪器安装,即不能把真空泵放置在桌面上,避免真空泵油流入测量室.

实验步骤

1. 熟悉实验装置,选择合适的热线温度

(1) 对照实验装置图,熟悉气体导热系数测定仪的基本结构,了解面板上各开关、旋钮等的功能,特别注意三通和电磁阀的操作.

(2) 接好仪器电源,闭合仪器电源总开关,检查电子真空计是否已校准好,若尚未校准好,需要按正确的校准方法进行校准. 校准方法是：先校正满度值，将系统通大气，从标准气压计读取当时的大气压，如果实验室没有现成的标准气压计，可直接打电话向本地区气象台、站查询. 对比电子气压计的读数，如有偏差，可按测定仪面板上的真空计校准按钮(+)或(−)，直至使数字显示标准值为止，仪器能自动将校正后数据存储.

(3) 调节钨丝的恒温温度 T_1. 将测量室的钨丝用导线与测定仪上两个接线柱相连，测量室热丝电表开关打在"开"的位置，缓缓调节测量室温度设置旋钮，从测量室热丝电压表及电流表中读出钨丝的电压 U 及电流 I，并估算钨丝的电阻值 $R=\dfrac{U}{I}$，使它的电阻值为 90 ~ 100 Ω(对于导热系数特别大的气体，如氢气，阻值要适当再调低一些，以免测量时超出电表量程).

2. 测量钨丝热辐射与电极棒传热耗散的电功率 W

(1) 预抽真空. 三通旋至 4 端口(旋钮尖端指向关闭)，启动真空泵，将电磁阀接通，抽气约 20 min，从电子真空计读数观察系统的真空度，应使真空度达到约 0.133 3 Pa(10^{-3} Torr). 此时进行真空计零值校准，零值校准的方法是：把系统抽到 10^{-3} Torr 数量级的低气压，按真空计置零按钮，数字显示为零，并视此为抽空状态(注：此值为一般机械真空泵的极限真空度). 实际测量时，一般在热丝耗散功率小于 0.20 W 时即可将其作为极限真空对待. 例如，在 R_t 的设置值为 100 Ω 时，只要系统抽气到电压表显示值小于 4.5 V，系统就基本满足真空要求(如果电压表读数值还可以继续减小，原则上应该抽到越低越好). 此时，可按真空计置零按钮，使真空计置零.

(2) 测量 P_0 值. 在真空度约 10^{-3} Torr 时测出钨丝两端的电压 U_0 及流过它的电流 I_0，则 $P_0=U_0I_0$ 即为非气体传热所消耗的电功率.

注 如果测定仪长时间没有使用，或者系统漏气较多，不易达到所要求的真空度，应仔细检查系统各气路接口是否有漏气的地方并予以排除，必要时可拔下三通阀的阀芯，清洗后更换新的真空脂，在排除系统内部吸附的气体后，系统应能达到所需的真空度.

3. 测定干燥空气的导热系数

鉴于测量时待测气体的气压应为 1 ~ 10 Torr 的低气压，实验时应将待测气体注入抽空状态的测量室，通过控制流量计的漏率注入部分气体来控制气压，使之符合上述范围. 本实验应在实验前后测量两次室温并取平均值. 实验的过程是测出不同气压 p 值时，钨丝两端的电压 U 及流经钨丝的电流 I. 其具体步骤如下.

(1) 测量 P_0 后，测量室处于抽空状态，校准好真空计零点后，再把三通调至 4,5 端口接通，用真空泵将三通至流量计之间的管路中的残余气体的气压降到 1 Torr 以下. 接着关闭三通，再关闭电磁阀、真空泵，使真空泵不再对测量室抽气，然后旋转三通至 4,5 端口接通(旋钮尖端指向流量计)，使干燥空气缓慢进入抽空状态的测量室.

(2) 当气压到达 1 Torr 左右时，测出一组相应的电压与电流，以后每间隔 0.5 Torr 左右测量一组数据，在 1 ~ 10 Torr 的范围内，均匀地读取 19 组数据并分别记录在表 4-32-1 中(注意：为了避免真空泵回油，实验过程中或实验结束时，只要真空泵停机，必须先关闭电磁阀).

注 如果不注意(或操作不熟练)导致过多的气体注入系统内，应参照以上操作步骤，用真空泵把系统内气压抽到实验所需值再继续测量.

***4. 测定氢气或其他气体的导热系数**

基本操作方法与实验步骤 3 相同，但须注意以下两点.

(1) 待测气体样品由针阀及三通的 4,5 端口接通,缓慢注入测量室.

(2) 由于氢气的导热系数特别大,为避免电表读数超量程,钨丝的设定电阻值应降到 60～70 Ω,而且在向测量室充气时,可暂时切断对钨丝的电压输出(避免电表读数因超量程而溢出),待适当抽气后,系统气压有所下降时,再恢复接通钨丝电压.

注意事项

1. 为了减少气体对流对传热的影响,测量应在 1～10 Torr 条件下进行.

2. 如果系统长时间没有使用,或者系统漏气较多,不易达到所要求的真空度,应仔细检查系统各气路接口是否漏气并排除故障.

3. 针阀漏率的大小,要以实验人员在 1～10 Torr 的气压范围内,能及时读取并记录相关数据为宜. 该阀非常精密,应在教师指导下进行调节,不要随意调节,以免损坏针阀.

数据表格

表 4-32-1 干燥空气的导热系数测量值

真空时气压 = ________ Torr, U_0 = ________ V, I_0 = ________ A, 室温 t_2 = ________ ℃

测量次序	抽空时	1	2	3	4	…	19
气压 p/Torr							
电压 U/V	U_0						
电流 I/A	I_0						
p^{-1}/Torr^{-1}							
$q_L(=UI-U_0I_0)$/W							
q_L^{-1}/W^{-1}							

数据处理

(1) 外推法求 q. 鉴于 $q_L^{-1}=Bp^{-1}+q^{-1}$ 对 q_L^{-1}-p^{-1} 来说是线性方程,故以 q_L^{-1} 为纵坐标,p^{-1} 为横坐标,则沿各实验数据点可作出一条最佳拟合直线,该直线在纵轴上的截距即 q^{-1},如图 4-32-5 所示,从而可求出 q 值.

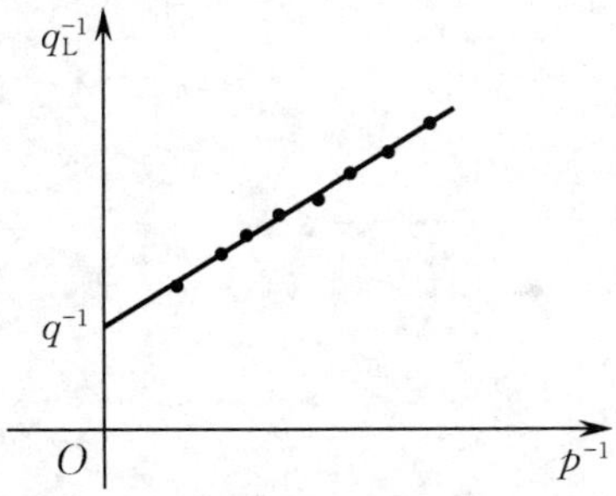

图 4-32-5 用外推法求 q^{-1} 的示意图

(2) 根据表 4-32-1 中的数据,由式(4-32-6) 求 T_1,由 $T=t+273.15$ 求 T_2.

T_1 = ________ , T_2 = ________ .

(3) 求干燥空气在 T_1～T_2 之间的平均导热系数. 由式(4-32-5) 可得

$$K=\frac{q}{2\pi l}\cdot\frac{\ln\frac{r_2}{r_1}}{T_1-T_2}=\_\_\_\_\_\_\_\_.$$

(4) 求干燥空气在 T_1～T_2 之间平均导热系数的理论值,并与实验测量值对比,求相对误差.

气体的导热系数与温度有关，从本实验附录中可查出 0 ℃ 时某些气体的导热系数 K_0.

由于导热系数 K 和温度 T 的关系比较复杂，要由 K_0 精确计算出各温度下的 K 是比较困难的，但如下的简单关系可以近似成立：

$$K=K_0\left(\frac{T}{273}\right)^{\frac{3}{2}}.$$

由此可以计算出干燥空气在 $T_1\sim T_2$ 之间的平均导热系数的理论值为

$$\overline{K}=\frac{1}{T_2-T_1}\int_{T_1}^{T_2}K_0\left(\frac{T}{273}\right)^{\frac{3}{2}}\mathrm{d}T=\frac{2}{5}\times\frac{1}{(273)^{\frac{3}{2}}}\frac{T_2^{5/2}-T_1^{5/2}}{T_2-T_1}K_0=\underline{\qquad\qquad}.$$

将所得的干燥空气在 $T_1\sim T_2$ 之间的平均导热系数 $\overline{K}$ 与 K 值比较，即可求出测量的相对误差：

$$\varepsilon_r(K)=\frac{|K-\overline{K}|}{\overline{K}}\times 100\%=\underline{\qquad\qquad}.$$

思考题

1. 开启或关闭真空泵时应该注意什么问题？
2. 使用电子真空计应注意哪些问题？如何对电子真空计进行定标？
3. 为什么要在低气压条件下测量气体的热传导数据，再用外推法去求常压下的气体的导热系数？
4. 为何要测量真空条件下钨丝耗散的电功率？
5. 为何要避免系统一边进气一边抽气？

附录

附表　常见气体在 0 ℃ 时的导热系数

气体	干燥空气	氢气	二氧化碳	氧气	氮气
K_0/[10^{-2} W/(m·K)]	2.38	13.8	1.38	2.34	2.34

第5章

设计性实验

实验 5.1　验证动量守恒定律

设计要求

1. 根据弹性碰撞的基本原理,设计质量相同与质量不同两种情况下动量守恒定律的验证方法.

2. 根据完全非弹性碰撞的基本原理,设计上述两种情况下动量守恒定律的验证方法.

提供的器材

气垫导轨、滑块(两个)、砝码片、弹簧碰圈、双面胶.

提示

气垫导轨的使用注意事项参阅实验 4.4.

数据处理要求

计算不同情况下的动量,并考虑相对误差.

实验 5.2　测量角速度和角加速度

设计要求

1. 在预习报告上写出实验原理和相应的公式.

2. 根据提供的实验器材设计实验方案,写出基本实验步骤.

3. 设计数据记录表格并记录实验数据.

提供的器材

塔轮式转动惯量仪、游标卡尺、砝码及砝码托、带支架的定滑轮、米尺和秒表等.

提示

1. 调节底座螺钉,用水准仪使塔轮式转动惯量仪保持水平.
2. 将带支架的定滑轮固定在实验台边缘.

数据处理要求

1. 计算物体的角速度和角加速度.
2. 计算角速度和角加速度的不确定度并写出正确的结果表示.

实验 5.3　测量小灯泡的伏安特性曲线

设计要求

1. 根据伏安法测电阻原理设计电路,选择合适的实验器材,测量小灯泡两端电压与通过电流的关系,绘制伏安特性曲线.

2. 在一定电流范围内探索小灯泡两端电压与通过电流间的关系($U=kI^n$),根据实验结果给出与小灯泡伏安特性有关的常数.

提供的器材

小灯泡、直流电流表、直流电压表、滑动变阻器、直流电源、开关、导线等.

提示

1. 实验前必须了解待测小灯泡电压和电流的额定值,使加在它上面的电压和通过的电流均不超过额定值.

2. 选择合适的电压表和电流表量程,可以减小测量误差.

3. 实验时应注意小灯泡温度变化对实验结果的影响.

数据处理要求

1. 利用作图法,计算常数 k,n.
2. 利用 WPS 表格进行数据处理,确定常数 k,n 及其不确定度.

实验 5.4 薄片厚度的测量

设计要求

1. 利用光学方法测量薄片的厚度或细丝的直径(精度须达到 0.001 mm).
2. 根据干涉原理设计实验方案.

提供的器材

读数显微镜、钠灯、劈尖.

提示

1. 可参考实验 4.24 的原理及实验方案.
2. 钠灯平均波长 $\lambda = 589.3$ nm,精度 $\Delta\lambda = 0.3$ nm.

数据处理要求

由实验结果计算薄片厚度,并估算不确定度.

参 考 文 献

[1] 武宝山,凌海秋.大学物理实验[M].北京:科学出版社,2017.

[2] 新疆大学物理科学与技术学院基础物理教研室.大学物理实验[M].乌鲁木齐:新疆大学出版社,2007.

[3] 艾尔肯·阿不列木.新编大学物理实验教程[M].北京:清华大学出版社,2013.

[4] 周惟公.大学物理实验[M].3版.北京:高等教育出版社,2020.

[5] 黄志高.大学物理实验[M].3版.北京:高等教育出版社,2020.

[6] 袁冬媛,徐富新.大学物理实验教程:修订版 [M].2版.长沙:中南大学出版社,2002.

[7] 成正维,牛原.大学物理实验[M].北京:北京交通大学出版社,2010.

[8] 杨广武.新编物理实验[M].天津:天津大学出版社,2013.

[9] 陈巧玲.大学物理实验[M].北京:清华大学出版社,2012.

[10] 夏云波.大学物理实验[M].北京:机械工业出版社,2013.

[11] 李林.大学物理实验[M].北京:清华大学出版社,2012.

[12] 陈早生,任才贵,等.大学物理实验[M].上海:华东理工大学出版社,2003.

[13] 龚勇清,易江林.大学物理实验[M].北京:科学出版社,2007.

[14] 滕道祥.大学物理实验[M].北京:北京理工大学出版社,2006.

[15] 牛爱芹,曹钢,李淑华.大学物理实验教程[M].北京:科学出版社,2007.

[16] 金清理,黄晓虹.基础物理实验[M].杭州:浙江大学出版社,2007.

[17] 龙涛,王琰,王代新.大学物理实验[M].2版.北京:清华大学出版社,2012.

[18] 崔玉广,隋成玉.大学物理实验教程[M].大连:大连理工大学出版社,2012.

[19] 张国恒,魏秀芳.大学物理实验[M].北京:科学出版社,2011.

[20] 李义宝.大学物理实验[M].合肥:中国科学技术大学出版社,2009.